全国电力行业"十四五"规划教材

高等教育技术经济与工程管理系列教材

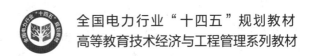

U0169347

工程质量与风险管理

主　编　郭晓鹏

副主编　江　伟

编　写　饶素雅　董建强　朱志贤

　　　　陈莹莹　王丹丹　李　璇

主　审　李存斌

中国电力出版社
CHINA ELECTRIC POWER PRESS

内 容 提 要

本书为全国电力行业"十四五"规划教材，全书共 11 章，包括概述、质量管理体系、建设工程质量策划、施工项目质量控制、施工项目质量问题分析与处理、质量管理基本工具及方法、建筑工程施工质量验收、工程质量风险定义与识别、工程质量风险评估、工程风险问题的对策与决策和国际工程质量与风险管理案例分析等。

本书主要作为高等院校工程质量管理专业本科生教材。

图书在版编目（CIP）数据

工程质量与风险管理/郭晓鹏主编 . —北京：中国电力出版社，2023.8
ISBN 978-7-5198-7865-8

Ⅰ.①工… Ⅱ.①郭… Ⅲ.①工程质量—质量管理—高等学校—教材②工程管理—风险管理—高等学校—教材 Ⅳ.①TU712.3②F40

中国国家版本馆 CIP 数据核字（2023）第 092612 号

出版发行：中国电力出版社
地　　址：北京市东城区北京站西街 19 号（邮政编码 100005）
网　　址：http：//www.cepp. sgcc. com. cn
责任编辑：陈　硕　赵云红
责任校对：黄　蓓　常燕昆
装帧设计：赵姗姗
责任印制：吴　迪
印　　刷：廊坊市文峰档案印务有限公司
版　　次：2023 年 8 月第一版
印　　次：2023 年 8 月北京第一次印刷
开　　本：787 毫米×1092 毫米　16 开本
印　　张：16
字　　数：397 千字
定　　价：48.00 元

前　言

　　根据华北电力大学工程管理一流专业建设的目标和定位，原本已开设多年的"工程质量管理"专业课需要进一步拓展，增加风险管理相关的内容，补充一些新的理论进展和实践案例，并更名为"工程质量与风险管理"。全书比较注重基础知识的阐述，没有涉及太多的繁杂计算和分析推导过程，对先修课程的要求不高，学生只需了解工程项目管理的基本概念即可。本书的主要章节均附有一定数量的思考题，帮助学生在学习中回顾相应章节的内容。

　　本书是华北电力大学工程管理一流专业建设项目资助的系列教材之一。全书共有 11 章，其中第 1 章～第 7 章以工程质量管理为主，主要介绍了工程质量管理概述、质量管理体系、建设工程质量策划、施工项目质量控制、施工项目质量问题分析与处理、质量管理基本工具及方法、建筑工程施工质量验收等内容；第 8 章～第 10 章以工程质量风险管理为主，主要介绍了工程质量风险定义与识别、工程质量风险评估、工程风险问题的对策与决策等内容；第 11 章从比较典型的国际工程质量与风险管理实例入手，做了一些案例分析和解读。

　　在本书的编撰过程中，张桂芹老师提供了丰富的"工程质量管理"的授课资料，确保了本书在理论上的延续性；我的恩师黄文杰教授虽已退休多年，但还是给了我很多指导建议，并提供了大量风险管理相关的参考资料，帮助我们完成了这部分内容的编写工作；我的同学、供职于国家电网国际发展有限公司的江伟博士，多次和我讨论本书的框架结构，并提供了丰富的实践案例，增强了本书的实用价值；我的硕士研究生饶素雅、董建强、朱志贤、陈莹莹、王丹丹和李璇同学为了本书能够顺利成稿而全力以赴地工作，在整理历史资料、查阅参考文献、撰写初稿、交叉校对和课件制作等诸多环节中付出了大量的心血；任东方博士和博士研究生杨晓宇在第三轮全书校对中也做了大量的工作。在此，我对他们表示深深的感谢！

　　本书在编写过程中得到了华北电力大学经济与管理学院各位领导的指导和帮助，特别是李彦斌院长和李泓泽副院长在一流专业建设项目方面的大力支持更是本书得以顺利完成的保障。另外，工程教研室的乌云娜教授、袁家海教授、教研室主任李金超老师和党支部书记陈文君老师在本书编写的过程中给予了很多帮助和支持，在此一并表示衷心的感谢！

　　同时，在此也向本书所引用的参考文献的作者们表示感谢！限于时间和精力，本书难免有遗漏的重要文献或参考书籍，敬请各位原创作者和广大读者们不吝指出，我们定当修订补充。

　　限于编者的水平，书中难免存在缺点和不妥之处，恳请广大读者批评指正。

编　者

2023 年 6 月 28 日

目　录

第 1 章 概　　述

📖 **知识要点：**

(1) 了解工程质量管理的重要性。

(2) 熟悉工程质量和管理的相关术语，掌握工程质量的概念。

(3) 基本了解工程质量管理的发展历程。

(4) 了解有关工程质量管理的法律法规、有关条例。着重学习《建设工程质量管理条例》（国务院令〔2000〕279 号）。

1.1　工程质量管理的重要性

随着我国经济的腾飞，建筑业得以迅速发展，并成为国民经济的一大支柱。"百年大计，质量为本"，随着经济的快速发展，建筑工程日益增多，也在不断地满足着人们的生产和生活需要。作为建设工程产品的工程项目，投资和耗费的人工、材料、能源都相当大，投资者付出巨大的投资，要求获得理想的、满足使用要求的工程产品，以期在预定时间内发挥作用，为社会经济建设和物质文化生活需要做出贡献。如果工程质量差，不但不能发挥应有的效用，还会因质量、安全等问题影响国计民生和社会环境的安全。

目前，我国建筑工程项目管理内容非常复杂，施工质量也存在很多问题，其中，管理制度、管理方法、管理规范、管理细则甚至管理人员均存在工作漏洞和不足，而且随着时代的发展，建筑质量监管工作技术短板也成为制约建筑工程管理工作进一步发展的重要因素。因此，工程质量的管理尤为重要，它关系着建筑工程质量的安全提升，也关系着使用者的安全和利益。

综上所述，加强工程质量管理是市场竞争的需要，是加快社会主义建设的需要，是实现现代化生产的需要，是提高施工企业综合素质和经济效益的有效途径，是每一个建筑企业发展和生存的根本保障，是实现科学管理、文明施工的有力保证。要进一步提升工程管理工作质量，无论是政府还是工建企业都要具备大局观和前瞻性，而管理人员要始终认真履行岗位职责，落实管理监管任务，以提升管理技术水平及完善管理制度为主要手段，在新时代开辟工程质量管理工作新道路。

1.2　术语及工程质量的概念

1.2.1　关于质量的术语

1. 质量

根据 GB/T 19000—2016/IOS 9000：2005《质量管理体系基础和术语》中的定义，质量是指一组固有特性满足要求的程度。

上述定义可以从以下几个方面理解：

（1）质量不仅是指产品质量，也可以是某项活动或过程的工作质量，还可以是质量管理体系运行的质量。

（2）特性是指区分的特征。特性可以是固有的或赋予的，可以是定性的或定量的。特性有各种类型，如物质特性、感官特性、行为特性、人体工效特性、功能特性。质量特性是固有的特性，是通过产品、过程或体系设计和开发及其之后实现过程中形成的属性。

（3）满足要求就是应满足明示的（如合同、规范、标准、技术、文件、图纸中明确规定的）、通常隐含的（如组织的惯例、一般习惯）或必须履行的（如法律、法规、行业规则）需要和期望。与要求相比较，满足要求的程度反映为质量的好坏。对质量的要求除考虑满足顾客的需要外，还应考虑其他相关方即组织自身利益、原材料和零部件等供应方的利益和社会的利益等多种需求。

（4）顾客和其他相关方对产品、过程或体系的质量要求是动态的、发展的和相对的。质量要求随着时间、地点、环境的变化而变化。因此应定期评定质量要求、修订规范标准，不断开发新产品、改进老产品，以满足已变化的质量要求。

2. 产品质量

产品质量可以定义为产品的一组固有特性满足要求的程度。固有特性是指产品具有的技术特性或特征，不是后来人们附加的内容。将产品的固有特性和要求进行比较，根据产品满足要求的程度对其质量的优劣做出评价，产品质量可用差、一般、好或优等词语来修饰。

3. 产品质量认证

产品质量认证，是指法定认证机构依据现行产品标准和技术要求，经过独立评审，对于符合条件的产品颁发认证证书和认证标志，从而证明某一产品达到相应标准的制度。产品质量认证分为安全认证与合格认证。

（1）安全认证。凡根据安全标准进行认证或只对产品标准中有关安全的项目进行认证的，称为安全认证。它是对产品在生产、储运、使用过程中是否具备保证人身安全与避免环境遭受危害等基本性能的认证，属于强制性认证。中国强制认证（China Compulsory Certification），其英文缩写为"CCC"，故又简称"3C"认证。

（2）合格认证。合格认证是依据产品标准的要求，对产品的全部性能进行的综合性质量认证，一般属于自愿性认证。实行合格认证的产品，必须符合相关的国家标准或者行业标准的要求。

1.2.2　关于管理的术语

1. 管理

管理就是指挥和控制组织的协调活动，包括制定方针和目标，以及实现这些目标的过程。方针是由（组织）最高管理者正式发布的组织宗旨和方向，目标是要实现的结果，目标可以是战略的、战术的或操作层面的，依据方针制定。

2. 质量管理

GB/T 19000—2016 对"质量管理"的定义是：在质量方面指挥和控制组织的协调活动。

质量管理的首要任务是确定质量方针、目标和职责，核心是建立有效的质量管理体系，通过质量策划、质量控制、质量保证和质量改进，确保质量方针、目标的实施和实现。

3. 质量方针

关于质量的方针，通常与组织的总方针一致，可以与组织的愿景和使命一致，并为制定质量目标提供框架。一个组织经营的目的是生产和销售优质优价、适销对路的产品，以满足市场的需要，同时使组织获得最大的经济效益。因此，组织的经营方针应该体现"质量第一"的思想。

4. 质量目标

依据组织的质量方针制定。通常在组织的相关职能、层级和过程分别制定质量目标。质量目标按时间可分为中长期质量目标、年度质量目标和短期质量目标；按层次可分为企业质量目标、各部门质量目标以及班组和个人的质量目标；按项目可分为企业总的质量目标、项目质量目标和专门课题的质量目标。要制定合理的企业质量目标，首先要明确企业存在什么问题，知道企业的强项和弱项，针对企业现状和市场未来的前景来制定企业质量目标。

5. 质量策划

GB/T 19000—2000 对"质量策划"的定义是：质量管理的一部分，致力于制定质量目标并规定必要的运行过程和相关资料以实现质量目标。

编制质量计划可以是质量策划的一部分。质量策划的内容必须包括以下几个方面：①设定质量目标；②确定达到目标的途径；③确定相关的职责和权限；④确定所需的其他资源（包括人员、设施、材料、信息、经费、环境等）；⑤确定实现目标的方法和工具；⑥确定其他的策划需求（包括完成的时间，检查或考核的方法，评价其业绩成果的指标，完成后的奖励方法，所需的文件和记录等）。

6. 质量控制

GB/T 19000—2000 对"质量控制"的定义是：质量管理的一部分，致力于满足质量要求。

质量控制的目标就是确保产品的质量满足顾客、法律法规等方面所提出的质量要求。质量控制要贯穿项目施工的全过程，包括施工准备阶段、施工阶段和交工验收阶段等。质量控制具有动态性，因为质量要求随着时间的推移在不断变化，为了满足不断更新的质量要求，对质量控制又提出了新的任务。

7. 质量保证

GB/T 19000—2000 对"质量保证"的定义是：质量管理的一部分，致力于提供质量要求会得到满足的信任。

质量保证的基本思想是强调对顾客负责，为了确立产品的质量能满足规定的质量要求的适当信任，就必须提供证据。这类证据包括质量测定证据和管理证据，以证明提供方有足够能力满足需求方要求。

8. 质量改进

GB/T 19000—2000 对"质量改进"的定义是：质量管理的一部分，致力于增强满足质量要求的能力。

质量管理活动可分为两个类型：一类是维持现有的质量，其方法是质量控制；另一类是主动采取措施，使质量在原有的基础上有突破性的提高，使质量达到一个新水平、新高度，这就是质量改进。质量改进对质量要求可以是有关任何方面的，如有效性、效率或可追溯性。

9. 质量管理体系

GB/T 19000—2000 对"质量管理体系"的定义是：在质量方面指挥和控制组织的管理体系。

术语"质量管理体系"是原标准中"质量体系"的改称，其内涵无实质性变化，只是新定义更强调质量管理体系的各项活动是为了实现质量方针和目标，以及各要素的相互关联，使术语更简明、科学、操作性更强。

一个组织可以建立一个综合的管理体系，这个综合的管理体系可包括若干个不同的管理体系，如质量管理体系、环境管理体系和安全管理体系等。

1.2.3 工程质量

1. 工程质量的概念

工程建设质量简称工程质量，是工程建设满足相关标准规定和合同约定要求的程度，包括安全性、适用性和耐久性等功能要求，以及在节能与环境保护等方面所有明示的和隐含的固有特性。

2. 工程质量的特性

工程质量的特性主要表现在安全性、适用性、耐久性、可靠性、经济性、节能性和与环境的协调性 7 个方面。

（1）安全性。指工程建成后在使用过程中保证整个结构或结构构件安全、保证人身和环境免受危害的程度。

（2）适用性。指工程满足使用目的的各种性能，包括理化性能（保温、隔热、隔声等物理性能，耐酸碱性、耐腐蚀、防火、防风化等化学性能），结构性能（满足刚度要求），使用性能（结构、配件、设备等满足使用功能），外观性能（造型、装饰效果、色彩）。

（3）耐久性。指工程竣工后的合理使用年限。

（4）可靠性。指工程在规定时间内、规定条件下完成规定功能的能力。

（5）经济性。指工程从规划勘察、设计、施工到整个产品使用寿命周期内的成本和消耗的费用。

（6）节能性。指工程在设计、建造及使用过程中满足节能减排、降低能耗的标准和有关要求的程度。

（7）与环境的协调性。指工程与其周围生态环境相协调、与所在地区经济环境相协调以及与周围已建工程相协调，以适应可持续发展的要求。

上述 7 个方面的质量特性彼此之间是相互依存的，通常都必须达到基本要求，缺一不可。但是，对于不同门类、不同专业的工程，可根据其所处的特定地域环境条件、技术经济条件的差异，有不同的侧重面。

3. 工程质量的特点

工程质量的特点是由工程本身（产品）和建设生产的特点决定的。工程实体及其生产的特点体现在以下四个方面：一是产品的固定性，生产的流动性；二是产品的多样性，生产的单件性；三是产品形体庞大、高投入，生产周期长，具有风险性；四是产品的社会性，生产的外部约束性。由工程实体及其生产的特点形成了工程质量的五个特点：影响因素多，质量波动大，质量隐蔽性强，终检的局限性，评价方法的特殊性。

（1）影响因素多。工程质量受到多种因素的影响，例如决策、勘察、设计、材料、机械、环境、施工工艺、管理制度、工期、工程造价以及参建人员素质等均直接或间接地影响工程质量。

（2）质量波动大。由于生产的单件性、流动性，不像一般工业产品的生产那样有固定的生产流水线、规范化的生产工艺和完善的检测技术、成套的生产设备和稳定的生产环境，所以工程质量容易产生波动且波动大。而且，影响工程质量的偶然性因素和系统性因素比较多，只要其中任何一个因素发生变动，就会使工程质量产生波动或变异。

（3）质量隐蔽性。工程建设施工过程中，分项工程交接多、中间产品多、隐蔽工程多，因此质量存在隐蔽性。施工中若不及时进行质量检查，仅凭事后的表面检查，很难发现内在的质量问题，容易出现质量隐患。

（4）终检的局限性。工程实体（产品）建成后不可能像一般工业产品那样依靠终检来判断产品质量是否合格，无法进行工程内在质量的检验，发现隐蔽的质量缺陷。所以，工程质量终检存在一定的局限性。这就要求工程质量控制应以预防为主，防患于未然。

（5）评价方法的特殊性。工程质量的检查评定及验收是按检验批、分项工程、分部工程、单位工程进行的。这种评价方法体现了"验评分离，强化验收，完善手段，过程控制"的指导思想。

4. 影响工程质量的因素

影响工程质量的因素很多，但归纳起来主要有五个方面，即人员（man）、材料（material）、机械（machine）、方法（method）和环境（environment），简称"4M1E"因素。

（1）人员。主要指人员素质。人是生产经营活动的主体，工程建设的规划、决策、勘察、设计、施工及竣工验收等全过程，都是通过人的工作来完成的。人员素质是指人的文化水平、技术水平及决策能力、管理能力、组织能力、控制能力、身体素质和职业道德等，这些都将直接或间接地对规划、决策、勘察、设计和施工质量产生影响。

（2）材料。主要指工程材料。工程材料是指构成工程实体产品的各类建筑材料、构配件、半成品等，它是工程建设的物质条件，是工程质量的基础。工程材料选用是否合理、产品是否合格、材质是否经过检验、保管使用是否得当等，都将直接影响工程结构的承载能力（强度）和变形大小（刚度），影响工程的外表及观感，从而影响工程的安全性和适用性。

（3）机械。主要指机械设备。机械设备可分为配套生产设备和施工机具设备两类。配套生产设备的产品质量优劣直接影响工程的使用功能质量；施工机具设备的类型是否符合工程施工特点、性能是否先进稳定、操作是否方便安全等，都将影响工程质量。

（4）方法。主要指施工方法。施工方法是指工艺方法、操作方法和施工方案。在工程施工中，施工方案是否合理，施工工艺是否先进，施工操作是否正确，都将对工程质量产生重大影响。

（5）环境。主要指环境条件。环境条件是指对工程质量特性起着重要作用的环境因素，包括工程技术环境（如工程地质、水文、气象等）、工程作业环境（如作业面大小、防护设施、通风照明和通信条件）、工程管理环境（合同环境、组织体制和管理制度）和工程周边环境（工程邻近的地下管线、建筑物或构筑物）。环境条件往往对工程质量产生特定的影响。

5. 工程建设各阶段对质量的影响

工程建设可分为项目可行性研究、项目决策、工程设计、工程施工和工程竣工验收五个阶段，每个阶段对工程质量都有影响。具体表现在以下方面。

（1）项目可行性研究对工程项目质量的影响。项目可行性研究是运用技术经济学原理，在对投资建议有关的技术、经济、社会、环境等所有方面进行调查研究的基础上，对各种可能的拟建方案和建成投产后的经济效益、社会效益和环境效益等进行技术经济分析、预测和论证，确定项目建设的可行性，并在可行的情况下提出最佳建设方案作为决策、设计的依据。在此阶段，需要确定工程项目的质量要求，并与投资目标相协调。因此，项目的可行性研究直接影响项目的决策质量和设计质量。这就要求项目可行性研究应对以下内容进行分析论证：

1）建设项目的生产能力、产品类型适合和满足市场需求的程度；

2）建设地点（或厂址）的选择是否符合城市、地区总体规划要求；

3）资源、能源、原料供应的可靠性；

4）工程地质、水文地质、气象等自然条件的良好性；

5）交通运输条件是否有利生产、方便生活；

6）治理"三废"、文物保护、环境保护等的相应措施；

7）生产工艺、技术是否先进、成熟，设备是否配套；

8）确定的工程实施方案和进度表是否最合理；

9）投资估算和资金筹措是否符合实际。

（2）项目决策阶段对工程项目质量的影响。项目决策阶段，主要是确定工程项目应达到的质量目标及水平。对于工程项目建设，需要控制的总体目标是投资、质量和进度，它们三者之间是互相制约的。要做到投资、质量、进度三者协调统一，达到业主最为满意的质量水平，则应通过可行性研究和多方案论证来确定。因此，项目决策阶段是影响工程项目质量的关键阶段，要能充分反映业主对质量的要求和意愿。

（3）工程设计阶段对工程项目质量的影响。工程项目设计阶段，是根据项目决策阶段已确定的质量目标和水平，通过工程设计使其具体化。设计在技术上是否可行、工艺是否先进、经济是否合理、设备是否配套、结构是否安全可靠等，都将决定着工程项目建成后的使用价值和功能。因此，设计阶段是影响工程项目质量的决定性环节。

（4）工程施工阶段对工程项目质量的影响。工程项目施工阶段，是根据设计文件和图纸的要求，通过施工形成工程实体。这一阶段直接影响工程的最终质量。因此，施工阶段是工程质量控制的关键环节。

（5）工程竣工验收阶段对工程项目质量的影响。工程项目竣工验收阶段，就是对项目施工阶段的质量进行试车运转、检查评定，考核质量目标是否符合设计阶段的质量要求。这一阶段是工程建设向生产转移的必要环节，影响工程能否最终形成生产能力，体现了工程质量水平的最终结果。因此，工程竣工验收阶段是工程质量控制的最后一个重要环节。

综上所述，工程项目质量的形成是一个系统的过程。

1.3　质量管理的发展历程

从实践看，按照解决质量所依据的手段和方式来划分，质量管理发展到今天的全过程，可分为质量检验、统计质量控制、全面质量管理、质量创新和质量经营四大阶段。质量发展的几个阶段的简略总结见表1-1。

表 1-1　　　　　　　　　　　　　质量发展阶段总结表

阶段	时间	目的	管理特征	主要管理对象
质量检验	20 世纪 20～40 年代	不出错	事后检验	产品（检验能力）
统计质量控制	40～50 年代	符合性	过程控制	工序（工序能力）
全面质量管理	60 年代以后	适用性	质量保证	相关因素（工作能力）
质量创新和质量经营	90 年代以后	顾客满意	质量经营（质量战略管理）	管理体系（建立、实施）

1.3.1　质量检验阶段

在第二次世界大战以前，人们对质量管理的认识还只限于对产品质量的检验，通过严格检验来保证出厂或转入下道工序的产品质量。因此，质量检验工作就成了这一阶段执行质量职能的主要内容。质量检验所使用的手段是各种检测工具、设备和仪表，质量检验的方式是严格把关，对产品进行全数检查。在由谁来执行这种质量职能的问题上，实践过程中也逐步发生了变化。这个阶段经历了个人自检—专人检查—专职部门检查的变化过程。

（1）个人自检。在 20 世纪以前，主要表现为检验和生产都集中在操作工人身上，工人制造产品，并自己负责检验产品质量。工人既是直接操作者，又是检验者。因此，可以称之为"操作者的质量管理"。

（2）专人检查。在 1918 年以前，美国出现了以泰勒的"科学管理"为代表的"管理运动"，强调工长在保证质量方面的作用，并在工厂中设立了专职检验的职能工长。称之为"工长的质量管理"。

（3）专职部门检查。1938 年以前，企业规模的扩大带来了生产规模和生产批量的不断扩大，这种质量检验的职能又由工长转移给了专职的质量检验员。大多数企业都设置了专职的检验部门，称之为"检验员的质量管理"。

这种靠检验把关的质量职能，属事后把关型，可以避免废品出厂，但不能避免废品产生，其管理效能较差，可从以下三方面看出：

（1）当出现质量问题时，容易导致扯皮、推诿和责任不明。

（2）它属于"事后检验"，无法在生产过程中起到预防和控制作用，一旦发现废品，已是"既成事实"，一般很难补救。

（3）它要求对成品进行全数检查，但全数检查并不等于一定是 100% 的准确。全数检查有时既不经济，还会延误交货期限。全数检查从技术上看有时也是不可能的，如进行破坏性检查时。尤其在大批量生产的情况下，这种弱点就显得更为突出。

1.3.2　统计质量控制阶段

大批量生产的进一步发展，要求用更经济的方法来解决质量检验问题，并要求事先防止成批废品的产生。还在质量检验阶段，一些著名的统计学家和质量管理专家就开始注意质量检验的弱点，并设法运用数理统计学的原理去解决这些问题。

1924 年，美国电报电话公司贝尔实验室研究员休哈特提出了"控制和预防缺陷"的概念。后来，休哈特应西方电气公司的邀请，参加了该公司所属的霍桑工厂加强与改进质量检验工作的调查研究工作，当时参加这一调研工作的还有任职于西方电气公司芝加哥霍索恩工作室检验部的朱兰等人。在这里，休哈特提出了用数理统计中正态分布"6σ"的原理来预防废品，设计出控制图，把预防缺陷的方法应用到了工厂生产现场。按照"6σ"原理绘制出质量控制图，不仅能了解产品或零部件的质量状况，而且能及时发现问题，有效地降低了不合格品率，使生产过程处于受控状态。1931 年，休哈特将自己的研究成果以及所设计的质量控制方案和控制图汇集起来，出版了《工业产品质量的经济控制》一书。与此同时，贝尔实验室成立了一个检验工程小组，成员有休哈特、实验室工程师道奇、罗米格和戴明等人。小组的研究成果之一是提出了关于抽样检验的概念和方法，有效地突破了全数检查带来的局限和问题。由于 20 世纪 30 年代资本主义国家发生严重的经济危机以及运用这种数理统计方法需要增加大量的计算工作，造成这些科学的理论和方法在当时并没有被普遍地接受。据统计，在第二次世界大战前，全美国也只有 10 家公司接受和实际运用了休哈特等人的理论和方法。因此，通常认为统计质量控制阶段开始于 20 世纪 40 年代。

第二次世界大战爆发后，由于战争对大批量生产的需要，质量检验工作的弱点就立刻显现了，检验部门成为生产中的最薄弱环节。由于事先无法控制生产过程中的质量状况和检验的工作量大，致使军需品经常不能按期交货，严重影响前线供应。因此，当时的美国政府和国防部率先组织数理统计专家去解决这些实际而紧迫的问题，制定了战时国防标准，并组织推广。制定的战时国防标准有三个：《质量控制指南》《数据分析用的控制图法》和《生产中质量管理用的控制图法》。这三个标准是质量管理进程中最早的标准，它们都是以休哈特的质量控制图为基础的，使预防缺陷和抽样检验得以标准化，利于推广。为了贯彻执行这三个标准，采取了三条措施：

（1）宣传普及，扩大"三个标准"的影响。其中包括在大学里举办为期 8 天的质量控制方法学习班，强制要求各公司选送总检验师等主要检验人员参加学习。

（2）制定实施三个标准的细则。

（3）强制执行标准。陆海军采购署要求在所有的采购合同中都要包括有关质量管理方面的条文规定，否则不予审批订货。

由于这三个标准的贯彻和推广，扭转了以前军需品的生产局面，工厂中的检验人员也减少了，生产者既能保证产品质量，并能保证按期交货。这种质量控制是利用数理统计原理来进行的，所以称之为"统计质量控制"。这一质量管理阶段的手段是利用数理统计原理，提供预防不合格品产生和进行抽样检查的具体方法；同时，在质量职能的方式上也发生了由专职检验人员承担，转向他们与专业质量控制工程师共同承担的变化。这标志着对事后检验和全数检查的重大突破，大大地加强了预防质量事故发生的可能性和现实性。

但应当看到，当时在统计质量控制阶段由于过分强调质量控制的统计方法，忽视了质量管理的各种组织管理工作，使得人们误认为"质量管理就是统计方法"。这在一定程度上影响了质量管理统计方法的进一步推广，20 世纪 50 年代，日本在学习美国的质量管理时，在数理统计方法的大众化、通俗化、简单化和普及化方面做了大量的工作，整理出一套简便易行的最常用的"质量控制七种工具"（这七种工具分别为：层别法、柏拉图、特性要因图、查检表、直方图、控制图和散布图），并把它和组织管理工作结合起来，收到了惊人的效果。这"七种工具"至今仍在广泛地应用。

1.3.3　全面质量管理阶段

这一阶段是从 20 世纪 60 年代开始的，可以说一直延续至今。从统计质量控制阶段发展到全面质量管理阶段，这是质量管理的又一重大进步。统计质量控制着重于应用统计方法来控制生产过程质量，发挥预防作用，保证产品质量。但产品质量的形成过程，不仅与生产过程紧密相关，还与其他一些过程、环节和因素密切相关，这不是单纯应用质量控制统计方法所能解决的。全面质量管理就能更适应现代市场竞争和现代大生产对质量管理多方位、整体性、综合性的客观要求。从以往局部性的管理向全面性、系统性的管理发展，是生产、科技以及市场发展的必然结果。20世纪60年代以来，随着社会生产力的迅速发展、科学技术的日新月异、产品更新换代的加速、市场竞争的加剧以及社会、经济、文化等方面的发展变化，人们对产品质量和质量管理方面的要求与期望也出现了许多新的情况。

（1）人们对产品质量的要求更高、更广泛了。过去，人们对产品的要求通常注重于产品的一般性能。现在，又增加了可靠性、安全性、经济性以及可销性的要求。如对宇航工业产品的可靠性要求达到99.9999%，即在100万次动作中只允许有1次失灵。

（2）在企业管理中广泛地应用了系统分析的概念。它要求用系统的观点来分析研究产品质量和质量管理。

（3）在管理理论方面也有了一些新的发展。其中突出的一点就是"重视人的因素""参与管理"，强调要依靠工人搞好管理，质量管理也不例外。

（4）"保护消费者利益"运动的兴起。1960年，美、英、澳大利亚、比利时等国的消费者组织在荷兰海牙正式成立了国际消费者联盟组织。该联盟成立后，对促进消费品和服务的比较性检验方面以及为消费者提供商品情报、教育和保护等方面进行世界性合作发挥了积极的作用。

（5）随着国际市场竞争的加剧，各国企业为了参与竞争纷纷提出"产品责任"和"质量保证"等许诺。

正是基于这样的历史背景和经济发展的客观要求，美国通用电气公司质量管理总经理和质量管理专家等人先后提出了新的质量管理观点，即"全面质量管理的观点"。费根堡姆积累了质量管理的丰富知识和经验，在1961年出版了《全面质量管理》一书。该书强调执行质量职能是公司全体人员的责任，应当使全体人员具有质量的意识和承担质量的责任；强调解决质量问题不能仅限于产品的制造过程，应当在产品质量产生、形成、实现的全过程中都强调质量管理；强调解决质量问题的方法、手段应是多种多样的，不应当仅限于检验和数理统计方法。费根堡姆指出："全面质量管理是为了能够在最经济的水平上并考虑充分满足用户要求的条件下进行市场研究、设计、生产和服务，把企业各部门的研制质量、维持质量和提高质量的活动构成一体的有效体系。"

20世纪60年代以来，费根堡姆的全面质量管理观念逐步被世界各国所接受，并在实践中得到了丰富和发展，形成了一整套的理论、技术和方法。

回顾质量管理发展的前三大阶段，还可以看到：质量管理的发展过程是同社会生产力水平的不断提高、科学技术的不断进步、市场需求的发展和市场竞争的加剧等密切相关的。随着这些方面的提高、进步和发展，促使人们在解决质量问题的观念、方法和手段在已有的基础上产生新的突破。

1.3.4　质量创新和质量经营阶段

这一阶段是质量管理与质量保证标准形成及实施的阶段。

质量检验、统计质量控制和全面质量管理三个阶段的质量管理理论和实践的发展，促使各发达国家和企业纷纷制定出新的国家标准和企业标准，以适应全面质量管理的需要。这样的做法虽然促进了质量管理水平的提高，却也出现了各种各样的不同标准。各国在质量管理术语概念、质量保证要求、管理方式上都存在很大差异，这种状况显然不利于国际经济交往与合作的进一步发展。

近30年来国际化的市场经济迅速发展，国际商品和资本的流动空间增长，国际化的经济合作、依赖和竞争日益增强，有些产品已经超越国界形成国际范围的社会化大生产。特别是不少国家把提高进口商品质量作为限入奖出的保护手段，利用商品的非价格因素竞争设置关贸壁垒。为了解决国际质量争端，消除和减少技术壁垒，有效地开展国际贸易，加强国际技术合作，统一国际质量工作语言，制定共同遵守的国际规范，各国政府、企业和消费者都需要一套通用的、具有灵活性的国际质量保证模式。在总结发达国家质量管理工作经验的基础上，20世纪70年代末，国际标准化组织着手制定国际通用的质量管理和质量保证标准。1979年，国际标准化组织的品质保证技术委员会（TC 176）在加拿大应运而生。通过总结各国质量管理经验，于1987年3月制定和颁布了ISO 9000系列质量管理和质量保证标准。此后又不断对它进行补充、完善。标准一经发布，相当多的国家和地区表示欢迎，等同或等效采用该标准，指导企业开展质量工作。

质量管理和质量保证的概念和理论是在质量管理发展的三个阶段的基础上逐步形成的，是市场经济和社会化大生产发展的产物，是与现代生产规模、条件相适应的质量管理工作模式。

1. 质量管理应进入组织的经营战略

过去我国引进全面质量管理（当时称为TQC）时，质量问题并不像现在这样尖锐、这样突出。那时，社会总需求远远大于社会总供给，几乎什么东西都能卖出去，组织对"质量是组织的生命"的体会并不是那么真切、那么真实。正是这种客观环境使我们仅仅把质量管理作为组织管理的"中心环节"，把全面质量管理作为18种现代管理技术（一种技术而已）中的一种而与诸如价值工程、试验设计并列。当今，国际、国内市场都发生了深刻的甚至是带有转折性的巨大变化，质量的重要性空前突出，质量的价值已成为世界经济的首选目标。全球化和知识经济作为两个巨大的杠杆，把质量提升到前所未有的高度。如果说20世纪80年代"质量"还仅是组织经营中的一个战术问题或技术问题，那么21世纪的"质量"已经成为一个战略问题。在考虑组织的经营战略时，不考虑质量是难以想象的。

21世纪的质量概念已不仅仅是符合某种要求，也不仅仅是适用于某种需要，更不仅仅是检验合格或认证合格，而是使相关方（包括顾客、员工、所有者、供方和社会等）满意；不是达到某种既定标准（包括要求和需要）的质量，而是创新的质量。质量概念的这种变化，是知识经济发展的必然结果，或者说是知识经济的内在要求。缺乏创新，即使性能再好、可信性再高、成本再低，也算不上好的质量或高的质量，也可能被那些具有创新内容的产品打败，在激烈的竞争中被淘汰。

把这样的质量概念引入组织的经营战略，不仅是十分必要的，而且也是非常可行的。经营战略要考虑的是组织在激烈变化、严峻挑战环境中的生存和发展，除了确定组织的体制或组织变革之外，最重要的莫过于对产品发展方向的策划，发展方向正是创新之路。因此，在策划产品时，质量不能不成为其核心问题。

2. 21世纪的质量战略：顾客满意

21世纪，组织的经营战略除了体制创新之外，最重要的就是技术创新、产品创新和管理创新。技术创新、产品创新和管理创新的目的都是提高产品质量，从而提高顾客满意程度。因此，可以说组织的经营战略就是质量战略。

世界各国的组织都越来越关注"顾客满意"的战略意义。不论是在欧洲质量组织的会议上，还是在美国、日本、澳大利亚等发达国家，各国专家、企业家、管理人员都在谈"顾客满意"的战略意义，都在探索如何使自己的组织尽快占领 21 世纪质量的制高点。不少大型组织，包括世界 500 强组织，都在制定 21 世纪的质量战略，并将"顾客满意"作为质量战略的核心，作为支撑其他内容的"纲"。不仅如此，非营利性组织，包括政府机关，如中国香港特区政府的多个部门，也纷纷引入"顾客满意"的质量概念来推动自己的工作，提高工作效率和工作质量。

1.4　工程质量管理有关法规

工程质量管理是我国工程项目建设必不可缺的部分，为健全我国工程质量管理制度，保障我国工程质量，国务院、国家发展和改革委员会、住房和城乡建设部等有关部门制定了一系列法规。本节分部分对其进行简单的介绍，主要分为有关法律法规、质量验收规范、安全施工技术规范、有关监理责任制度。

1.4.1　有关法律法规

(1)《中华人民共和国建筑法》(2019 年修订)；

(2)《中华人民共和国安全生产法》(2014 年修订)；

(3)《中华人民共和国招标投标法》(2017 年修订)；

(4)《中华人民共和国城市房地产管理法》(2019 年修订)；

(5)《中华人民共和国城市规划法》(2019 年修订)；

(6) GB/T 50326—2017《建设工程项目管理规范》；

(7) GB/T 50319—2013《建设工程项目监理规范》；

(8)《建设工程质量管理条例》(2019 年修订)；

(9) 七部委〔2013〕30 号令《工程建设项目施工招标投标办法》等。

1.4.2　质量验收规范

(1) GB 50300—2013《建筑工程施工质量验收统一标准》；

(2) GB 50202—2018《建筑地基基础工程施工质量验收标准》；

(3) GB 50209—2010《建筑地面工程施工质量验收规范》；

(4) GB 50207—2012《屋面工程质量验收规范》；

(5) GB/T 51351—2019《建筑边坡工程施工质量验收标准》；

(6) GB 50303—2015《建筑电气工程施工质量验收规范》；

(7) GB 50210—2018《建筑装饰装修工程质量验收标准》；

(8) GB 50204—2015《混凝土结构工程施工质量验收规范》；

(9) GB 50205—2020《钢结构工程施工质量验收标准》；

(10) GB 50310—2002《电梯工程施工质量验收规范》；

(11) GB/T 50252—2018《工业安装工程施工质量验收统一标准》；

(12) GB/T 50224—2018《建筑防腐蚀工程施工质量验收标准》；

(13) GB 50411—2019《建筑节能工程施工质量验收标准》等。

1.4.3　安全施工技术规范

（1）国务院令第 393 号《建设工程安全生产管理条例》；

（2）GB 50194—2014《建设工程施工现场供用电安全规范》；

（3）建质〔2003〕82 号文《建筑工程预防高处坠落事故若干规定》和《建筑工程预防坍塌事故若干规定》；

（4）JGJ 130—2011《建筑施工扣件式钢管脚手架安全技术规范》；

（5）JGJ 33—2012《建筑机械使用安全技术规程》；

（6）JGJ 80—2016《建筑施工高处作业安全技术规范》等。

1.4.4　有关制度举例

1. 监理工程师制度

"监理工程师"制度依托于国家新的职业资格认定制度。2017 年 9 月，人力资源社会保障部印发《人力资源社会保障部关于公布国家职业资格目录的通知》（人社部发〔2017〕68 号），将监理工程师列入国家职业资格目录清单，由住房和城乡建设部、交通运输部、水利部和人力资源社会保障部实施。

住房和城乡建设部、交通运输部、水利部、人力资源社会保障部于 2020 年 2 月 28 日通知印发的《监理工程师职业资格制度规定》《监理工程师职业资格考试实施办法》阐明：监理工程师职业资格考试成绩实行 4 年为一个周期的滚动管理办法，在连续的 4 个考试年度内通过全部考试科目，方可取得监理工程师职业资格证书。监理工程师职业资格考试原则上每年一次。

资格考试专业科目分为土木建筑工程、交通运输工程、水利工程 3 个专业类别，可自行选择方向考试。资格考试共设《建设工程监理基本理论和相关法规》《建设工程合同管理》《建设工程目标控制》《建设工程监理案例分析》4 个科目。

质量监督工程师的职责如下：

（1）制定建设工程质量监督工作方案和监督计划；

（2）检查工程项目建设各方主体的质量行为；

（3）检查监督工作方案所确定的建设工程的实体质量；

（4）监督工程竣工验收；

（5）签署建设工程质量监督报告；

（6）法规、规章规定的其他工作。

国家对监理工程师职业资格实行执业注册管理制度。取得监理工程师职业资格证书且从事工程监理相关工作的人员，经注册方可以监理工程师名义执业。执业时应持注册证书和执业印章。住房和城乡建设部、交通运输部、水利部按照职责分工建立监理工程师注册管理信息平台，保持通用数据标准统一。住房和城乡建设部负责归集全国监理工程师注册信息，促进监理工程师注册、执业和信用信息互通共享。

2. 项目法人责任制

法人指具有民事权利能力和民事行为能力，依法独立享有民事权利和承担民事义务的组织。

法人应当具备下列条件：

（1）依法成立；

（2）有必要的财产或者经费；

（3）有自己的名称、组织机构和场所；

（4）能够独立承担民事责任；

（5）有符合规定的组织章程。

法人形式：企业法人、事业单位法人、机关法人和社会团体法人。

项目法人责任制

主要是对项目的管理全过程负责，即对项目的策划、项目的筹资、项目的建设、项目的生产、项目的还贷以及项目资金的保值和增值等方面独立承担投资风险和民事责任，这也是国际惯例。

3. 监理组织责任制

（1）监理组织机构及监理职业资格

项目监理机构：监理单位派驻到工程上负责履行监理合同的组织机构。

监理工程师：取得国家监理工程师执业资格证书并经注册的监理人员。

总监理工程师：由监理单位法定代表人任命并书面授权，对内全面负责监理合同的履行，主持项目监理机构工作；对外代表监理单位。

专业监理工程师：指由总监理工程师授权，负责实施某一专业或某一岗位的监理工作，有相应监理文件签发权，具有工程类注册执业资格或具有中级及以上专业技术职称、2年及以上工程实践经验的监理人员。

监理员：经过监理业务培训，具有同类工程相关专业知识，从事监理工作的监理人员。

监理规划：在总监理工程师的主持下编制，经监理单位技术负责人批准，用来指导项目监理机构全面开展监理工作的指导性文件。

监理实施细则：根据监理规划，由专业监理工程师编写，并经总监理工程师批准，针对工程项目中某一专业或某一方面监理工作的操作性文件。

（2）监理性质及责任

监理单位作为独立于工程建设承包合同双方之外的第三方，受建设单位委托管理承包合同、监督承包合同的履行。依靠自身的专业技术知识管理工程建设的实施，监理工作具有公正、独立、自主的特点。

监理工作的依据主要是建设工程委托监理合同和建设单位与承包单位签订的承包合同。因此，实施建设工程监理之前，监理单位必须与建设单位签订合法的书面委托监理合同，以明确双方的权利和义务。

第 2 章　质量管理体系

知识要点：

（1）质量管理原则及其内容。

（2）质量管理体系的建立。

（3）了解 ISO 9000 质量管理和质量保证标准产生的历史背景。

（4）建设工程质量管理体系获准认证后，如何维持与监督管理。

2.1　建设工程质量管理原则

一个组织的基本任务是向市场和顾客提供满足其要求和其他相关方需要和期望的产品，并使得顾客满意，这是组织存在和发展的前提。在 ISO 9000—2000 中增加了八项质量管理原则，现行的 GB/T 19000—2016《质量管理体系：基础和术语》中将这八项管理原则改为七项原则，去掉了"管理的系统方法"原则。这是在近年来质量管理理论和实践的基础上提出来的，是对组织成功实施质量管理，达到预期效果的指南。通过贯彻实施七项质量管理原则，对组织内部在制定方针和策略、建立质量目标、运行管理和人力资源管理等方面起到了良好效果，有效助力于改进组织业绩框架，帮助组织获得持续成功。

2.1.1　以顾客为关注焦点

组织只有赢得和保持顾客和其他有关相关方的信任才能获得持续成功。与顾客相互作用的每个方面，都提供了为顾客创造更多价值的机会。理解顾客和其他相关方当前和未来的需求，有助于组织的持续成功。因此，组织应理解顾客当前和未来的需求，满足顾客的要求并争取超越顾客的期望。

组织贯彻实施以顾客为关注焦点的质量管理原则，有助于掌握市场动向，提高市场占有率，提高经营效益，并使组织能够多年连续经营。组织可以采取如下措施贯彻"以顾客为关注焦点"的原则：

（1）识别从组织获得价值的直接顾客和间接顾客；

（2）理解顾客当前和未来的需求和期望；

（3）将组织的目标与顾客的需求和期望联系起来；

（4）在整个组织内沟通顾客的需求和期望；

（5）为满足顾客的需求和期望，对产品和服务进行策划、设计、开发、生产、交付和支持；

（6）追踪和观测顾客满意情况，并采取适当的措施；

（7）在相关方等有可能影响到顾客满意的方面，确定相应措施并实施措施；

（8）主动管理与顾客的关系，以实现持续成功。

2.1.2 领导作用

强调领导作用的原则，是因为质量管理体系是最高管理者推动的，质量方针和目标是领导组织策划的，组织机构和职能分配是领导确定的，资源配置和管理是领导决定安排的，顾客和相关方要求是领导确认的，企业环境和技术进步、质量体系改进和提高是领导决策的。统一的宗旨和方向的建立以及全员的积极参与，能够使组织将战略、方针、过程和资源协调一致，实现组织目标。

所以，领导者应将本组织的宗旨、方向和内部环境统一起来，并创造使员工能够充分参与实现组织目标的环境。组织可采取如下措施贯彻"领导作用"的原则：

（1）在整个组织内，就组织使命、愿景、战略、方针和过程进行沟通；

（2）在组织的所有层级创建并保持共同的价值观，以及公平和道德的行为模式；

（3）培育诚信和正直的企业文化；

（4）鼓励在整个组织范围内履行对质量的承诺；

（5）确保各级领导者成为组织中的榜样；

（6）为员工提供履行职责所需的资源、培训和权限；

（7）激发、鼓励和表彰员工的贡献。

2.1.3 全员积极参与

为了有效和高效地管理组织，各级人员得到尊重并参与其中是极其重要的。通过表彰、授权和提高能力，促进在实现组织的质量目标过程中的全员积极参与。

质量管理是一个系统工程，与组织中的各个岗位、各个人员息息相关。可通过增强员工的政治意识、大局意识、核心意识、看齐意识和参与程度，调动全体员工的积极性和创造性，努力工作、勇于负责、持续改进、做出个人贡献，极大提升质量管理体系的有效性和效率。组织可采取如下措施贯彻"全员积极参与"的原则：

（1）与员工沟通，以增强他们对个人贡献的重要性的认识；

（2）促进整个组织内部的协作；

（3）提倡公开讨论，分享知识和经验；

（4）让员工确定影响执行力的制约因素，并且毫无顾虑地主动参与；

（5）赞赏和表彰员工的贡献、学识和进步；

（6）针对个人目标进行绩效的自我评价；

（7）进行调查以评估人员的满意程度，沟通结果并采取适当的措施。

2.1.4 过程方法

将活动作为相互关联、功能连贯的过程组成的体系来理解和管理时，可更加有效和高效地得到一致的、可预知的结果。

任何一项活动都可以作为一个过程来实施管理，所谓过程是指将输入转化为输出所使用资源的各项活动的系统。过程概念体现了用"PDCA"循环改进质量活动的思想，过程的目的是提高其价值。过程管理强调活动与资源结合，有利于适时进行测量保证上下工序的质量。通过过程管理可以降低成本、缩短周期，从而更高效地获得预期效果。组织可采取如下措施贯彻"过程方法"的原则：

（1）确定体系的目标和实现这些目标所需的过程；

（2）为管理过程确定职责、权限和义务；

（3）了解组织的能力，预先确定资源约束条件；

（4）确定过程相互依赖的关系，分析个别过程的变更对整个体系的影响；

（5）将过程及其相互关系作为一个体系进行管理，以高效地实现组织的质量目标；

（6）确保获得必要的信息，以运行和改进过程并监视、分析和评价整个体系的绩效；

（7）管理可能影响过程输出和质量管理体系整体结果的风险。

2.1.5   持续改进

持续改进是组织永恒的追求、目标、活动。为了满足顾客和其他相关方对质量更高期望的要求，增强组织竞争力，必须不断地改进和提高产品及服务的质量。

组织可采取如下措施贯彻"改进"的原则：

（1）促进在组织的所有层级建立改进目标；

（2）对各层级人员进行教育和培训，使其懂得如何应用基本工具和方法实现改进目标；

（3）确保员工有能力成功地促进和完成改进项目；

（4）开发和展开过程，以在整个组织内实施改进项目；

（5）跟踪、评审和审核改进项目的策划、实施、完成和结果；

（6）将改进与新的或变更的产品、服务和过程的开发结合在一起予以考虑；

（7）赞赏和表彰改进。

2.1.6   循证决策

有效决策建立在数据和信息逻辑分析的基础上。决策是通过调查和分析，确定质量目标并提出实现目标的方案，对可供选择的若干方案进行优选后做出抉择的过程。

决策是一个复杂的过程，并且总是包含某些不确定性。它经常涉及多种类型和来源的输入及其理解，而这些理解可能是主观的。重要的是理解因果关系和潜在的非预期后果。对事实、证据和数据的分析可导致决策更加客观、可信。组织在各个过程中所做的决策是否正确关系到组织的兴衰。有效的决策必须以充分的数据和真实的信息为基础。组织可采取如下措施贯彻"循证决策"的原则：

（1）确定、测量和监视关键指标，以证实组织的绩效；

（2）使相关人员能够获得所需的全部数据；

（3）确保数据和信息足够准确、可靠和安全；

（4）使用适宜的方法对数据和信息进行分析和评价；

（5）确保人员有能力分析和评价所需的数据；

（6）权衡经验和直觉，基于证据进行决策并采取措施。

2.1.7   关系管理

为了持续成功，组织需要管理与相关方（如供方）的关系。相关方影响组织的绩效。当组织管理与所有相关方的关系，以尽可能有效地发挥其在组织绩效方面的作用时，持续成功更有可能实现。

组织通过对每一个与相关方有关的机会和限制的响应，提高组织及其有关相关方的绩效。在管理过程中加深双方对目标和价值观共同的理解。通过共享资源和人员能力，以及管理与质量有关的风险，增强为相关方创造价值的能力，从而使得组织具有管理良好、可稳定提供产品和服务的供应链。

通过互利关系，共同为顾客提供满意的产品和服务，也有利于降低成本和优化资源配置，并增强防范风险的能力。组织可采取如下措施贯彻"关系管理"的原则：

(1) 确定相关方（如：供方、合作伙伴、顾客、投资者、雇员或整个社会）及其与组织的关系；

(2) 确定和排序需要管理的相关方的关系；

(3) 建立平衡短期利益与长期考虑的关系；

(4) 与相关方共同收集和共享信息、专业知识和资源；

(5) 适当时，测量绩效并向相关方报告，以增加改进的主动性；

(6) 与供方、合作伙伴及其他相关方合作开展开发和改进活动；

(7) 鼓励和表彰相关方及合作伙伴的改进和成绩。

上述七项质量管理原则之间是相互联系和相互影响的。其中，以顾客为关注焦点是主要的，是满足顾客要求的核心。为了以顾客为关注焦点，必须持续改进，才能不断地满足顾客不断提高的要求。而改进又是依靠领导作用、全员积极参与和互利的供方关系来完成的。所采用的方法是过程方法（控制论）和基于事实的决策方法（信息论）。可见，这七项质量管理原则，体现了现代管理理论和实践发展的成果，并被人们普遍接受。

建筑业是从事建筑生产经营的产业部门，它负责建筑物和构筑物的建造和各种设备的安装工程。施工企业的经营管理活动具有建筑工程工序繁多、影响面大等特性，这也决定了其质量管理的特殊重要性。建筑企业贯彻 ISO 9000 标准，无论是提高行业的自身形象和企业内部的管理水平，还是提高工程项目管理水平、增强企业市场的竞争力，以及提高企业工程质量信誉，都是极为迫切、及时和重要的。

2.2 运用基本概念和原则建立工程质量管理体系

GB/T 19000—2016 提出了运用基本概念和原则建立质量管理体系，是七项质量管理原则在质量管理体系中的应用指南。

2.2.1 质量管理体系模式

1. 总则

组织具有与人相同的许多特性，是一个具有生存和学习能力的社会有机体。两者都具有适应的能力，并且由相互作用的系统、过程和活动组成。为了适应变化的环境，均需要具备应变能力。组织经常通过创新实现突破性改进。组织的质量管理体系模式可以表明，不是所有的体系、过程和活动都可以被预先确定。因此，在复杂的组织环境中，其质量管理体系需要具有灵活性和适应性。

2. 体系

组织试图理解内外部环境，以识别有关相关方的需求和期望。这些信息被用于质量管理体系的建立，从而实现组织的可持续发展。一个过程的输出可成为其他过程的输入，并联结成整个网络。虽然不同组织的质量管理体系通常看起来是由相类似的过程所组成，但每个组织及其质量管理体系都是独特的。

3. 过程

组织拥有可被确定、测量和改进的过程。这些过程相互作用以产生与组织的目标相一致的结果，并跨越职能界限。某些过程可能是关键的，而另外一些则不是。过程具有相互关联的活动和输入，以实现输出。

4. 活动

组织的人员在过程中协调配合，开展他们的日常活动。依靠对组织目标的理解，某些活动可被预先规定。而另外一些活动则是由于对外界刺激的反应，来确定其性质并予以执行。

2.2.2 质量管理体系的建立

无论组织是否经过正式策划，每个组织都有质量管理活动。该标准为如何建立正规的体系，来管理这些活动提供了指南。确定组织中现存的活动和这些活动对组织环境的适宜性是十分必要的。

正规的质量管理体系为策划、完成、监视和改进质量管理活动的绩效提供了框架。质量管理体系无须复杂化，而是要准确地反映组织的需求。在建立质量管理体系的过程中，依据质量管理体系中给出的基本概念和原则，可提供有价值的指南。

质量管理体系是随着时间的推移而进化的动态系统。质量管理体系策划不是一劳永逸的，而是一个持续的过程。质量管理体系的计划随着组织的学习和环境的变化而逐渐完善。计划要考虑组织的所有质量活动，并确保覆盖本标准（GB/T 19000—2016《质量管理体系：基础和术语》）的全部指南和 GB/T 19001—2016《应用指南》的要求。该计划经批准后实施。

定期监视和评价质量管理体系的计划的执行情况及其绩效状况，对组织来说是非常重要的。经过深思熟虑的指标，更有利于监视和评价活动的开展。

审核是一种评价质量管理体系有效性的方法，以识别风险和确定是否满足要求。为了有效地进行审核，需要收集有形和无形的证据。在对所收集的证据进行分析的基础上，采取纠正和改进的措施。所获取的知识可能会带来创新，使质量管理体系的绩效达到更高的水平。

2.2.3 质量管理体系标准、其他管理体系和卓越模式

全国质量管理和质量保证标准化技术委员会（SAC/TC 151）起草的质量管理体系标准、其他管理体系标准以及组织卓越模式中表述的质量管理体系方法是基于普遍的原则，这些方法均能够帮助组织识别风险和机遇并包含改进指南。在当前的环境中，许多因素，例如：创新、道德、诚信和声誉均可作为质量管理体系的参数。有关质量管理标准（如：GB/T 19000—2016《质量管理体系：基础和术语》）、环境管理标准（如：GB/T 24001—2016《环境管理体系：要求及使用指南》）和能源管理标准（如：GB/T 23331—2020《能源管理体系：要求及使用指南》），以及其他管理标准和组织卓越模式已经涉及了这些问题。

全国质量管理和质量保证标准化技术委员会起草的质量管理体系标准为质量管理体系提供了一套综合要求和指南。

GB/T 19001—2016《应用指南》为质量管理体系规定了要求，GB/T 19004—2011《追求组织的持续成功：质量管理方法》在质量管理体系更宽范围的目标下，为持续成功和改进绩效提供了指南。质量管理体系的指南包括：GB/T 19010—2009《质量管理：顾客满意、组织行为规范指南》、GB/T 19012—2019《质量管理：顾客满意、组织投诉处理指南》、GB/T 19013—2009《质量管理：顾客满意、组织外部争议解决指南》、GB/Z 27907—2011《质量管理：顾客满意、监视和测量指南》、GB/T 19022—2003《测量管理体系：测量过程和测量设备的要求》和 GB/T 19011—2013《管理体系审核指南》。质量管理体系技术支持指南包括：GB/T 19015—2008《质量管理体系：质量计划指南》、GB/T 19016—2005《质

量管理体系：项目质量管理指南》、GB/T 19017—2020《质量管理：技术状态管理指南》、GB/T 19024—2008《质量管理：实现财务和经济效益的指南》、GB/T 19025—2001《质量管理：培训指南》和 GB/T 19029—2009《质量管理体系咨询师的选择及其服务使用的指南》。支持质量管理体系的技术文件包括：GB/T 19023—2003《质量管理体系文件指南》和 GB/Z 19027—2005《GB/T 19001—2000 的统计技术指南》。某些特定行业的标准也提供了质量管理体系的要求，如：GB/T 18305—2016《质量管理体系：汽车生产件及相关服务件组织应用 GB/T 19001—2008 的特别要求》。

组织的管理体系中具有不同作用的部分，包括其质量管理体系，可以整合成为一个的管理体系。当质量管理体系与其他管理体系整合后，与组织的质量、成长、资金、营利、环境、职业健康和安全、能源、安保等方面有关的目标、过程和资源，可以更加有效和高效地实现和应用。组织可以依据若干个标准的要求，如 GB/T 19001—2016《质量管理体系：要求》、GB/T 24001—2016《环境管理体系：要求及使用指南》、GB/T 22080—2016《信息技术、安全技术、信息安全管理体系：要求》和 GB/T 23331—2012《能源管理体系：要求及使用指南》对其管理体系进行一体化审核。

另外，ISO 手册《管理体系标准的一体化应用》可提供帮助。

2.3　建设工程质量认证——ISO 9000 族标准简介

2.3.1　ISO 9000 质量管理和质量保证标准产生的历史背景

企业为了生存和发展，使自己的产品占领市场，追求获得更大的经济效益，取得用户的信任和吸引潜在用户，便开始对外重视实施外部质量保证，对内致力于完善质量体系。20 世纪 70 年代以来，这类质量活动已形成一种世界性趋势，许多国家纷纷编制和发布质量管理标准。例如，1979 年，美国国家标准学会发布了 ANSIZ1.15《质量体系通用指南》；1980 年，法国发布了 NFX50-110《企业质量管理体系指南》；英国发布了 BS5750《质量保证指南》等。这些质量管理体系标准是企业质量管理和质量保证的结晶，为国际质量管理和质量保证系列标准的诞生奠定了基础。

在 1992 年年底之前，欧共体成员国之间，按照 EN 29000～EN 29004 实施统一认证程序。1987 年拟定的 16 号文件草案中规定：对从事质量管理体系、产品合格认证的人员培训认证管理机构的要求，其依据之一就是 ISO 9000 系列标准中的三个模式，非欧共体成员国产品要进入欧洲共同市场，必须遵守这些规则。

为消除国际贸易中因认证体制的不同而造成的技术壁垒，ISO 多年来一直希望建立国际统一的认证体制。1986 年，国际标准化组织合格评定委员会（ISO/CASCO）颁布了 ISO/IEC 48 号指南《第三方对质量体系进行评定和注册的导则》，进一步促进了国际质量体系认证的协调与发展。

质量管理和质量保证标准的产生不是偶然的，它是现代科学技术和生产力发展的必然结果，是国际贸易发展到一定时期的必然要求，也是质量管理发展到一定阶段的产物。

综上所述，各国政府、企业和消费者都需要一套国际上通用的、具有灵活性的国际质量保证模式，这就是促使 ISO 9000 系列国际标准产生的根本条件。

2.3.2　ISO 9000 族标准的演变

国际标准化组织质量管理和质量保证技术委员会（ISO/TC 176）在多年协调努力的基

础上，总结了各国的质量管理和质量保证经验，经过各国质量管理专家近 10 年的努力工作，在 1986 年 6 月 15 日正式发布 ISO 8402《质量：术语》标准，在 1987 年 3 月发布了 ISO 9000《质量管理和质量保证标准：选择和使用指南》、ISO 9001《质量体系：设计、开发、生产、安装和服务的质量保证模式》、ISO 9002《质量体系：生产和安装的质量保证模式》、ISO 9003《质量体系：最终检验和试验的质量保证模式》、ISO 9004《质量管理和质量体系要素：指南》等六项国际标准，即"ISO 9000～9004 系列标准"，也称 1987 年版 ISO 9000 系列国际标准。

但是，1987 年版标准在贯彻实施过程中，各国普遍反映标准系列整体水平不高，过于简单。偏重供应方向需求方提供质量保证，而对质量管理要求不严。传统的质量管理思想和方法比较多，现代的质量管理技术应用不够，而且缺乏对人的积极性和创造性的运用，例如只强调纠正措施，而没有运用预防措施。标准中对能够发生变异或变差的统计技术应用不够，对产品质量和服务质量的特性的统计要求也很少。标准偏重质量体系认证注册的需要，在一定程度上忽视了顾客对质量体系的要求。

为此，国际标准化组织并于 1994 年发布了 ISO 8402、ISO 9000—1、ISO 9001、ISO 9002、ISO 9003 和 ISO 9004—1 六项国际标准，通称为 1994 年版 ISO 9000 族标准，这些标准分别取代了 1987 年版的六项标准。与此同时，并陆续制定和发布了十项指南性的国际标准，形成了相互配套的系列。这样，1994 年版 ISO 9000 族国际标准共有以下十六项：

(1) ISO 8402：1994《质量管理和质量保证——术语》；

(2) ISO 9000—1：1994《质量管理和质量保证标准——第 1 部分：选择和使用指南》；

(3) ISO 9000—2：1993《质量管理和质量保证标准——第 2 部分：ISO 9001～9003 的实施通用指南》；

(4) ISO 9000—3：1991《质量管理和质量保证标准——第 3 部分：ISO 9001 在软件开发、供应和维护中的使用指南》；

(5) ISO 9000—4：1993《质量管理和质量保证标准——第 4 部分：可信性大纲管理指南》；

(6) ISO 9001：1994《质量体系——设计、开发、生产、安装和服务的质量保证模式》；

(7) ISO 9002：1994《质量体系——生产安装和服务的质量保证模式》；

(8) ISO 9003：1994《质量体系——最终检验和试验的质量保证模式》；

(9) ISO 9004—1：1994《质量管理和质量体系要素——第 1 部分：指南》；

(10) ISO 9004—2：1991《质量管理和质量体系要素——第 2 部分：服务指南》；

(11) ISO 9004—3：1993《质量管理和质量体系要素——第 3 部分：流程性材料指南》；

(12) ISO 9004—4：1993《质量管理和质量体系要素——第 4 部分：质量改进指南》；

(13) ISO 9004—1：1990《质量体系审核指南——第 1 部分：审核》；

(14) ISO 9004—2：1991《质量体系审核指南——第 2 部分：质量体系审核的评定准则》；

(15) ISO 9004—3：1991《质量体系审核指南——第 3 部分：审核工作管理》；

(16) ISO 9004—1：1992《测量设备的质量保证要求——第 1 部分：测量设备的计量确认指南》。

1994 年版本在实施过程中，很多国家反映在实际应用中具有一定局限性，标准的质量要素间的相关性也不好；强调了符合性，而忽视了企业整体业绩的提高，也缺乏对顾客满意或不满意的监控；由于标准的通用性差，特制定了许多指南来弥补，使 1994 版 ISO 9000 族发展到 22 项标准和 2 项技术报告，而实际上只有少数标准得到应用。

为此，国际标准化组织为了满足用户适应市场竞争的需要，促进企业持续改进，提高整体业绩；使标准通俗易懂，易于理解和使用，能适用于各种类型和规模的企业，为提高企业的运行能力提供有效的方法，又进一步对 1994 版标准做了修订，于 2000 年底正式发布，称 2000 版 ISO 9000 族标准。

2000 版 ISO 9000 族标准只有 4 个核心标准，它们各有联系和区别，其中 ISO 9000 是基础，ISO 9001 是基本要求，ISO 9004 是 ISO 9001 的发展深化，ISO 19011 是管理体系审核的指南。即：

(1) ISO 9000：2000《质量管理体系——基础和术语》；

(2) ISO 9001：2000《质量管理体系——要求》；

(3) ISO 9004：2000《质量管理体系——业绩改进指南》；

(4) ISO 19011《质量和环境管理体系——审核》。

随着时代的发展，2000 版之后，ISO 9000 族标准又进行了修订，于 2008 年 10 月 31 日正式发布 2008 版 ISO 9000 族标准。该版本标准修改较少，且只有 3 个核心标准，为：

(1) ISO 9000：2008《质量管理体系结构——基础和术语》；

(2) ISO 9001：2008《质量管理体系——要求》；

(3) ISO 9004：2008《质量管理体系——业绩改进指南》。

伴随着生产的全球化、国际化，对组织环境的要求也日益明显。比如组织外部环境的社会环境，要求组织减少碳排放、减少环境污染等。这样一来，2008 版本就显得有些不足，没有考虑到组织背景环境分析、风险等功能，功能相对较少，同时有质量手册、管理者代表、预防措施的强制性要求，不便于组织成文灵活运用。在 ISO 9001：2015 标准中，增加了组织背景环境分析、确定了组织目标和战略、增加了绩效评估、增加了领导作用和承诺及组织的知识、增加了风险和应急措施和机遇的管理等，取消了质量手册、文件化程序等大量强制性文件的要求，合并了文件和记录，确定了质量管理体系边界。相比 2008 版本有着更少的规定性要求和更灵活的成文信息要求。该版本有 3 个核心标准：

(1) ISO 9000：2015《质量管理体系——基础和术语》；

(2) ISO 9001：2015《质量管理体系——要求》；

(3) ISO 9004：2015《追求组织的持续成功——质量管理方法》。

ISO 9000：2015《质量管理体系——基础和术语》为正确理解和实施 ISO 9001 标准提供必要的基础。该标准详细描述了质量管理原则。在 ISO 9001：2015 标准制定过程中考虑了质量管理原则，这些原则本身不作为要求，但构成了 ISO 9001：2015 标准所规定要求的基础。

ISO 9001：2015《质量管理体系——要求》规定的要求旨在为组织的产品和服务提供信任，从而增强顾客满意。正确实施本标准也能为组织带来其他预期利益，例如，改进内部沟通、更好地理解和控制组织的过程。

ISO 9004：2015《追求组织的持续成功——质量管理方法》为组织选择超出 ISO 9001《质量管理体系——要求》标准要求提供指南。该标准关注能够改进组织整体绩效的更加广泛的议题。ISO 9004 包括自我评价方法指南，以便组织能够对其质量管理体系的成熟度进行评价。

2.3.3　我国 GB/T 19000 族标准

我国于 1988 年正式引入 ISO 9000 标准，并于 1994 年 12 月 24 日正式发布了等同采用 1994 年版的 GB/T 19000—ISO 9000 系列标准，并于 1995 年 6 月 30 日起正式实施。

随着 ISO 9000 的发布和修订，我国及时、等同地发布和修订了 GB/T 19000 族国家标准。2015 年版 ISO 9000 族标准发布后，我国又等同地转换为 GB/T 19000—2016（ISO 9000：2015，IDT）族国家标准。

GB/T 19000—2016 族标准有以下几个方面的主要特点。

1. 采用了基于风险的思维

2008 年版的 GB/T 19001 中已经隐含基于风险的思维的概念，如：有关策划、评审和改进的要求。新版标准要求组织理解其组织环境，并以确定风险作为策划的基础。基于风险的思维使组织能够确定可能导致其过程和质量管理体系偏离策划结果的重要因素，以便实施控制，最大限度地降低不利影响，并最大限度地利用出现的机遇。

2. 灵活的成文信息要求

由于在标准中使用基于风险的思维，因而一定程度上减少了规定性要求，并以基于绩效的要求替代。在过程、成文信息和组织职责方面的要求比 GB/T 19001—2008 具有更大的灵活性。标准允许组织灵活地选择质量管理体系形成文件的方式，提倡在确保有效性的前提下，组织可以根据行业特点保留原有质量手册、程序、作业指导书等，以便于员工和相关方理解使用。

3. 提高了服务行业的适用性

新版标准将"服务"与"产品"并列，由组织向顾客提供的或外部供方提供的大多数输出包括产品和服务两方面。突显了服务特点，旨在强调在某些要求的应用方面产品和服务之间存在的差异。对于服务型组织，其服务是以活动和过程展开的，新版标准提高了在服务行业的适用性。

4. 更加强调组织环境

组织环境是对组织建立和实现目标的方法有影响的内部和外部因素的组合，只有认清组织所处的环境，清晰组织的定位，才能抓住环境变化带来的机遇并经受与组织环境有关的风险考验。

5. 更少的规定性要求

如不再规定最高管理者应在组织的管理层中指定一名成员担任管理者代表，而是以分配类似的职责和权限来代替。

6. 更加强调组织知识

2016 年版标准要求组织确定并管理其拥有的知识，以确保其过程的运行，并能够提供合格的产品和服务。为了保持组织以往的知识，满足组织现有和未来的知识需求，应有组织知识的控制过程。这个过程应考虑组织环境，包括其规模和复杂性、需处理的风险和机会，以及知识可用性需求。

2.3.4　术语

ISO 9000：2015 中有 138 个术语，分为 13 个方面。

（1）有关人员的术语（6 个）：最高管理者、质量管理体系咨询师、参与、积极参与、技术状态管理机构、调解人。

（2）有关组织的术语（9 个）：组织、组织环境、相关方、顾客、供方、外部供方、调解过程提供方、协会、计量职能。

（3）有关活动的术语（13 个）：改进、持续改进、管理、质量管理、质量策划、质量保证、质量控制、质量改进、技术状态管理、更改控制、活动、项目管理、技术状态项。

（4）有关过程的术语（8 个）：过程、项目、质量管理体系实现、能力获得、程序、外包、合同、设计和开发。

（5）有关体系的术语（12 个）：体系、基础设施、管理体系、质量管理体系、工作环境、计量确认、测量管理体系、方针、质量方针、愿景、使命、战略。

（6）有关要求的术语（15 个）：客体、质量、等级、要求、质量要求、法律要求、法规要求、产品技术状态信息、不合格、缺陷、合格、能力、可追溯性、可信性、创新。

（7）有关结果的术语（11 个）：目标、质量目标、成功、持续成功、输出、产品、服务、绩效、风险、效率、有效性。

（8）有关数据、信息和文件的术语（15 个）：数据、信息、客观证据、信息系统、文件、成文信息、规范、质量手册、质量计划、记录、项目管理计划、验证、确认、技术状态记实、特定情况。

（9）有关顾客的术语（6 个）：反馈、顾客满意、投诉、顾客服务、顾客满意行为规范、争议。

（10）有关特性的术语（7 个）：特性、质量特性、人为因素、能力、计量特性、技术状态、技术状态基线。

（11）有关确定的术语（9 个）：确定、评审、监视、测量、测量过程、测量设备、检验、试验、进展评价。

（12）有关措施的术语（10 个）：预防措施、纠正措施、纠正、降级、让步、偏离许可、放行、返工、返修、报废。

（13）有关审核的术语（17 个）：审核、多体系审核、联合审核、审核方案、审核范围、审核计划、审核准则、审核证据、审核发现、审核结论、审核委托方、受审核方、向导、审核组、审核员、技术专家、观察员。

2.4　建设工程质量管理体系认证——GB/T 19001 标准

2.4.1　范围

标准为有下列需求的组织规定了质量管理体系要求：

（1）需要证实其具有稳定地提供满足顾客要求和适用法律法规要求的产品和服务的能力；

（2）通过体系的有效应用，包括体系持续改进的过程以及保证符合顾客和适用的法律法规要求，旨在增强顾客满意。

这意味着在标准中术语"产品"仅适用于：预期提供给顾客或顾客所要求的商品和服务，运行过程所产生的任何预期输出。同时需要注意到，"法律法规要求"可称为"法定要求"。

2.4.2 规范性引用文件

下列文件中的条款通过本标准的引用而构成本标准的条款。凡是注日期的引用文件，只有引用的版本适用；凡是不注日期的引用文件，其最新版本（包括任何修订）适用于本标准。

GB/T 19000—2016《质量管理体系：基础和术语》（ISO 9000：2015，IDT）

2.4.3 术语和定义

本标准采用 GB/T 19000—2016 界定的术语和定义。

2.4.4 组织的背景环境

1. 理解组织及其背景环境

组织应确定外部和内部那些与组织的宗旨、战略方向有关，影响质量管理体系实现预期结果的能力的事务。需要时，组织应更新这些信息。

在确定这些相关的内部和外部事务时，组织应考虑以下方面：

（1）可能对组织的目标造成影响的变更和趋势；

（2）与相关方的关系，以及相关方的理念、价值观；

（3）组织管理、战略优先、内部政策和承诺；

（4）资源的获得和优先供给、技术变更。

组织的外部环境，可以考虑法律、技术、竞争、文化、社会、经济和自然环境方面，不管是国际、国家、地区或本地。组织的内部环境，可以是组织的理念、价值观和文化。

2. 理解相关方的需求和期望

组织应确定与质量管理体系有关的相关方及其要求。组织应更新以上确定的结果，以便于理解和满足影响顾客要求和顾客满意度的需求和期望。同时，组织应对当前和预期的未来需求可导致改进和变革的机会进行识别。

其中，组织应考虑以下相关方：直接顾客；最终使用者；供应链中的供方、分销商、零售商及其他；立法机构；其他。

3. 确定质量管理体系的范围

组织应界定质量管理体系的边界和应用，以确定其范围。在确定质量管理体系范围时，组织应考虑：组织及其背景环境，包括提到的内部和外部因素；相关方的需求和要求。

组织的质量管理体系范围应作为成文信息，可被获得并得到保持。质量管理体系的范围应描述为组织所包含的产品、服务、主要过程和地点。

描述质量管理体系的范围时，对不适用的标准条款，应将质量管理体系的删减及其理由形成文件，且不影响组织确保产品和服务满足要求和顾客满意的能力和责任。过程外包不是正当的删减理由。外部供应商可以是组织质量管理体系之外的供方或兄弟组织。

4. 质量管理体系及其过程

组织应按本标准的要求建立质量管理体系，并加以实施和保持，持续改进。包括所需过程及其相互作用。

组织应将过程方法应用于质量管理体系。组织应确定质量管理体系所需的过程及其在整个组织中的应用。

这包括确定每个过程所需的输入和期望的输出，以及确定这些过程的顺序和相互作用；

确定产生非预期的输出或过程失效对产品、服务和顾客满意带来的风险；确定所需的准则、方法、测量及相关的绩效指标，以确保这些过程的有效运行和控制；确定和提供资源，保证过程中资源的持续供应和可获得性；规定各个过程中的职责和权限；对过程进行评价，对实施所需的措施以实现策划的结果进行评价，监测、分析这些过程，必要时变更，以确保过程持续产生期望的结果，确保持续改进这些过程。

2.4.5　领导作用

1. 领导作用与承诺

针对质量管理体系的领导作用与承诺，最高管理者应通过以下方面证实其对质量管理体系的领导作用与承诺：

(1) 确保质量方针和质量目标得到建立，并与组织的战略方向保持一致；

(2) 确保质量方针在组织内得到理解和实施；

(3) 确保质量管理体系要求纳入组织的业务运作；

(4) 促进使用过程方法和基于风险的思维；

(5) 确保质量管理体系所需资源的获得；

(6) 传达有效的质量管理以及满足质量管理体系、产品和服务要求的重要性；

(7) 确保质量管理体系实现预期的输出；

(8) 吸纳、指导和支持员工对质量管理体系的有效性做出贡献；

(9) 增强持续改进和创新；

(10) 支持其他的管理者在其负责的领域证实其领导作用。

2. 以顾客为关注焦点

最高管理者应通过以下方面，证实其针对以顾客为关注焦点的领导作用和承诺：确定、理解并持续地满足顾客要求以及适用的法律法规要求；确定需应对风险和机遇及其可能影响产品和服务的合格度以及增强顾客满意的能力。

3. 质量方针

(1) 制定质量方针。最高管理者应制定质量方针，方针应与组织的宗旨相适应。该方针能够为组织提供制定质量目标的框架，包括对满足适用要求的承诺和对持续改进质量管理体系的承诺。

(2) 沟通质量方针。质量方针应该形成文件，并在组织内得到沟通、理解。在应用时，可为相关方所获取，并在持续适宜性方面得到评审。制定方针时，质量管理原则可作为质量方针的参照基础。

(3) 组织的作用、职责和权限。最高管理者应确保组织内相关的职责、权限得到规定和沟通。最高管理者应对质量管理体系的有效性负责，并规定职责和权限，以便确保质量管理体系符合本标准的要求；确保过程相互作用并产生期望的结果；向最高管理者报告质量管理体系的绩效和任何改进的需求；确保在整个组织内提高满足顾客要求的核心意识。

2.4.6　策划

1. 风险和机遇的应对措施

策划质量管理体系时，组织应考虑组织及其环境和相关方的需求及期望，确定需应对的风险和机遇，确保质量管理体系实现期望的结果，确保组织能稳定地实现产品、服务符合要求和顾客满意，预防或减少非预期的影响，实现持续改进。

组织应策划风险和机遇的应对措施，并确定如何在质量管理体系过程中纳入和应用这些措施，可以参考"2.4.4中组织的背景环境"中第4部分"质量管理体系及其过程"的内容。并确定如何评价这些措施的有效性。

采取的任何风险和机遇的应对措施都应与其对产品、服务的符合性和顾客满意的潜在影响相适应。在应对风险时，组织可以选择规避风险、为寻求机会承担风险、消除风险源、改变风险的可能性或后果、分担风险、通过信息充分地决策后保留风险等。

2. 质量目标及其实施的策划

组织应在相关职能、层次、过程上建立质量目标。建立质量目标时，应考虑的方面包括：与质量方针保持一致；可测量；与产品、服务的合格和增强顾客满意相关；适用的要求。质量目标应该能够得到监测和沟通，适当时进行更新。组织应将质量目标形成文件。

在策划目标的实现时，组织应确定需要做什么、需要的资源、责任人、完成的时间表、结果如何评价。

3. 变更的策划

组织应确定变更的需求和机会，以保持和改进质量管理体系绩效。组织应有计划、系统地进行变更，识别风险和机遇，并评价变更的潜在后果。组织在变更时应该考虑资源的可获得性，职责、权限的分配和再分配。

2.4.7　支持

1. 资源

组织应确定、提供为建立、实施、保持和改进质量管理体系所需的资源。

组织应考虑以下方面：人员、基础设施、过程环境、监视和测量资源、组织的知识。

(1) 人员。组织应确定并配备所需的人员，以有效实施质量管理体系，并运行和控制其过程。

(2) 基础设施。组织应确定、提供和维护其运行和确保产品、服务符合性和顾客满意所需的基础设施。其中，基础设施可包括：建筑物和相关的设施、设备（包括硬件和软件）、运输、通信和信息系统。

(3) 过程环境。组织应确定、提供和维护其运行和确保产品、服务符合性和顾客满意所需的过程环境。过程环境可包括物理的、社会的、心理的和环境的因素（例如：温度、承认方式、人因工效、大气成分）。

(4) 监视和测量资源。组织应确定、提供和维护用于验证产品符合性所需的监视和测量设备，并确保监视和测量设备满足使用要求。组织应保持适当的文件信息，以提供监视和测量设备满足使用要求的证据。

监视和测量设备可包括测量设备和评价方法（例如：调查问卷）。对照能溯源到国际或国家标准的测量标准，按照规定的时间间隔或在使用前对监视和测量设备进行校准和（或）检定。

(5) 组织的知识。组织应确定质量管理体系运行、过程、确保产品和服务符合性及顾客满意所需的知识。这些知识应得到保持、保护，需要时便于获取。

在应对持续变化的需求和趋势时，组织应考虑现有的知识基础，确定如何获取必需的更多知识，接触到新的知识并更新知识。

2. 能力

组织应确定在组织控制下从事影响质量绩效工作的人员所必须具备的能力,这些人从事的工作可影响质量管理体系绩效和有效性;在组织中基于适当的教育、培训和经验,确保这些人员是胜任的;适用时,采取措施以获取必要的能力,并评价这些措施的有效性;保持形成文件的信息,为所具备的能力提供证据。

适当的措施可包括:提供培训、辅导、重新分配任务、招聘胜任的人员、外包给胜任的人员等。

3. 意识

在组织控制下工作的人员应知晓组织的质量方针和相关的质量目标。工作的人员对质量管理体系有效性的贡献,包括改进质量绩效的益处,以及偏离质量管理体系要求的后果。

4. 沟通

组织应确定与质量管理体系相关的内部和外部沟通的需求,包括沟通的内容、时机、对象。确定沟通什么,何时沟通,与谁沟通,如何沟通,谁来沟通。

5. 形成文件的信息

(1) 总则。组织的质量管理体系应包括:本标准所要求的文件信息,组织确定的为确保质量管理体系有效运行所需的形成文件的信息。

不同组织的质量管理体系文件的多少与详略程度可以不同,这取决于组织的规模、活动类型、过程、产品和服务,组织活动过程及其相互作用的复杂程度,组织内人员的能力。

(2) 编制和更新。在编制和更新文件时,组织应确保以下适当的内容:

1) 标识和说明(例如:标题、日期、作者、索引编号等);

2) 格式(例如:语言、软件版本、图示)和媒介(例如:纸质、电子格式);

3) 评审和批准以确保适宜性和充分性。

(3) 文件控制。质量管理体系和本标准所要求的形成文件的信息应进行控制,以确保组织需要文件的场所能获得适用的文件;文件能够得到充分保护,如防止泄密、误用、缺损。

为控制成文信息,适用时,组织应进行以下文件控制活动:

1) 分发、访问、回收、使用;

2) 存放、保护,包括保持清晰;

3) 更改的控制(如:版本控制);

4) 保留和处置。

组织所确定的策划和运行质量管理体系所需的外来文件应确保得到识别和控制。对成文信息的访问指仅得到查阅文件的许可,或授权查阅和修改文件。

2.4.8 运行

1. 运行的策划和控制

为满足产品和服务提供的要求,并实施第 6 部分策划所确定的信息,组织应该通过以下措施对所需的过程进行策划、实施和控制。包括以下内容:

(1) 确定产品和服务的要求;

(2) 建立过程、产品和服务的接受内容的准则;

(3) 按准则要求实施过程控制;

(4) 保持充分的文件信息,以确定过程按策划的要求实施,并证实产品和服务符合要求。

组织应控制计划的变更，评价非预期的变更的后果，必要时采取措施减轻任何不良影响（详见后文"外部提供的产品和服务的控制"）。

组织应确保由外部供方实施的职能或过程得到控制。组织的某项职能或过程由外部供方实施通常称作外包。

2. 产品和服务的要求

（1）顾客沟通。组织应实施与当前的或潜在的顾客沟通所需的过程，以确定顾客对产品和服务的要求。

与顾客沟通的内容包括：提供有关产品和服务的信息；更改和处理问询、合同或订单；获取有关产品和服务的顾客反馈，包括顾客投诉；处置或控制顾客财产；关系重大时，制定应急措施的特定要求。

（2）产品和服务要求的确定。在向顾客提供产品和服务的要求时，组织应确保以下内容：

1）产品和服务的要求得到规定，包括适用的法律法规要求、组织认为的必要要求；

2）提供的产品和服务能够满足所声明的要求。

（3）产品和服务有关要求的评审。组织应确保有能力向顾客提供满足要求的产品和服务，组织应评审与产品和服务有关的要求。

评审应在组织向顾客做出提供产品的承诺（如：提交标书、接受合同或订单及接受合同或订单的更改）之前进行，并应确保以下内容：

1）产品和服务要求已得到规定并达成一致；

2）与以前表述不一致的合同或订单的要求已予解决；

3）组织有能力满足规定的要求。

评审结果的信息应形成文件。若顾客没有提供形成文件的要求，组织在接受顾客要求前应对顾客要求进行确认。若产品和服务要求发生变更，组织应确保相关文件信息得到修改，并确保相关人员知道已变更的要求。

在某些情况下，对每一个订单进行正式的评审可能是不实际的，作为替代方法，可对提供给顾客的有关的产品信息进行评审。

（4）产品和服务要求的更改。若产品和服务要求发生更改，组织应确保相关的成本信息得到修改，并确保相关人员知道已更改的要求。

3. 运行策划过程

为产品和服务实现做准备，组织应实施过程以确定以下内容，适用时包括以下方面：

（1）产品和服务的要求，并考虑相关的质量目标；

（2）识别和应对与实现产品和服务满足要求所涉及的风险相关的措施；

（3）针对产品和服务确定资源的需求；

（4）产品和服务的接收准则；

（5）产品和服务所要求的验证、确认、监视、检验和试验活动；

（6）绩效数据的形成和沟通；

（7）可追溯性、产品防护、产品和服务交付及交付后活动的要求。

策划的输出形式应便于组织的运作。对应用于特定产品、项目或合同的质量管理体系的过程（包括产品和服务实现过程）和资源做出规定的文件可称之为质量计划。组织也可将本标准中生产和服务的要求应用于产品和服务实现过程的开发。

4. 外部提供的产品和服务的控制

（1）总则。组织应确保外部提供的产品和服务满足规定的要求。

外部供方的产品和服务将构成组织自身的产品和服务的一部分；组织决定由外部供方提供过程或部分过程；外部供方代表组织将产品和服务提供给顾客。

（2）控制类型和程度。组织应确保外部提供的过程、产品和服务不会对组织稳定地向顾客交付合格产品和服务的能力产生不利影响，组织应确保外部提供的过程保持在组织质量管理体系的控制之中，同时规定对外部供方的控制及其输出结果的控制。组织需要考虑到外部提供的过程、产品和服务对组织稳定地满足顾客要求和适用的法律法规要求的能力的潜在影响。组织还要确定必要的验证或其他活动，以确保外部提供的过程、产品和服务满足要求。

组织应根据外部供方按要求提供产品的能力建立和实施对外部供方的评价、选择和重新评价的准则。评价结果的信息应形成文件。

（3）提供外部供方的文件信息。适用时，提供给外部供方的形成文件信息应阐述以下内容：

1）供应的产品和服务，以及实施的过程；

2）产品、服务、程序、过程和设备的放行或批准要求；

3）人员能力的要求，包含必要的资格；

4）质量管理体系的要求；

5）组织对外部供方业绩的控制和监视；

6）组织或其顾客拟在供方现场实施的验证活动；

7）将产品从外部供方到组织现场的搬运要求。

在与外部供方沟通前，组织应确保所规定的要求是充分与适宜的。同时，组织应对外部供方的业绩进行监视。应将监视结果的信息形成文件。

5. 产品和服务的提供

（1）开发过程。组织应采用过程方法策划和实施产品和服务开发过程。

在确定产品和服务开发的阶段和控制时，组织应考虑以下方面：

1）开发活动的特性、周期、复杂性；

2）顾客和法律法规对特定过程阶段或控制的要求；

3）组织确定的特定类型的产品和服务的关键要求；

4）组织承诺遵守的标准或行业准则；

5）针对以下开发活动所确定的相关风险和机遇：开发的产品和服务的特性，以及失败的潜在后果；顾客和其他相关方对开发过程所期望的控制程度；对组织稳定地满足顾客要求和增强顾客满意的能力的潜在影响；

6）产品和服务开发所需的内部和外部资源；

7）开发过程中的人员和各个小组的职责和权限；

8）参加开发活动的人员和各个小组的接口管理的需求；

9）对顾客和使用者参与开发活动的需求及接口管理；

10）开发过程、输出及其适用性所需的形成文件的信息；

11）将开发转化为产品和服务提供所需的活动。

（2）开发控制。对开发过程的控制应确保以下方面：

1）开发活动要完成的结果得到明确规定；

2）开发输入应充分规定，避免模棱两可、冲突、不清楚；

3）开发输出的形式应便于后续产品生产和服务提供，以及相关监视和测量；

4）在进入下一步工作前，开发过程中提出的问题已得到解决或管理，或者将其优先处理；

5）策划的开发过程得到实施，开发的输出满足输入的要求，实现了开发活动的目标；

6）按开发的结果生产的产品和提供的服务满足使用要求；

7）在整个产品和服务开发过程及后续任何对产品的更改中，保持适当的更改控制和配置管理。

（3）开发的转化。组织不应将开发转化为产品生产和服务提供，除非开发活动中未完成的或提出的措施都已经完毕或者得到管理，不会对组织稳定地满足顾客、法律和法规要求及增强顾客满意的能力造成不良影响。

6. 产品生产和服务提供

（1）产品生产和服务提供的控制。组织应在受控条件下进行产品生产和服务提供。适用时，受控条件应包括以下方面：

1）获得表述产品和服务特性的文件信息；

2）控制的实施；

3）必要时，获得表述活动的实施及其结果的文件信息；

4）使用适宜的设备；

5）获得、实施和使用监测和测量设备；

6）人员的能力或资格；

7）当过程的输出不能由后续的监测和测量加以验证时，对任何这样的产品生产和服务提供过程进行确认、批准和再次确认；

8）产品和服务的放行、交付和交付后活动的实施；

9）人为错误（如失误、违章）的提前预防。

通常，可通过过程评审和批准的准则的确定、设备的认可和人员资格的鉴定、特定的方法和程序的使用、文件信息的需求的确定等确认活动来证实这些过程实现所策划的结果的能力。

（2）标识和可追溯性。适当时，组织应使用适宜的方法识别过程输出。组织应在产品实现的全过程中，针对监视和测量要求识别过程输出的状态。在有可追溯性要求的场合，组织应控制产品的唯一性标识，并保持形成文件的信息。

过程输出是任何活动的结果，它将交付给顾客（外部的或内部的）或作为下一个过程的输入。过程输出包括产品、服务、中间件、部件等。

（3）顾客或外部供方的财产。组织应爱护在组织控制下或组织使用的顾客、外部供方财产。组织应识别、验证、保护和维护供其使用或构成产品和服务一部分的顾客、外部供方财产。如果顾客、外部供方财产发生丢失、损坏或发现不适用的情况，组织应向顾客、外部供方报告，并保持文件信息。

顾客、外部供方财产可包括知识产权、秘密的或私人的信息。

（4）产品防护。在处理过程中和交付到预定地点期间，组织应确保对产品和服务（包括任何过程的输出）提供防护，以保持其符合要求。

防护也应适用于产品的组成部分、服务提供所需的任何有形的过程输出。防护应包括标识、搬运、包装、储存和保护。

（5）交付后的活动。适用时，组织应确定和满足与产品特性、生命周期相适应的交付后活动要求。

在产品交付后，组织的活动应考虑产品和服务相关的风险、顾客反馈、相关法律和法规要求。交付后的活动可包括诸如担保条件下的措施、合同规定的维护服务、附加服务（回收或最终处置）等。

（6）变更控制。组织应有计划地和系统地进行变更，考虑对变更的潜在后果进行评价，采取必要的措施以确保产品和服务完整性。应将变更的评价结果、变更的批准和必要的措施的信息形成文件。

（7）产品和服务的放行。组织应按策划的安排，在适当的阶段验证产品和服务是否满足要求。符合接收准则的证据应予以保持。除非得到有关授权人员的批准，适用时得到顾客的批准，否则在策划的符合性验证已圆满完成之前，不应向顾客放行产品和交付服务。应在形成文件信息中指明有权放行产品以交付给顾客的人员。

7. 不合格输出的控制

组织应确保不符合要求的产品和服务已得到识别和控制，以防止其非预期的使用和交付对顾客造成不良影响。组织应采取与不合格品的性质及其影响相适应的措施，需要时进行纠正。这也适用于在产品交付后和服务提供过程中发现的不合格的处置。当不合格产品和服务已交付给顾客后，组织也应采取适当的纠正以确保实现顾客满意。

应实施适当的纠正措施，可包括：隔离、制止、召回和停止供应产品和提供服务；适当时，通知顾客；经授权进行返修、降级、继续使用、放行、延长服务时间或重新提供服务、让步接收。

在不合格品得到纠正之后应对其再次进行验证，以证实其符合要求。不合格品的性质以及随后所采取的任何措施的信息应形成文件，包括描述不合格、描述所采取的措施、描述获得的让步、识别处置不合格的授权。

2.4.9　绩效评价

1. 监视、测量、分析和评价

（1）总则。组织应确定需要监视和测量什么；需要用什么方法进行监视、测量、分析和评价，以确保结果有效；何时实施监视和测量；何时对监视和测量的结果进行分析和评价。

（2）顾客满意。组织意见是顾客对其需求和期望已得到满足的程度的感受，组织应确定获取监视和评审该信息的方法。

监视顾客感受的例子可包括顾客调查、顾客对交付产品或服务的反馈、顾客座谈、市场占有率分析、顾客赞扬、担保索赔和经销商报告等。

（3）数据分析与评价。组织应分析、评价来自监视和测量以及其他相关来源的适当数据。数据分析和评价的结果应用于以下方面：

1）确定质量管理体系的适宜性、充分性、有效性；

2）确保产品和服务能持续满足顾客要求；

3）确保过程的有效运行和控制；

4）识别质量管理体系的改进机会。

数据分析和评价的结果应作为管理评审的输入。

2. 内部审核

组织应按照计划的时间间隔进行内部审核，以确定质量管理是否符合组织对质量管理体系的要求及本标准的要求；是否得到有效的实施和保持。

组织应策划、建立、实施和保持一个或多个审核方案，包括审核的频次、方法、职责、策划审核的要求和报告审核结果。审核方案应考虑质量目标、相关过程的重要性、关联风险和以往审核的结果。组织还应确定每次审核的准则和范围，审核员的选择和审核的实施应确保审核过程的客观性和公正性，确保审核结果提交给管理者以供评审。得到结果后，及时采取适当的措施，并保持形成文件的信息，以提供审核方案实施和审核结果的证据。

3. 管理评审

最高管理者应按策划的时间间隔评审质量管理体系，以确保其持续的适宜性、充分性和有效性。管理评审策划和实施时，应考虑变化的商业环境，并与组织的战略方向保持一致。

在管理评审时应考虑以下方面：

（1）以往管理评审的跟踪措施；

（2）与质量管理体系有关的外部或内部的变更；

（3）质量管理体系绩效的信息，包括以下方面的趋势和指标，即不符合与纠正措施、监视和测量结果、审核结果、顾客反馈、外部供方、过程绩效和产品的符合性；

（4）持续改进的机会。

管理评审的输出应包括持续改进的机会和对质量管理体系变更的需求的相关决定。

组织应保持形成文件的信息，以提供管理评审的结果及采取措施的证据。

2.4.10　持续改进

1. 不合格与纠正措施

发生不合格时，组织应及时做出响应，适当时采取措施控制和纠正不合格，并处理不合格造成的后果。

通过以下活动，评价是否需要采取措施以消除产生不合格的原因，避免其再次发生或在其他场合发生。

（1）评审不合格；

（2）确定不合格的原因；

（3）确定类似不合格是否存在，或可能潜在发生；

（4）实施所需的措施；

（5）评审所采取纠正措施的有效性；

（6）对质量管理体系进行必要的修改。

纠正措施应与所遇到的不合格的影响程度相适应。

组织应将不合格的性质及随后采取的措施和纠正措施的结果等信息形成文件。

2. 改进

组织应持续改进质量管理体系的适宜性、充分性和有效性。

　　组织应考虑分析和评价的结果以及管理评审的输出，以确定是否存在需求或机遇，这些需求或机遇应作为持续改进的一部分加以应对。适当时，组织应通过数据分析的结果、组织的变更、识别的风险的变更、把握新的机遇等方面改进其质量管理体系、过程、产品和服务。

2.5　建设工程质量管理体系获准认证后的监督管理

2.5.1　企业质量管理体系认证的概念

　　质量认证制度是指由公正的第三方认证机构对企业的产品及质量体系做出正确可靠的评价，从而使社会对企业的产品建立信心。质量体系认证的实施包括以下过程。

　　1. 申请

　　供方按注册认证机构规定的格式向注册认证机构提出书面申请，并提交申请文件。注册认证机构收到供方的申请书和必要文件后，经初审决定是否受理并通知供方。

　　2. 评定

　　评定过程总体上可分为两个步骤：质量体系审核和注册的审批。

　　由审核组负责实施质量体系的审核，包括审查供方质量手册等文件，确认文件描述的质量体系是否符合相应的质量体系标准及有关补充文件的要求。通过在供方和现场实物观察、人员面谈、文件和记录审查，证实供方相应产品有关的质量体系与相应质量体系标准的符合性、各项质量活动是否按规定处于有效的控制状态。但不对相应产品与各规定要求的符合性进行专门核对或检验。在此条件下提交审核报告。

　　注册认证机构根据审核组提交的审核报告及其他有关的信息，决定是否批准注册。

　　3. 注册发证

　　注册认证机构向获准注册的供方颁发注册证书，并将供方有关的信息列入注册名录，予以公布。注册名录通常包括：供方名称、地址、注册依据的质量体系标准、覆盖的产品范围等。

　　通常注册认证机构将准许获准注册的供方使用其专有的标志做宣传，但规定不得直接用于产品上，也不提供以其他可能误解为产品合格的方式使用。

2.5.2　认证后的维持与监督管理

　　注册认证机构对供方质量体系实施定期监督审核，确认供方质量体系持续符合规定的要求，各项质量活动仍得到有效控制。

　　企业质量管理体系获准认证的有效期为 3 年。获准认证后，企业应通过经常性的内部审核，维持质量管理体系的有效性，并接受认证机构对企业质量管理体系实施监督管理。获准认证后的质量管理体系，维持与监督管理的内容如下。

　　1. 企业通报

　　认证合格的企业质量管理体系在运行中出现较大变化时，企业需向认证机构通报。认证机构接到通报后，视情况采取必要的监督检查措施。

　　2. 监督检查

　　认证机构对认证合格的企业质量管理体系维持情况进行监督性现场检查，包括定期和不定期的监督检查。定期检查通常是每年一次，不定期检查视需要临时安排。

3. 认证注销

注销是企业的自愿行为。在企业质量管理体系发生变化或证书有效期届满未提出重新申请等情况下，认证持证者提出注销的，认证机构予以注销，收回该体系认证证书。

4. 认证暂停

认证暂停是认证机构对获证企业质量管理体系发生不符合认证要求情况时采取的警告措施。认证暂停期间，企业不得使用质量管理体系认证证书做宣传。企业在规定期间采取纠正措施满足规定条件后，认证机构撤销认证暂停；否则将撤销认证注册，收回合格证书。

5. 认证撤销

当获证企业发生质量管理体系存在严重不符合规定，或在认证暂停的规定期限未予整改，或发生其他构成撤销体系认证资格情况时，认证机构做出撤销认证的决定。企业不服可提出申诉。撤销认证的企业一年后可重新提出认证申请。

6. 复评

认证合格有效期满前，如企业愿意继续延长，可向认证机构提出复评申请。

7. 重新换证

在认证证书有效期内，出现体系认证标准变更、体系认证范围变更、体系认证证书持有者变更的情况，可按规定重新换证。

2.6 案 例 分 析

某工程项目，建设单位与施工总承包单位按《建设工程施工合同》（示范文本）签订了施工承包合同，并委托某监理公司承担施工阶段的监理任务。施工总承包单位将桩基工程分包给一家专业施工单位。

开工前：①总监理工程师组织监理人员熟悉设计文件时，发现部分图纸设计不当，即通过计算修改了该部分图纸，并直接签发给施工总承包单位；②在工程定位放线期间，总监理工程师又指派测量监理员复核施工总承包单位报送的原始基准点、基准线和测量控制点；③总监理工程师审查了分包单位直接报送的资格报审表等相关资料；④ 在合同约定开工日期的前 5 天，施工总承包单位书面提交了延期 10 天开工的申请，总监理工程师不予批准。

钢筋混凝土施工过程中监理人员发现：①按合同约定由建设单位负责采购的一批钢筋虽供货方提供了质量合格证，但在使用前的抽检试验中材料检验不合格；②在钢筋绑扎完毕后，施工总承包单位未通知监理人员检查就准备浇筑混凝土；③该部位施工完毕后，混凝土浇筑时留置的混凝土试块试验结果没有达到设计要求的强度。

竣工验收时：总承包单位完成了自查、自评工作，填写了工程竣工报验单，并将全部竣工资料报送项目监理机构，申请竣工验收。总监理工程师认为施工过程中均按要求进行了验收，即签署了竣工报验单，并向建设单位提交了质量评估报告。建设单位收到监理单位提交的质量评估报告后，即将该工程正式投入使用。

【问题】

1. 对总监理工程师在开工前所处理的几项工作是否妥当进行评价。并说明理由。如果有不妥当之处写出正确做法。

2. 对施工过程中出现的问题，监理人员应分别如何处理？

3. 指出在工程竣工验收时总监理工程师在执行验收程序方面的不妥之处，写出正确做法。

4. 建设单位收到监理单位提交的质量评估报告，即将该工程正式投入使用的做法是否正确？说明理由。

【参考答案】

1. 开工前工作妥当与否的评价：

（1）总监理工程师修改该部分图纸及签发给施工总承包单位不妥。理由：无权修改图纸。对图纸中存在的问题通过建设单位向设计单位提出书面意见和建议。

（2）总监理工程师指派测量监理员进行复核不妥。理由：测量复核不属于测量监理员的工作职责，应指派专业监理工程师进行。

2. 施工过程中出现的问题，监理人员应按以下处理：

（1）指令承包单位停止使用该批钢筋。如该批钢筋可降级使用，应与建设、设计、总承包单位共同确定处理方案；如不能用于工程则指令退场。

（2）指令施工单位不得进行混凝土的浇筑，应要求施工单位报验，收到施工单位报验。单后按验收标准检查验收。

（3）指令停止相关部位继续施工。请具有资质的法定检测单位进行该部分混凝土结构的检测。如能达到设计要求，予以验收，否则要求返修或加固处理。

3. 总监理工程师在执行验收程序方面的不妥之处：

未组织竣工初验收（初验）。正确做法是：收到承包商竣工申请后，总监理工程师应组织专业监理工程师对竣工资料及各专业工程质量情况全面检查，对检查出的问题，应督促承包单位及时整改，对竣工资料和工程实体验收合格后，签署工程竣工报验单，并向建设单位提交质量评估报告。

4. 建设单位收到监理单位提交的质量评估报告，即将该工程正式投入使用不正确。

理由：建设单位在收到工程竣工验收报告后应组织设计、施工、监理等单位进行工程验收，验收合格后方可使用。

第 3 章　建设工程质量策划

知识要点：

(1) 理解质量策划的定义与内容。

(2) 理解质量计划的作用与编制要求。

(3) 掌握工程项目质量计划的编制以及其与施工组织设计的异同点。

(4) 理解施工组织设计的基本内容、编制原则以及编制程序。

(5) 理解施工组织总设计的现场调查、组织机构的设置与职责等内容。

(6) 掌握施工组织总设计技术经济分析的评价方法与指标的计算。

3.1　质　量　策　划

3.1.1　质量策划的含义

质量策划是质量管理的一部分，致力于制定质量目标并规定必要的运行过程和相关资源，以实现质量目标。质量策划包括质量管理体系策划、产品实现策划以及过程运行策划。质量计划通常是质量策划的结果之一。

企业的各级组织均应进行质量策划，对企业的最高管理者来说，质量策划是制定质量方针和目标，以及为了实现这一方针和目标所需开展的各种活动和资源；对于企业的各级管理者来说，质量策划就是要针对企业总的质量方针和目标，确定各自所管理的部门的质量目标，以及为达到这一目标所需开展的各项活动和资源。

综上所述，可以将质量策划归纳为以下几点：

(1) 质量策划的目的是保证最终的结果能满足顾客的需要；

(2) 质量策划是继确定质量方针后建立质量管理体系的主要过程；

(3) 质量策划是确保质量管理体系的适宜性、充分性和完整性，使质量管理体系有效运行的重要活动。

3.1.2　质量策划的任务和依据

1. 任务

(1) 根据质量方针建立质量目标。

(2) 根据质量目标确定质量管理体系所需的过程。

(3) 确定为实现质量目标所需要的资源。

(4) 质量管理体系的持续改进。

2. 依据

(1) 顾客对产品在目前和未来的需求和期望。

(2) 法规对产品的要求。

(3) 企业目前的质量水平。

（4）同行的水平和未来的态势。

（5）企业的质量方针。

（6）目前质量管理体系的表现。

（7）目前存在的问题和需要改进的地方。

3.1.3　质量策划的内容及结果

1. 内容

（1）编制质量计划。

（2）为达到质量目标和要求，确定和配置必要的控制手段、过程、设备、资源和技能。

（3）确保有关文件的相容性，即产品形成全过程（如设计、生产过程、安装、服务、检验和试验等）的有关文件，不仅应协调一致，而且应起着实现总目标的作用。

（4）在必要的情况下，更新质量控制、检验和试验技术，包括研制新的检测设备。

（5）测量能力的开发。

（6）确定在产品形成各阶段相应的质量验证，在设计、生产、采购等阶段均应设置适当的检验点、见证点或评审点。

（7）对所有质量特性和要求均应明确接收（验收）标准。

（8）确定质量改进措施。

（9）确定和准备质量记录，包括制定和填写表格及说明填写要求。

2. 结果

通过质量策划应确定以下内容：

（1）质量目标及相应的质量指标；

（2）质量管理体系的必需过程和要素；

（3）所需的文件和记录；

（4）所需的各类资源；

（5）实施策划结果所需的职责分配、权限划分和人员的培训。

3.1.4　质量策划的实施

1. 需进行质量策划的情况

（1）建立质量管理体系。

（2）现有的质量管理体系需要改进或更新；质量管理体系标准进行了修订；质量管理体系运行中发现存在问题或预测到可能发生问题；为了提高质量管理体系的有效性和顾客的满意度。

（3）当出现下列情况时，为了满足新的要求，需要调整、充实现有的质量管理体系：

1）企业承接了新产品、新项目和新合同；

2）企业采用了新技术、新过程和新设施；

3）法规修订后；

4）企业内部组织结构发生了变化；

5）行业提出了附加的质量管理体系要求。

（4）质量管理体系实施一体化，即质量管理体系与企业的其他管理体系，如环境管理体系和职业健康安全管理体系结合成一个总的管理体系。

2. 质量策划的结果

质量策划的结果应形成文件，这些文件通常是质量管理体系文件，而质量计划是其中的一种。质量计划是项目质量策划结果的一种书面形式。当然，质量策划也可以是非书面形式的。

3. 质量策划分类

质量策划可分为总体策划和具体策划，总体策划和具体策划之间的关系，如图 3-1 所示。

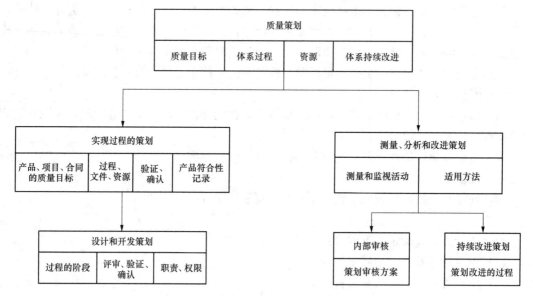

图 3-1　总体策划和具体策划之间的关系

3.2　质　量　计　划

3.2.1　质量计划的概述

质量计划是质量策划结果的一项管理文件。对工程建设而言，质量计划主要是针对特定的工程项目，为完成预定的质量控制目标而编制的专门规定质量措施、资源和活动顺序的文件。

3.2.2　质量计划的作用

1. 提高质量管理体系在满足顾客要求方面的适应能力

质量管理体系可以指导各种产品的质量管理工作，但是它仅对质量管理体系所覆盖的产品具有质量保证能力和满足顾客要求的能力。如果根据顾客要求开发出超出原来质量管理体系覆盖范围的产品，或者是在原有覆盖产品范围内，顾客提出某些特殊要求，而原有体系不能完全满足这些要求，此时质量管理体系在满足顾客要求方面的能力就降低了。但质量计划针对这种特定产品规定了专门的质量措施，补充了质量管理体系在这方面的不足，因而提高了质量管理体系在满足顾客要求方面的适应能力。

2. 增强顾客对满足其要求的信任

顾客的信任，对完成项目和合同、保证工期和降低成本以及达到顾客要求来说，都是很重要的。而质量计划能向顾客证实其每一项要求均已被充分理解，并且在质量措施、相关资源和活动顺序方面均做了妥善安排，特别是对于重要的和关键的质量特性设置了见证点、停止点，为顾客或其代表安排了直接的监督检查，因而增强了顾客对满足其要求的信任。

3. 有利于现场质量管理

质量计划是针对特定的项目、产品或过程所编制的规定程序和相应资源的文件，规定了由谁及何时使用哪些程序和资源，指出了所需开展的质量活动，并直接或间接通过相应程序或其他文件指出如何实施这些活动，因而有利于现场的质量管理。

4. 降低质量管理体系运行成本

质量计划是针对特定质量要求而制定的有效控制措施，它建立在对原有质量管理体系的组织结构、管理程序和技术作业活动是否适合于特定产品的系统分析的基础上，删去了通用的质量管理体系中对特定产品、项目不适用的要素或质量活动，使质量计划能够做出优化的安排，能利用更经济的、有针对性的措施提高管理效能，从而降低了质量管理体系的运行成本。

5. 成为质量审核和质量监督的依据

无论是质量管理体系的内部审核还是外部审核，质量计划都是质量审核的重要依据。一般要检查质量计划的实施情况和内部质量监督情况，在合同条件下，供方可通过质量计划向顾客证明其如何满足特定合同的特殊质量要求，并作为顾客实施质量监督的依据。

6. 有利于资源保证

质量计划中明确了资源（人力、物力、财力、时间）的需求，并已通过质量策划进行了合理配置，一旦质量计划得到批准实施，企业就将依照质量计划落实资源的配置。

3.2.3　质量计划的编制要求

1. 与原有的质量管理体系相协调

如果企业已建立了文件化的质量管理体系，质量计划就应与质量管理体系的质量方针目标、政策及其他质量管理体系文件协调一致；对于质量手册、程序文件中已有的规定，如果在质量计划中也适用，则只需在质量计划中直接引用，而不必重新规定。

2. 满足合同中所提出的质量要求

企业必须全部满足顾客在合同中所提出的质量要求，为此，在质量计划中应明确达到质量要求的具体控制措施、资源保证和活动顺序，并通过质量功能展开的方法，将顾客的要求逐步落实到产品形成的各个阶段，明确其控制措施和方法，以实现这些质量要求。

3. 质量计划应建立在周密的质量策划的基础上

根据 ISO 9001：2008 标准，质量策划是质量管理的一部分，致力于建立质量目标并规定实现质量目标所需的操作过程和相关资源；而质量计划是对某一特定情况所应用的质量管理体系要素和资源做出规定的文件。质量策划涉及建立质量管理体系，而质量计划只是针对特定情况确定要素和资源，并不一定要建立一个完整的质量管理体系，所以制订质量计划只是质量策划活动的一部分，而这部分质量策划活动的结果（即质量策划活动的输出）就形成了质量计划。因此，质量计划是以质量策划活动为基础的。

3.2.4　质量计划的相关内容

建设项目的质量计划是针对具体项目的质量要求所编制的对设计、采购、施工安装、试运行等活动的质量控制方案。

质量计划可以分为整体计划和局部计划两阶段来编制。整体计划是从项目总体上来考虑如何保证产品或项目质量的规划性计划，随着项目实施的进展，再编制各个阶段较详细的局部计划，如设计控制计划、施工控制计划、检验计划等。质量计划可以随着项目的进展做必要的调整和完善。质量计划可以单独编制，也可以作为建设项目其他文件（如项目实施计划或施工组织设计、设计实施计划等）的组成部分。质量计划应与施工方案、施工措施相协调，并注意相互的衔接。

根据质量管理的基本原理，质量计划包含为达到质量目标和要求的计划、实施、检查及处理这四个环节的相关内容，即 PDCA 循环。具体而言，质量计划应包括下列内容：

（1）编制的依据；

（2）建设项目的质量目标，如特性或规范、可靠性、综合指标等；

（3）项目各阶段职责、权限和资源的分配，在必要时还可建立相应的组织机构，配备相应的人员，并明确其任务、职责、权限和工作任务的进度要求；

（4）实施中应采用的程序、方法和指导书；

（5）项目各阶段（如设计、采购、施工、试运行等）适用的试验、检查、检验和评审大纲；

（6）质量控制的措施、方法和程序；

（7）完成质量目标的测量验证方法；

（8）随着项目的进展，质量计划修改和完善的程序；

（9）为了达到质量目标应采取的其他措施，如更新检验测试设备、研究新的工艺方法和设备以及补充制定特定的程序、方法和其他文件等。

3.3　工程项目质量计划

3.3.1　工程项目质量计划的纲要

对于工程项目，质量计划纲要包括：适用范围，编制依据，项目概况，项目质量管理体系策划，项目质量方针和目标，项目组织机构、职责和权限，文件、资料和记录控制，项目管理，工程设计，采购，施工，试运行，项目完工和服务，测量、分析和改进，附件（程序文件和支持性文件一览表、项目组织机构图、质量管理组织机构图等）。

3.3.2　工程项目质量计划的编制和管理

1. 质量计划的制订

当针对某一特定情况制订质量计划时，应确定所需的质量活动并形成文件。对已建立了文件化的质量管理体系的企业来说，质量计划除引用通用的程序外，还应补充针对该种产品、项目、合同所需的专用程序，以达到规定的质量目标。对于未建立文件化的质量管理体系的企业来说，质量计划是一个独立的文件，它可以用一个整体（总体）的质量计划来表述。局部（或部分）质量计划是对产品形成的各个阶段如设计、采购、生产、检验等，分别制订质量计划。此外，也可以为某些特定活动制订计划，如可靠性计划。质量计划应针对不同阶段的工作特点分别制订。质量计划的格式和详略程度应与顾客的要求、操作方法以及所开展的活动的复杂性相适应。

2. 评审和认可

质量计划编制后，应对质量计划的适宜性进行评审，并经授权人（或小组）批准。

（1）质量计划的评审通常采用多方论证的方法，即建立一个跨部门的横向协调小组来完成这项工作。横向协调小组的成员应包括企业内有关部门的代表，如经营、设计、技术、采购、施工、检测、质量管理、服务等部门。

（2）在有合同的情况下，质量计划应提交顾客（或授权人）评审并认可。这对确认质量计划能完全满足合同要求和达到顾客满意起着重要作用。顾客评审及认可的时间可在合同签订前的投标过程中，也可在合同签订后。

（3）如将提交质量计划作为投标过程的一部分，则质量计划应按合同评审的要求进行管理。

（4）在质量计划评审前应向顾客提供质量计划；在执行合同的各个阶段，也应在各阶段工作开始前向顾客提供相应的质量计划，顾客还应获得质量计划中引用的程序。

3. 质量计划的修订

当产品、项目或合同发生变化，项目的施工、安装或质量管理措施发生变化时，企业应及时修订质量计划，以反映这种变化；当质量计划修订后，应由对原质量计划进行评审的同一授权小组对修订和更改的适宜性进行评审；修改后的质量计划在执行前应将其提交顾客评审和认可。

3.3.3　工程项目质量计划的编制提要

1. 引用文件

《质量手册》××章××节××款××页到××页；程序文件（××程序××条××款××页到××页）；其他质量文件（目前使用的规范、标准，目前使用的操作规程，目前使用的作业指导书）。

2. 概述

本质量计划的内容以 ISO 9000：2008 系列标准和本公司的书面质量管理体系文件为依据。项目质量计划所必需的文件已包括在公司的质量管理体系文件中，除特殊要求需要专门说明外，一般采取引用文件。

3. 目的

本工程经施工安装完成，竣工交付业主（用户）使用时，质量应达到下述目标：

（1）合同范围内的全部工程的所有使用功能符合设计（或更改）图纸要求；

（2）分部、分项、单位工程质量达到检验评定标准，合格率100%，优良品率××%，达到优质工程；

（3）所有设备的安装、调试符合有关验收规范规定；

（4）特殊工程质量达到规定要求；

（5）工程交工后维修期为1年，其中屋面防水维修期为3年；

（6）工程基础和地下室××××年××月××日前完成；主体工程××××年××月××日完成；设备安装和装修××××年××月××日交付业主（或安装）；分包工程××项在××××年××月××日交工。

4. 领导职责

（1）项目经理是本工程实施的最终负责人，对工程符合设计（或更改后的设计）、验收规范、标准要求及达到优（良）工程负责；对各阶段、各工号按期交工负责；以符合国际标准且有效的质量管理体系和充分的人力、物力、财力，保证整个工程项目质量符合合同要求，当出现特殊情况达不到国际标准时，由项目经理正式报告公司质量经理，经批准后做出该指标让步处理。

（2）项目经理委托项目质量副经理（或技术负责人）负责本工程质量计划和质量文件的实施及日常质量管理工作；当有更改时，负责更改后的质量活动的控制和管理。

（3）项目生产副经理对工程进度负责，调配人力、物力，保证按图纸和规范施工；协调同业主（用户）、分包商的关系，使分包商按图纸和分包合同的规定施工；负责审核结果的评定以及整改措施和质量纠正措施的实施。

（4）队长、工长、测量员、试验员、计量员在项目质量副经理的直接指导下，负责所管部位和分项施工全过程的质量，使其符合图纸和规范的要求，有更改处符合更改要求，有特殊规定者符合特殊规定。

（5）材料员、机械员对进场的材料、构件、机械设备进行质量验收或退货、索赔，对有特殊要求的物资、构件、机械设备，执行质量副经理指令。对业主（用户）提供的物资和机械设备，负责按合同规定进行验收；对分包商提供的物资和机械设备，按合同规定进行验收。

（6）工会、共青团组织负责项目上的质量教育，组织有关培训。

5. 合同评审

（1）规定有下列情况之一时，应进行合同评审：

1）工程投标报价时，合同签订之前；

2）项目实施前；

3）建筑结构设计、工艺流程设计、工程范围、施工环境等变化较大时；

4）施工过程有较长时间的间断后重新复工前；

5）有特殊要求。

（2）规定项目合同评审由项目经理以书面形式请示公司合同管理部门批准，由合同管理部门负责人或指定专人组织，由项目经理、质量副经理、有关人员、公司质量综合管理部门有关人员参加。凡是合同评审都必须由评审的组织者指定专人做详细记录，以此为依据对合同做出结论性评定。

（3）规定凡是合同评审结果必须编制成文件，在评审结果文件中必须对评审记录内容中的各事项做出判定性意见，同时必须明确以下三种情况的处理方法：

1）合同条文中模糊不清内容的处理办法；

2）合同条文中模糊不清内容的解决办法；

3）合同条文中需要更改、增删、纠正、作废的内容及签约双方或签约其他方的处理办法。

6. 设计控制

在企业不承担工程项目设计的情况下，编制工程项目质量计划时不采用本条款及以下内容：

（1）设计结果由何人、何时、如何确认、验证符合设计输入，如何控制这些活动并将这些活动及其结果写成文件要求；

（2）如果需要业主（用户）介入设计评审和设计试验等设计活动，应介入哪些活动，介入哪些程序；

（3）应采用的法规、标准和规范。

7. 文件控制

（1）对文件控制必须明确以下规定：

1）项目实施使用的图纸、技术资料、施工验收规范、工法、质量检验评定标准等，以及对这些文件进行控制和管理的要求；

2）项目质量管理使用的程序文件、工艺标准、操作规程、作业指导书、有关规定等，以及对这些文件进行控制和管理的要求；

3）项目部制定质量文件控制和管理的要求。

（2）规定文件的分类。对每类文件要按其到达的先后顺序进行编号并打上印记，标明"版本号""有效""无效""作废"等字样，便于迅速地确定文件同质量计划的关系。

（3）规定什么人可以持有哪些文件，如工长要持有所管辖范围内工程的图纸和技术资料以及质量控制程序文件、有关质量记录等。

（4）规定当质量文件更改时，由什么人以及如何对更改内容进行评审和批准。未经评审和批准的更改内容是无效的，并不得实施更改内容。

（5）其他部分执行公司的文件控制程序。

8. 材料、机械、设备采购的质量控制措施

由企业自行采购的工程材料、工程机械设备、施工机械设备、工具等，质量计划的规定如下：

（1）对供方产品标准及质量保证的要求；

（2）选择、评估、评价和控制供方的方法；

（3）必要时对供方质量计划的要求及引用的质量计划；

（4）采购的法规要求；

（5）有可追溯性要求时，要明确追溯内容以及记录、标志的主要方法。

9. 业主（用户）提供的材料、机械设备的质量控制措施

工程项目中需用的材料、机械设备在许多情况下是由业主（用户）提供的，对这种情况应做出如下规定：

（1）业主（用户）如何标识、控制其提供产品的质量；

（2）检查、检验、验证业主（用户）提供的产品满足规定要求的方法；

（3）对不合格产品的处理办法。

10. 产品标志和可追溯性

（1）隐蔽工程、分部（分项）工程质量验评、特殊要求的工程等必须做可追溯性记录，质量计划要对其可追溯的范围、程序、标志、所需记录及如何控制和分发这些记录等内容做出规定。

（2）坐标控制点、标高控制点、编号、沉降观察点、安全标志、标牌等是工程的重要标志记录，质量计划要对这些标志的准确性、控制措施、记录等内容做出规定。

（3）当合同和政府法规要求标识工程的可追溯性时，质量计划必须对此做出规定。

11. 工程实施过程的质量控制

对工程从合同签订到交付全过程的控制方法及工程的总进度计划、分段进度计划、分包工程的进度计划、特殊部位的进度计划、中间交付的进度计划等做出规定。

（1）规定工程实施全过程各阶段的控制方案、措施、方法及特别要求等。工程实施全过

程的阶段包括：施工准备；土石方工程施工；基础和地下室施工；主体工程施工；设备安装；装修装饰；附属建筑施工；分包工程施工；冬期雨期施工；特殊工程施工；交付。

（2）规定工程实施过程需用的程序文件、作业指导书（如工艺标准、操作规程、工法等）并以此作为控制方案和措施必须遵循的办法。

（3）规定对隐蔽工程、特殊工程进行控制、检查、鉴定验收、中间交付的方法；规定在这些工程上进行操作的管理人员的上岗条件和资格要求，并以此作为对这些工程实施监控的规则。

（4）规定工程实施过程需使用的主要施工机械、设备、工具的技术和工作条件、运行方案以及操作人员的上岗条件和资格等内容，并以此作为对施工机械设备的控制方式。

（5）规定对各分包单位在项目上的工作表现及其工作质量进行评估的方法以及对分包单位的管理办法等，以此控制分包单位。

12. 产品防护和交付

（1）规定工程实施过程在形成的分项、分部、单位工程的半成品、成品的保护方案、措施、交接方式等内容，以此作为保护半成品、成品的准则。

（2）规定工程中间交付、竣工交付工程的收尾、维护、验评、后续工作处理的方案、措施和方法，并以此作为竣工的控制方式。

（3）规定材料、构件、机械设备运输、装卸、存收的控制方案和措施，以此作为运输控制方式。

13. 安装和调试的质量控制

对于工程水、电、暖、电信、通风、机械设备等的安装、检测、调试、验评、交付、不合格的处置等内容，应规定处理的方案、措施及方式。由于这些工作同土建施工交叉配合较多，因此对于交叉程序、验证特性、交接验收、检测、试验设备要求、特殊要求等内容要作明确规定，以便各方实施时遵循。

14. 检验、试验、测量和计量的质量控制

（1）规定材料、构件、施工条件、结构形式在什么条件、什么时间必须进行检验、试验、复验，以验证是否符合质量和设计要求。如钢材进场时必须进行型号、钢种、炉号、批量等内容的检验，不清楚时要进行取样试验或复验。

（2）规定施工现场必须设立试验站，配备相应的试验设备，完善试验条件；规定试验人员的资格和试验内容。对于特定要求，要规定试验程序及对程序过程进行控制的措施。当企业和现场条件不能满足所需各项试验要求时，要规定委托上级试验或外单位试验的方案和措施；当有合同要求的专业试验时，应规定有关的试验方案和措施。

（3）对于需要进行状态检验和试验的内容，必须规定每个检验、试验点所需检验试验的特性、所采用的程序、验收准则、必需的专用工具、技术人员资格、标志方式、记录等内容。例如结构的荷载试验。

（4）当有业主（用户）亲自参加见证或试验的过程或部位时，要规定该过程或部位的所在地、见证和试验时间、如何按规定进行检验试验、前后接口部位的要求等内容。例如屋面、卫生间渗漏试验。

（5）如有当地政府部门要求进行或亲临试验、检验的过程或部位时，要规定该过程或部位在何处并在何时、如何按规定由第三方进行检验和试验。例如搅拌站空气粉尘含量测定、防火设施验收、压力容器使用验收、污水排放标准测定等。

（6）对于施工安全设施、用电设施、施工机械设备的安装、使用、拆卸等，要规定专门的安全技术方案、措施及使用的检查验收标准等内容。

（7）要编制现场计量网络图，明确工艺计量、检测计量、经营计量的网络、计量器具的配备方案、检测数据的控制管理和计量人员的资格。

（8）要编制控制测量、施工测量的方案，制定测量仪器配置，人员资格、测量记录控制、标志确认、纠正、管理等措施。

（9）要编制分项、分部、单位工程和项目检查验收、交付验评的方案，作为交验时进行控制的依据。

15. 检验、试验、测量和计量设备控制

规定在工程项目中使用的所有检验、试验、测量和计量设备的控制和管理制度，主要包括以下内容：

（1）设备的标志方法；

（2）设备校准的方法；

（3）标明、记录设备校准状态的方法；

（4）明确哪些记录需要保存，以便一旦发现设备失准时，能确定以前的测试结果是否有效。

16. 工程交付后为用户服务的质量控制

根据建设部和有关省市的规定，明确项目组织在工程交工后维修期的责任、用户使用的注意事项、维修的质量保证措施以及用户意见反馈记录等内容。

17. 不合格品的控制和处理

（1）要编制工序、工种、分项工程、分部工程不合格品出现的方案和措施，以及防止与合格品之间发生混淆的标志和隔离措施；规定哪些范围不允许出现不合格品；明确一旦出现不合格品，哪些允许修补返工，哪些必须返工重做，哪些必须局部更改设计或降级处理。

（2）编制控制质量事故发生的措施及一旦发生质量事故的处置措施。

（3）当分项、分部和单位工程不符合设计图纸（更改图纸）和规范要求时，项目部和企业各部门对这种情况的处理有如下职权：

1）质量监督检查部门有权提出返工修补处理、降级处理或作不合格品处理；

2）质量监督检查部门以图纸、技术资料、检测记录为依据，用书面形式向以下各方发出通知：当分部（分项）工程不合格时，通知项目质量副经理和生产副经理；当分项工程不合格时，通知项目经理；当单位工程不合格时，通知项目经理和公司生产经理。

18. 质量教育和培训

规定对进场全体员工（包括分包队伍、临时工、新员工）进行质量教育和培训；规定对新技术、新结构、新材料、新设备修订的操作方法；进行有关人员的培训、记录等；规定特殊工种人员上岗资格的考试认定办法。

19. 质量审核

规定质量内部审核在项目上需要审核的内容、审核结果的处置以及对不足之处应采取的纠正措施；规定根据合同业主（用户）对项目进行审核的工作范围、审核结果的处置以及对不足之处应采取的纠正措施；规定对分包商和材料、构件、机械设备供应方需要审核的范围以及审核结果的处置方式；规定企业进行质量认证由认证机构对项目进行审核的要求。

20. 质量记录

对于工程项目的质量记录,必须对如下内容作出规定:

(1) 关键记录的控制和管理;

(2) 由何人、于何处、在多长时间内保存何种记录;

(3) 记录所采用的方式,如纸张、照片、微缩胶卷、磁带、磁盘等;

(4) 记录的清晰度,储存、检索、处置和保密的要求,以及如何满足这些要求;

(5) 用何种方法确保需要时能得到何种记录;

(6) 何时、用何种方法向业主(用户)提供何种记录;

(7) 以何种语言提供记录;

(8) 当地政府对其中一些记录有规定时,记录的内容和方式要满足这种规定。

21. 统计技术

规定所采用的具体统计技术,如均方差分析、对策表、系统图等。

22. 附件

投标计划;设计计划;项目组织构架图;分包单位名单及资质表;业主(用户)指定分包单位名单及资质表;工程分包计划表;机械及其他设备需用计划表;施工方案计划表;进货检验及试验计划表;施工检验及试验计划表;工程半成品、成品保护计划表;物资储存计划表;工程项目质量计划流程图。

3.3.4 工程项目质量计划与施工组织设计的异同性

1. 对象相同

质量计划和施工组织设计都是针对某一特定工程项目而提出的。

2. 形式相同

工程项目质量计划与施工组织设计均为文件形式。

3. 作用既相同又存在区别

投标时,投标单位向建设单位提供的施工组织设计或质量计划的作用是相同的,都是对建设单位作出工程项目质量管理的承诺;施工期间承包单位编制的详细的施工组织设计仅供内部使用,用于具体指导工程项目的施工,而质量计划的主要作用是向建设单位作出保证。

4. 编制的原理不同

质量计划的编制是以质量管理标准为基础的,从质量职能上对影响工程质量的各环节进行控制;而施工组织设计则是从施工部署的角度出发,着重于根据技术质量形成规律来编制全面施工管理的计划文件。

5. 在内容上各有侧重点

质量计划的内容按其功能包括质量目标、组织结构和人员培训、采购、过程质量控制的手段和方法;而施工组织设计则建立在将手段、方法与工程特点相结合,并加以具体灵活运用的基础上。

3.4 施工组织设计

3.4.1 施工组织设计的基本内容

1. 工程概况

(1) 本项目的性质、规模、建设地点、结构特点、建设期限、分批交付使用的条件、合同条件；

(2) 本地区地形、地质、水文和气象情况；

(3) 施工力量、劳动力、机具、材料、构件等资源的供应情况；

(4) 施工环境及施工条件等。

2. 施工部署及施工方案

(1) 根据工程情况，结合人力、材料、机械设备、资金、施工方法等条件，全面部署施工任务，合理安排施工顺序，确定主要工程的施工方案；

(2) 对拟建工程可能采用的几个施工方案进行定性、定量的分析，通过技术经济评价，选择最佳方案。

3. 施工进度计划

(1) 施工进度计划反映了最佳施工方案在时间上的安排。采用计划的形式，使工期、成本、资源等方面，通过计算和调整达到优化配置，符合项目目标的要求。

(2) 使工序有序地进行，使工期、成本、资源等通过优化调整达到既定目标，在此基础上编制相应的人力和时间安排计划、资源需求计划以及施工准备计划。

4. 施工平面图

施工平面图是施工方案及施工进度计划在空间上的全面安排。它把投入的各种资源、材料、构件、机械、道路、水电供应网络、生产和生活活动场地及各种临时工程设施合理地置在施工现场，使整个现场能有组织地进行文明施工。

5. 主要技术经济指标

主要技术经济指标用以衡量组织施工的水平，它对施工组织设计文件的技术经济效益进行全面评价。

3.4.2　施工组织设计的分类

1. 按编制时间分类

(1) 投标前编制的施工组织设计（简称标前施工组织设计）。

(2) 签订合同后编制的施工组织设计（简称标后施工组织设计）。

2. 按设计阶段分类

(1) 设计按两阶段进行，将施工组织设计分为：施工组织总设计（扩大初步施工组织设计）；单位工程施工组织设计。

(2) 设计按三阶段进行，将施工组织设计分为：施工组织设计大纲（初步施工组织条件设计）；施工组织总设计；单位工程施工组织设计。

3. 按编制对象的范围分类

(1) 施工组织总设计。施工组织总设计是以一个建筑群或一个建设项目为编制对象，用以指导整个建筑群或建设项目施工全过程的各项施工活动的技术、经济和组织的综合性文件，一般在初步设计或扩大初步设计批准后由总承包企业的总工程师组织编制。

(2) 单位工程施工组织设计。单位工程施工组织设计是以一个单位工程（一个建筑物或一个交工系统）为编制对象，用以指导其施工全过程的各项施工活动的技术、经济和组织的综合性文件，一般在施工图设计完成后，在施工项目开工前，由项目经理组织，在技术负责人领导下进行编制。

(3) 分部（分项）工程施工组织设计（或称分部（分项）工程作业设计）。分部（分项）

工程施工组织设计［或称分部（分项）工程作业设计］是以分部（分项）工程为编制对象，用以具体实施其施工全过程的各项施工活动的技术、经济和组织的综合性文件，一般是同单位工程施工组织设计的编制同时进行，并由单位工程的技术人员负责编制。

4. 按使用时间的长短分类

（1）长期施工组织设计。

（2）年度施工组织设计。

（3）季度施工组织设计。

5. 按编制内容的繁简程度分类

（1）完整的施工组织设计：对于工程规模大、结构复杂、技术要求高，采用新结构、新材料、新技术和新工艺的施工项目，必须编制内容详尽、完整的施工组织设计。

（2）简单的施工组织设计：对于工程规模小、结构简单、技术要求和工艺方法并不复杂的施工项目，可以编制一个仅包括施工方案、施工进度计划和施工平面布置图等内容较粗略、简单的施工组织设计。

6. 按编制的广度、深度和作用的不同分类

（1）施工组织总设计。

（2）单位工程施工组织设计。

（3）分部（分项）工程施工组织设计［或称分部（分项）工程作业设计］。

3.4.3　施工组织设计的编制原则

（1）重视工程的组织对施工的作用。

（2）提高施工的工业化程度。

（3）重视管理创新和技术创新。

（4）重视工程施工的目标控制。

（5）积极采用国内外先进的施工技术。

（6）充分利用时间和空间，合理安排施工顺序，提高施工的连续性和均衡性。

（7）合理部署施工现场，实现文明施工。

3.4.4　施工组织设计的编制依据

1. 计划文件

（1）建设项目的可行性研究报告。

（2）国家批准的固定资产投资计划。

（3）单位工程项目一览表。

（4）施工项目分期分批投产计划。

（5）投资指标和设备材料订货指标。

（6）建设地点所在地区主管部门的批复文件。

（7）施工单位主管部门下达的施工任务。

2. 设计文件

（1）经批准的初步设计或技术设计及设计说明书。

（2）项目总概算或修正总概算。

3. 合同文件和建设地区的调查资料

（1）合同文件即施工单位与建设单位签订的工程承包合同。

（2）建设地区的调查资料包括地形、地质、气象和地区性技术经济条件等资料。

3.4.5　施工组织设计的编制程序

1. 施工组织总设计的编制程序

组织施工现场调查，收集建设地点的有关资料；根据设计图纸计算主要工种的工程量拟定工程项目的施工部署；制订主要工程的施工方案；确定主要工程的施工持续时间；计算主要工程的直接费用；编制施工项目的施工总进度计划；编制主要资源需用计划及资源运输、供应计划；绘制施工总平面图；计算项目的主要技术经济指标。

2. 单位工程施工组织设计的编制程序

根据单位工程施工图纸计算工程量；根据施工组织总设计、单位工程施工条件及工程量编制施工预算；制定分部（分项）工程的施工方法；计算分部（分项）工程的直接费用；编制施工进度计划；制订资源需用计划及资源运输、供应计划；绘制单位工程施工平面图；计算单位工程主要技术经济指标。

3. 分部（分项）工程施工组织设计的编制程序

根据单位工程施工组织设计、施工图纸和分部（分项）工程施工条件，编制分部（分项）工程施工预算；确定分部（分项）工程施工方法；计算分部（分项）工程直接费用；编制分部（分项）工程进度计划；编制资源需用计划及资源运输、供应计划；绘制分部工程施工场地布置图；计算分部工程主要技术经济指标。

3.4.6　施工组织设计的检查

1. 主要指标完成情况的检查

施工组织设计主要指标完成情况的检查，包括进度、质量、材料消耗、机械使用和成本费用等指标的检查。检查的方法一般采用对比法，就是将各项指标的完成情况同计划规定的指标相对比，检查其完成的效果。同时，还应将主要指标数额的检查与其相应的施工内容、施工方法和施工进度的检查结合起来，以便发现问题，作为进一步分析原因的依据。

2. 施工总平面图合理性的检查

施工总平面图是拟建项目施工场地的总布置图，它必须按照施工方案和施工进度的要求，对施工现场的道路交通、材料仓库、临时房屋、临时水电管线等作出合理的规划布置，以便正确处理整个施工场地施工期间的各种设施和永久建筑、拟建工程之间的空间关系。如发现施工总平面图存在不合理的地方，要及时制订改进方案，并报请有关部门批准。

3.4.7　施工组织设计的调整

（1）根据施工组织设计执行情况的检查，如发现问题，应分析问题产生的原因，及时制订改进方案和措施。

（2）对施工组织设计的有关部分或指标逐项进行调整。

（3）对施工总平面图进行修改。

（4）使调整后的施工组织设计能保证项目均衡、连续、顺利地施工。

3.4.8　施工组织设计的审查

1. 施工组织设计的审查程序

（1）在工程项目开工前约定的时间内，承包单位必须完成施工组织设计的编制及内部自审批准工作，填写施工组织设计（方案）报审表（表 3-1）报送项目监理机构。

表 3-1　　　　　　　　　　　　施工组织设计（方案）报审表

致：（监理单位）

　　我方已根据施工合同的有关规定完成了工程施工组织设计（方案）的编制，并经我单位上级技术负责人审查批准，请予以审查。

　　附：施工组织设计（方案）

承包单位（章）

项目经理

日期

专业监理工程师审查意见：

专业监理工程师

日期

总监理工程师审核意见：

项目监理机构

总监理工程师

日期

　　（2）总监理工程师在约定的时间内，组织专业监理工程师审查，提出意见后，由总监理工程师审核签认。需要承包单位修改时，由总监理工程师签发书面意见，退回承包单位修改再报审，总监理工程师重新审查。

　　（3）已审定的施工组织设计由项目监理机构报送建设单位。

　　（4）承包单位应按审定的施工组织设计文件组织施工。如需对其内容作较大的变更，应在实施前将变更内容书面报送项目监理机构审核。

　　（5）规模大、结构复杂或属新结构、特种结构的工程，项目监理机构对施工组织设计审查后，还应报送监理单位技术负责人审查，提出审查意见后由总监理工程师签发，必要时与建设单位协商，组织有关专业部门和有关专家会审。

　　（6）规模大、工艺复杂的工程、群体工程或分期出图的工程，经建设单位批准可分阶段报审施工组织设计；技术复杂或采用新技术的分项、分部工程，承包单位还应编制该分项、分部工程的施工方案，报项目监理机构审查。

　　2. 审查施工组织设计时应遵循的原则

　　（1）施工组织设计的编制、审查和批准应符合规定的程序。

　　（2）施工组织设计应符合国家的技术政策，充分考虑承包合同规定的条件、施工现场条件及法规条件的要求，突出"质量第一、安全第一"的原则。

（3）施工组织设计的针对性：承包单位是否了解并掌握了本工程的特点及难点，施工条件是否分析充分。

（4）施工组织设计的可操作性：承包单位是否有能力执行并保证工期和质量目标；该施工组织设计是否切实可行。

（5）技术方案的先进性：施工组织设计采用的技术方案和措施是否先进适用，技术是否成熟。

（6）质量管理和技术管理体系，质量保证措施是否健全且切实可行。

（7）安全、环保、消防和文明施工措施是否切实可行并符合有关规定。

（8）在满足合同和法规要求的前提下，对施工组织设计的审查应尊重承包单位的自主技术决策和管理决策。

3. 施工组织设计审查的注意事项

（1）重要的分部、分项工程的施工方案，承包单位应在开工前向监理工程师提交为完成该项工程的施工方法、施工机械设备及人员配备与组织、质量管理措施以及进度安排等的详细说明，报请监理工程师审查认可后方能实施。

（2）在施工顺序上应符合先地下、后地上，先土建、后设备，先主体、后围护的基本规律。所谓先地下、后地上是指地上工程开工前，应尽量把管道、线路等地下设施和土方与基础工程完成，以避免干扰，造成浪费，影响质量。此外，施工流向要合理，即平面和立面上都要考虑施工的质量保证与安全保证；考虑使用的先后和区段的划分，与材料、构配件的运输不发生冲突。

（3）施工方案与施工进度计划的一致性。施工进度计划的编制应以确定的施工方案为依据，正确体现施工的总体部署、流向顺序及工艺关系等。

（4）施工方案与施工平面图布置得协调一致。施工平面图的静态布置内容，如临时施工，供水、供电、供热、供气管道，施工道路，临时办公房屋，物资仓库等，以及动态布置内容，如施工材料模板、工具器具等，应做到布置有序，有利于各阶段施工方案的实施。

3.5　施工组织总设计

3.5.1　施工组织总设计的现场调查

1. 原始资料的调查

施工场地的调查：施工场地调查的内容包括工程建设规划图、建设地区区域地形图、场地地形图、控制桩与水平基点的位置及现场地形地貌特征等资料。工程地质、水文地质调查：工程地质、水文地质调查的内容包括工程钻孔布置图，地质剖面图，地基各项物理力学指标试验报告，地质稳定性资料，暗河及地下水水位变化、流向、流速、流量和水质等资料。气象资料的调查：气象资料调查的内容包括全年各月平均气温、最高与最低气温、雨季起止时间、主导风向及频率等资料。周围环境及障碍物的调查：周围环境及障碍物调查的内容包括施工区域现有建筑物、构筑物、沟渠、水井、古墓、文物、树木、电力架空线路、人防工程、地下管线等资料。

2. 收集给水排水，供电、供热、供气等资料

收集当地给水排水资料，调查当地现有水源的连接地点，接管距离、水压、水质、

水费、供水能力和现场用水连接的可能性，收集供电资料，调查可以供施工单位使用的电源位置。接入工地的路途和条件，可以满足的容量、电压及电费等资料，以及建设单位、施工单位自有的发电设备、供电设备的能力，这些资料可作为确定施工用电方式的依据。收集供热、供气资料：调查冬期施工时附近的供热条件、供热量和价格，建设单位自有的供热能力和当地或建设单位可以提供的煤气（天然气）、压缩空气，氧气的能力，以及热源和气源至工地的距离等资料，这些资料可作为确定施工供热，供气的依据。

3. 收集交通运输资料

包括铁路、水路、公路、空运的交通条件、车辆条件、运输能力、码头设施等的资料。

4. 收集三材、地方材料及装饰材料等资料

包括水泥、钢材、木材、特种建筑材料的品种、规格、质量、数量、供应条件、生产角力等；砂、石、矿渣、炉渣、粉煤灰等地方材料的质量、品种、数量等。

5. 社会劳动力和生活条件调查

包括劳动力的数量、年龄、文化、技术、居住条件、风俗习惯等。

3.5.2　现场施工组织机构的设置与职责

施工现场应设施工项目经理部，项目经理部的部门设置和人员配备与施工项目的规模及项目的类型有关，通常可配备项目经理、总工程师、总经济师、总会计师和技术、预算、劳资、定额、计划、质量、测试、计量、保卫以及辅助生产人员 15～45 人。其中，一级项目经理部 30～45 人，二级项目经理部 20～30 人，三级项目经理部 15～20 人，实行一职多岗、全部岗位职责覆盖项目施工全过程的全面管理。

项目经理部一般可设置四个主要职能部门：

（1）经营核算部门：主要负责预算、合同、索赔、资金收支、成本控制和核算、劳动力配置及劳动分配等工作。

（2）工程技术部门：主要负责生产调度、进度控制、文明施工、技术管理、施工组织设计、计量、测量、试验、计划、统计等工作。

（3）物资设备部门：主要负责材料的询价、采购、计划供应、管理、运输、工具管理、机械设备的租赁配套使用等工作。

（4）监控管理部门：主要负责工程质量、安全管理、消防保卫、环境保护等工作。

3.5.3　工程概况

工程概况是对建设项目的全貌和特征进行总的说明，作为施工组织总设计的前提。工程概况的内容一般包括建设项目的主要情况、建设地区的自然条件和技术经济条件、工程施工条件和其他情况。

1. 建设项目的主要情况

建设项目的主要情况包括：工程情况、建设地点、建设规模、总占地面积、总建筑面积、总工期、分期分批投入使用的项目和工期；主要工种工程量、设备安装及其吨数、管线及道路长度；总投资额、建设安装工作量、工厂区和生活区的工作量；生产流程和工艺特点；建筑结构类型及其特征；新材料、新技术的复杂情况和应用情况；建设项目设计方案、建筑总平面图（包括竖向设计、房屋坐标、标高）等。一般应列出建筑安装工程一览表（表3-2）、主要建筑物和构筑物一览表（表3-3）和工程量总表（表3-4）。

表 3-2　　　　　　　　　　　　　建筑安装工程一览表

序号	工程名称	建筑面积/m²	土建安装工作量/万元		吊装和安装工程量/（个或件）		建筑结构类型
			土建	安装	吊装	安装	
	合计						

表 3-3　　　　　　　　　　　　主要建筑物和构筑物一览表

序号	工程名称	建筑结构特征（或示意图）	建筑面积/m²	占地面积/m²	建筑体积/m³	备注
	合计					

表 3-4　　　　　　　　　　　　　工程量总表

序号	工程量名称	单价	合计	生产车间			仓库运输			管网				生活福利		大型设施		备注
				××车间	…	…	仓库	铁路	公路	供电	供水	排水	供热	宿舍	文化福利	生产	生活	

2. 建设地区的自然条件和技术经济条件

（1）气象、水文、地形地貌、工程地质、水文地质情况。

（2）劳动力和生活设施情况：当地招募民工的可能性及其数量、需在工地居住的人数；可作为临时设施用的宿舍、食堂以及作为办公、生产用的现有建筑物的数量；水、电、暖、卫情况及其位置，可供使用的情况；地方疾病情况、邻近医疗单位至工地的距离及能否为施工服务；周围有无有害气体和污染物排放的企业；少数民族地区的风俗习惯等。

（3）地方建筑生产企业情况及其生产能力。

（4）地方资源及其供应情况。

（5）交通运输条件。

（6）水、电和其他动力条件。

3. 施工条件说明

（1）主要设备的供应情况。

（2）建筑材料和特殊物资供应情况。

（3）参加施工的各单位生产能力情况。

（4）建设单位或上级主管部门对施工的要求，主要包括施工企业的施工能力、技术装备水平、管理水平以及完成各项经济指标的情况等。

4. 其他情况

有关建设项目的决议、合同或协议；土地征用范围和数量；居民搬迁、拆迁情况；场地平整要求；其他与建设项目施工有关的情况等。

3.5.4 施工部署

1. 施工部署内容

施工部署是根据建设项目的性质、规模和客观条件对建设项目的施工作出的统筹规划和全面安排，其内容一般包括：明确施工项目组织安排与任务划分，确定工程开展程序、拟订主要工程项目的施工方案、编制施工准备工作计划。

2. 明确施工项目组织安排与任务划分

对于大中型工程项目，应在企业职能部门的支持和指导下，由项目经理在施工现场组建项目经理部，并进行人员设置和分工；对于小型工程项目，也可以委托兼管，但应征得发包人的同意。

3. 项目经理部设立的步界

（1）确定项目经理部的组织形式。

（2）由项目经理确定项目管理目标并进行目标分解。

（3）确定组织机构的管理层与跨度，设立工作岗位。

（4）确定人员、编制职责、授予相应权力。

（5）组织有关人员制定规章制度和责任考核奖惩制度。

4. 项目经理部的组织形式

应根据项目的规模、复杂程度、专业特点、企业的类型、人员素质和管理水平选择项目经理部的组织形式。对于大中型或群体工程项目，可以按矩阵式分别设置职能部门和子项目管理部，如图 3-2 所示。其中，职能部门根据经营核算、工程技术、材料设备、质量监控、安全保障等生产管理需要按专业设置。

5. 直线式组织结构

对于小型工程项目常选用直线式组织结构，如图 3-3 所示。这种组织结构形式的优点，单头领导，项目参加者或各部门任务、责任、权力明确，指令唯一，而且决策快、纠纷少，项目容易被控制，信息流通快。

6. 施工项目作业层

项目经理部根据所承担的工程项目任务编制年度劳动力需要量计划，由企业劳动管理部门平衡，然后由项目经理进行供需见面，双向选择，与施工劳务队签订劳务合同，明确需要的工种、人员数量、进出场时间等，正式将劳动力组织引入施工项目，形成施工项目作业层。

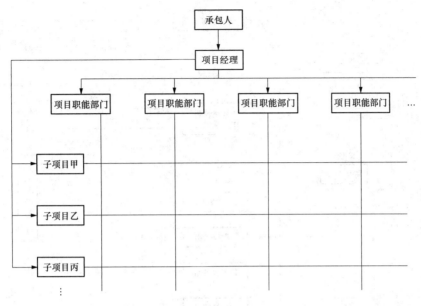

图 3-2　矩阵式组织结构

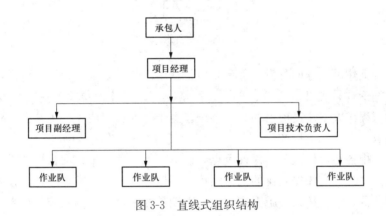

图 3-3　直线式组织结构

7. 项目经理部及施工劳务组织在施工项目中形成的组织结构

项目经理部及施工劳务组织在施工项目中形成的组织结构，如图 3-4 所示。

8. 施工组织安排与任务划分的内容

施工组织安排与任务划分的内容包括：划分各参与施工单位的工作任务；明确总包与分包的关系；建立施工现场的统一领导机构与职能部门；确定综合的专业化的施工组织；明确各施工单位间分工与协作的关系；划分施工段；确定各单位分期分批的主导项目和穿插项目。

9. 确定工程开展程序

工程开展程序是指根据建设项目总目标的要求，确定工程分期分批施工合理开展的程序。

在确定工程开展程序时应考虑以下几点：

（1）为了充分发挥工程建设投资的效果，对于大中型工程建设项目，一般应在保证工期

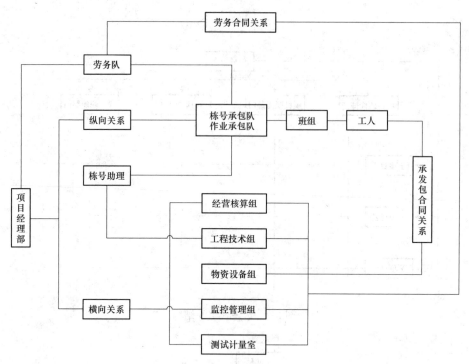

图 3-4　施工项目组织结构

的前提下分期分批建设，分期分批的数量则应根据生产工艺要求、建设单位或业主要求、工程规模大小和施工难易程度、资金、技术资源情况等，由建设单位和施工单位共同研究确定，对于小型工程或大型建设项目的某个系统，由于工期较短或生产工艺的要求，也可以不分期分批而采取一次性建成投产；

（2）统筹安排各类项目施工，保证重点，兼顾其他，确保工程项目按期投产，在安排工程项目的施工顺序时，应优先安排的工程项目包括按生产工艺要求，须先期投入生产或起主导作用的工程项目，工程量大、施工难度大、工期长的项目，运输系统、动力系统，例如厂区内外道路、铁路和变电站等，生产上需先期使用的机修，车床、办公楼及部分家属宿舍等，供施工使用的工程项目，如采砂（石）场、木材加工厂、各种构件加工厂、混凝土搅拌站及其他为施工服务的临时设施；

（3）所有工程项目均应按照先地下、后地上，先深、后浅，先干线、后支线的原则进行安排；

（4）要考虑季节对施工的影响，例如大规模土方工程和深基础施工，最好避开雨季，严寒季节最好转入室内作业或进行设备安装等。

10. 拟订主要工程项目的施工方案

主要工程项目通常是指建设项目中工程量大、施工难度大、工期长，对整个建设项目的完成起关键性作用的建筑物或构筑物，以及全场范围内工程量大、影响全局的特殊分项工。在制订主要工程项目的施工方案时，应考虑以下几点：

（1）确定施工方法时要兼顾技术工艺的先进性和经济上的合理性；

（2）对施工机械的选择，应使主导机械的性能既能满足工程的需要，又能发挥其效能、在各个工程上能够实现综合流水作业，减少拆运的次数；

（3）对于辅助配套机械，其性能应与主导施工机械相适应，以充分发挥主导施工机械的工作效率；

（4）编制施工准备工作计划。

根据工程施工开展程序和主要工程项目施工方案，编制施工项目全场性的施工准备工作计划，其主要内容包括：

1）制订施工场地平整方案，安排好全场性的防洪、排水工作；

2）安排好场地内外交通运输道路，制订水、电、气的引入方案；

3）确定建筑材料（包括水泥、钢材、木材、特种材料以及砂、石、矿渣、炉渣、粉煤灰等地方材料）、成品、半成品的货源、运输及储存方式；

4）编制新材料、新结构、新技术、新工艺的试验计划和职工技术培训计划；

5）制订施工现场范围内的测量工作计划，设置永久性测量标志，为施工放线定位做好准备；

6）安排好生产和生活基地建设，包括商品混凝土搅拌站、预制构件厂、钢材和木材加工厂、金属结构制作加工厂、机修厂等临时生产设施建设以及办公、生活设施建设；

7）做好冬、雨期施工准备工作。

3.5.5 施工总进度计划

施工总进度计划是根据施工部署中的施工方案和工程项目的开展程序对整个工程项目的施工作出全面安排，以确定各施工项目及其主要工种工程、准备工作和全工地性工程的施工期限以及开工和竣工的日期，同时确定施工现场劳动力、材料、成品、半成品，施工机械的需要数量等。施工总进度计划编制有五个步骤。

1. 列出工程项目一览表并计算其工程量

由于施工总进度计划的作用是控制工程项目的总工期，因此项目的划分不宜过细，一是按工程分期分批的投产顺序和工程开展程序列出主要工程项目，对于一些附属项目及小型工程、临时设施等，可以合并列出工程项目一览表，见表 3-5。

表 3-5　　　　　　　　　　　　　工程项目一览表

工程分类	工程项目名称	结构类型	建筑面积/100m²	幢数/个	概算投资/万元	主要实物工程量							
						场地平整/1000m²	土方工程/1000m²	铁路铺设/km	…	砖石工程/1000m³	钢筋混凝土工程/1000m³	…	装饰工程/1000m³

根据工程项目一览表，按工程的开展顺序计算各单位工程的主要实物工程量。

2. 确定各单位工程的施工期限

根据各单位工程的建筑结构类型，工程量的大小，施工场地的地形、工程地质与水文地质条件，施工单位的技术与管理水平、机械化程度、劳动力与材料供应情况等施工条件，确定各单位工程的施工期限；也可以参考有关的工期定额来确定各单位工程的施工期限。

3. 确定各单位工程的开竣工时间和相互搭接关系

根据施工部署中已确定的总的施工期限和施工程序，在确定了各单位工程的施工期限后，就可以确定各单位工程的开竣工时间和相互搭接时间。此时应考虑以下因素：

（1）要分清主次，抓住重点，同时期进行的项目不宜过多，以免分散人力和物力；

（2）应尽量使各工种的施工人员、施工机械和物资消耗在全工地内达到均衡，避免出现突出的高峰和低谷，以实现连续、均衡的施工要求；

（3）应根据生产工艺所确定的分期分批建设方案，合理地安排各建筑物的施工顺序，以缩短建设周期，尽快发挥投资效益；

（4）在建筑物密集，施工场地狭小，场内运输、材料构件堆放、设备组装和施工机械布置有困难的情况下，除采取一定的技术措施外，应对相邻各建筑物的开工时间和施工顺序做适当调整，以避免和减少相互的影响；

（5）在确定各建筑物的施工顺序时，应考虑的客观条件的影响因素：设计单位提供图纸的时间；企业的施工力量；各种原材料、机械设备的供应情况；季节和环境的影响；各年度建设投资的数量。

4. 编制施工总进度计划

施工总进度计划可以采用横道图形式表示，也可以采用网络图形式表示。当用横道图表示时，项目的排列可按施工总体方案所确定的工程开展程序排列，并标示出项目的开竣工时间及其施工持续时间。

施工总进度计划，见表 3-6。

表 3-6　　　　　　　　　　　　　施工总进度计划

序号	工程名称	建筑指标		设备安装指标/t	造价/万元			总劳动量/工日	进度计划											
		单位	数量		合计	建筑工程	设备安装		I	II	III	IV	I	II	III	IV	I	II	III	IV

5. 施工总进度计划的调整与修正

施工总进度计划编制完成后，将同一时期各项工程的工作量加在一起，用一定比例尺画出，即可得到建设项目资源需要量动态曲线。若曲线上存在高峰或低谷，则表明该时段内各种资源的需求量变化较大，需要调整某些单位工程的施工速度或开竣工时间，以使施工总进度计划中各时期的资源需求量尽量达到均衡。

3.5.6　资源需要量计划

1. 综合劳动力和主要工种劳动力计划

首先根据工种工程量汇总表中分别列出的各个建筑物专业工种的工程量，查相应定额，即可得到各个建筑物几个主要工种的劳动量；然后根据总进度计划表中各单位工程工种的持续时间，即可得到各单位工程在某时段内的平均劳动力人数，将同一时段各单位工程同工种的劳动力人数相加，就得到某工种劳动力需要量；最后根据各时段某工种劳动力需要量就可绘制某工种劳动力动态曲线和编制劳动力需要量计划。劳动力需要量计划，见表 3-7。

表 3-7　　　　　　　　　　　　　　　劳动力需要量计划

序号	工种名称	施工高峰需用人数	20　　年				20　　年				现有人数	多余（＋）或不足（－）
			一季	二季	三季	四季	一季	二季	三季	四季		
	合计											

注　1. 工种名称除生产工人外，还应包括附属辅助用工（如机修、运输、构件加工、材料保管等）以及服务和管理用工。

　　2. 表下应附以分季度的劳动力动态曲线（纵轴表示人数，横轴表示时间）。

2. 主要材料、预制加工品需要量计划

根据各工种工程量汇总表中所列的各建筑物和构筑物的工程量，查定额和概算指标便可得出建筑物或构筑物所需主要建筑材料、预制加工品的数量，然后根据总进度计划表即可估算季度建筑材料的需要量，从而可以编制主要材料、预制加工品需要量计划。主要材料需要量计划以及主要材料、预制加工品需要量进度计划，见表 3-8、表 3-9。

3. 主要材料、预制加工品运输量计划

根据主要材料、预制加工品运输量计划，参照施工总进度计划即可组织货源，签订供应合同，确定运输方式，编制运输计划，组织运输，筹建仓库。主要材料、预制加工品运输量计划，见表 3-10。

表 3-8　　　　　　　　　　　　　　　主要材料需要量计划

材料名称 / 单位 / 工作名称	主要材料								

注　1. 主要材料可按型钢、钢板、钢筋、管材、水泥、木材、砖、石、砂、石灰、油毡、油漆等填列。
　　2. 木材按成材计算。

表 3-9　　　　　　　　　主要材料、预制加工品需要量进度计划

序号	材料或预制加工品名称	规格	单位	需用量				需用量进度											
				合计	正式工程	大型临时设施	施工措施	20　年				20　年				20　年			
								一季	二季	三季	四季	一季	二季	三季	四季	一季	二季	三季	四季

表 3-10　　　　　　　　　主要材料、预制加工品运输量计划

序号	材料或预制加工品名称	单位	数量	折合吨数	运距			运输量/(t·km)	分类运输量/(t·km)			备注
					装货点	缺货店	距离/km		公路	铁路	航运	

4. 施工机具需要量计划

施工机具的需要量可按主要施工机具（如挖土机、起重机等）、辅助施工机具和运输机具分别确定。主要施工机具的需要量可根据施工进度计划、主要建筑物施工方案和工程量、套用机具产量定额求得；辅助施工机具需要量可根据建筑安装工程扩大概算指标求得；运输机具需要量则根据运输量计算。根据上述计算结果，即可编制主要施工机具、设备需要量计划，见表 3-11。施工机具需要量计划除可用于组织机具供应外，还可作为施工用电、选择变压器容量和确定机具停放场地面积的依据。

表 3-11　　　　　　　　　　　　　　　　主要施工机具、设备需要量计划

序号	机具、设备名称	规格、型号	电动机功率/kW	数量				购置价值/万元	使用时间	备注
				单位	需用	现有	不足			

注　机具设备名称可按土方、钢筋混凝土、起重、金属加工、运输、木材加工、动力、测试、脚手架等机具、设备分别分类填列。

3.5.7　大型临时设施计划

1. 工地加工厂

（1）工地加工厂的类型。工地加工厂的类型有钢筋混凝土预制构件加工厂、木材加工厂、粗木加工厂、细木加工厂、钢筋加工厂、金属结构构件加工厂和机械修理厂等。

（2）结构形式。工地加工厂的结构形式取决于加工厂的使用期限，使用期限较短时可采用简易结构，如油毡、钢板或草屋面的竹木结构；使用期限较长时则采用瓦屋面的砖木结构、砖石结构或活动房屋等形式。

（3）建筑面积。工地加工厂的建筑面积主要取决于设备尺寸、工艺过程、设计和安全防火要求，通常可参考有关经验指标等资料来确定。对于钢筋混凝土构件预制厂、锯木车间、模板加工车间、细木加工车间、钢筋加工车间等，其建筑面积的计算公式见式（3-1）：

$$A = \frac{\alpha Q}{T d \beta} \tag{3-1}$$

式中　A——所需建筑面积，m^2；

　　　α——不均衡系数，$\alpha = 1.3 \sim 1.5$；

　　　Q——加工总量，m^3；

　　　T——加工总时间，月；

　　　d——每平方米场地平均加工量定额；

　　　β——场地或建筑面积利用系数，$\beta = 0.6 \sim 0.7$。

2. 工地仓库

（1）工地仓库的类型。

1）转运仓库：设在车站、码头，用来转运货物。

2）中心仓库：用来储存整个建筑工地所需的材料、贵重材料及需要整理配套的材料。

3）现场仓库：设在施工现场储存施工工地所需物资。

4）加工厂仓库：专门为某加工厂储存原材料、加工半成品的仓库。

（2）工地仓库的结构。

露天仓库：存放不因自然条件而影响其性能和质量的材料，如砖、石、砂、装配式混凝土构件等。

封闭库房：存放因风霜雨雪侵蚀而变质的物品、贵重建筑材料、五金器具以及容易散失或损坏的材料。

库棚：存放防止阳光、雨雪直接侵蚀的材料，如沥青、珍珠岩、细木作零件等。

（3）仓库的面积和仓库材料储存量。

1）仓库面积。仓库面积的计算公式见式（3-2）：

$$A = \frac{M}{\alpha q} \tag{3-2}$$

式中　A——仓库面积，m^2；

　　　M——仓库材料储备量，t 或 m^3；

　　　q——每平方米仓库面积能存放的材料数量；

　　　α——仓库面积的有效利用系数，对于封闭式仓库，$\alpha = 0.6 \sim 0.65$；对于露天式仓库，$\alpha = 0.5 \sim 0.8$。决定于材料性质时，对于砂、石，$\alpha = 0.7 \sim 0.8$；对于成材，$\alpha = 0.5$；对于其他材料，$\alpha = 0.6 \sim 0.7$。

2）仓库材料储备量。对于经常使用或连续使用的材料，如水泥、砂、石、砖等材料，仓库材料储备量的计算公式见式（3-3）：

$$M = \frac{\alpha Q}{T} T_c \tag{3-3}$$

式中　M——仓库材料储备量，t 或 m^3；

　　　α——材料使用不均衡系数，$\alpha = 1.2 \sim 1.5$；

　　　Q——材料、半成品的总需要量，t 或 m^3；

　　　T——有关项目的施工总工作日，d；

　　　T_c——储存期定额，d。

3. 工地运输

（1）运输方式。

1）铁路运输具有运量大、运距长、受自然条件限制小等特点。

2）水路运输是一种经济的运输方式，在有条件的情况下常被采用。

3）汽车运输具有机动性大、使用灵活、行驶速度快、适合各种道路和物资，并且可以直接运往使用地点等特点。

（2）运输工具数量。

每一工作台班内所需的运输工具数量的计算公式见式（3-4）：

$$n = \frac{q}{sa\alpha} \tag{3-4}$$

式中　n——运输工具数量；

　　　q——每日货运量；

　　　s——运输工具的台班生产率；

　　　a——每日的工作班次；

　　　α——运输工具使用的不均衡系数，对于汽车运输，$\alpha=0.6\sim0.81$；对于拖拉机运输，$\alpha=0.65$；对于马车运输，$\alpha=0.5$。

4. 办公与福利设施的类型与建筑面积

(1) 类型。

1）行政管理和生产用房。包括办公室、传达室、车库、仓库和辅助性修理车间等。

2）居住生活用房。包括家属宿舍、单身职工宿舍、招待所、商店、医务所、浴室等。

3）文化生活用房。包括学校、图书馆、俱乐部、托儿所、邮亭、广播室等。

(2) 建筑面积。办公及福利设施的建筑面积可根据工地实际使用人数来确定，其计算公式见式 (3-5)：

$$A = N\gamma \tag{3-5}$$

式中　A——建筑面积，m^2；

　　　N——实际使用人数；

　　　γ——建筑面积指标，可参考有关资料确定。

5. 工地供水

(1) 施工现场用水量。施工现场用水量的计算公式见式 (3-6)：

$$q_1 = \beta \sum \frac{Q P_1}{T n_1} \frac{\alpha_1}{8 \times 3600} \tag{3-6}$$

式中　q_1——施工现场用水量，L；

　　　β——未预计的施工用水系数，一般 $\beta=1.05\sim1.15$；

　　　Q——年（季）度工程量（以实物计量单位表示）；

　　　P_1——施工用水定额；

　　　T——年（季）度有效作业日，d；

　　　n_1——每天工作数，班；

　　　α_1——用水不均匀系数，对于施工现场用水，$\alpha_1=1.5$；对于附属生产企业用水，$\alpha_1=1.25$。

(2) 施工机械用水量。施工机械用水量的计算公式见式 (3-7)：

$$q_2 = \beta \sum \left(b P_2 \frac{\alpha_2}{8 \times 3600} \right) \tag{3-7}$$

式中　q_2——施工机械用水量，L；

　　　β——未预计的施工用水系数，一般 $\beta=1.05\sim1.15$；

　　　b——同一种机械台数，台；

　　　P_2——施工机械台班用水定额；

　　　α_2——施工机械用水不均衡系数，对于施工机械，$\alpha_2=2.00$；对于运输机械，$\alpha_2=$

$1.05 \sim 1.10$；对于动力设备，$\alpha_2 = 1.05 \sim 1.10$。

（3）施工现场生活用水量。施工现场生活用水量的计算公式见式（3-8）：

$$q_3 = \frac{m_1 P_3 \alpha_3}{n_1 \times 8 \times 3600} \qquad (3-8)$$

式中 q_3——施工现场生活用水量，L；

m_1——施工现场高峰昼夜人数，人；

P_3——施工现场生活用水定额，一般为$(20 \sim 60)$L/（人·班），视当地气候而定；

α_3——施工现场生活用水不均匀系数，$\alpha_3 = 1.30 \sim 1.50$；

n_1——每天工作班数，班。

（4）生活区生活用水量。生活区生活用水量的计算公式见式（3-9）：

$$q_4 = \frac{m_2 P_4 \alpha_4}{24 \times 3600} \qquad (3-9)$$

式中 q_4——生活区生活用水量，L；

m_2——生活区居民人数，人；

P_4——生活区昼夜全部生活用水定额，每一居民每昼夜为 $100 \sim 120$L，随地区和有无室内卫生设备而变化；

α_4——生活用水不均衡系数，一般 $\alpha_4 = 2.00 \sim 2.50$。

（5）消防用水量。消防用水量 q_5 可从相关的施工手册中查得。

（6）工地总用水量 Q 可以按下述方法确定。

1）当$(q_1 + q_2 + q_3 + q_4) \leqslant q_5$ 时，则 $Q = q_5 + \dfrac{q_1 + q_2 + q_3 + q_4}{2}$；

2）当$(q_1 + q_2 + q_3 + q_4) > q_5$ 时，则 $Q = q_1 + q_2 + q_3 + q_4$；

3）当工地面积小于5hm^2 时，而且$(q_1 + q_2 + q_3 + q_4) < q_5$ 时，则 $Q = q_5$。

6. 工地供电

（1）计算工地用电量。施工现场用电量可分为动力用电量和照明用电量两类。计算工地用电量时，应考虑以下情况：

1）全工地使用的电力机械设备、工具和照明设备的用电功率；

2）施工总进度计划中施工高峰期同时用电的数量；

3）各种电力机械的利用情况。

工地的供电设备总需要容量的计算公式见式（3-10）：

$$Q = (1.05 \sim 1.10) \times \left(C_1 \frac{\sum P_1}{\cos\varphi} + C_2 \sum P_2 + C_3 \sum P_3 + C_4 \sum P_4 \right) \qquad (3-10)$$

式中 Q——供电设备总需要容量，kV·A；

P_1——电动机额定功率，kW；

P_2——电焊机额定容量，kV·A；

P_3——室内照明容量，kW；

P_4——室外照明容量，kW；

$\cos\varphi$——电动机的平均功率因素（施工现场最高为 $0.75 \sim 0.78$，一般为 $0.65 \sim 0.75$）；

C_1、C_2、C_3、C_4——需要系数。

（2）选择电源。临时供电电源的选择通常有以下几种方案，可通过比较分析后确定。

1）完全由工地附近的电力系统供电。

2）利用工地附近的电力系统供应一部分用电，另外在工地增设临时电站补充不足部分。

3）利用附近的高压电网，申请临时加设配电变压器。

4）工地处于新开发区、没有电力系统时，完全由自备临时电站供给。

（3）确定变压器功率。变压器输出功率的计算公式见式（3-11）：

$$P = a \frac{\sum Q_{\max}}{\cos\varphi} \tag{3-11}$$

式中　P——变压器输出功率，kW；

$\quad a$——功率损失系数，$a = 1.05$；

$\sum Q_{\max}$——各施工区最大计算负荷，kW；

$\quad \cos\varphi$——功率系数。

（4）布置配电线路。配电线路应尽量设在道路一侧，不得妨碍交通以及施工机械的安装、拆卸和运转，并且应避开堆料、挖槽、修剪临时工棚用地。室内低压动力线路及照明线路皆应用绝缘导线。

（5）确定导线截面面积。配电导线要能正常工作，必须具有足够的机械强度，能承受电流通过时所产生的温升（即允许电流），并使电压损失控制在允许范围内。

1）按机械强度确定。导线必须具有足够的机械强度，以防受拉时或因机械损伤而折断。在不同敷设方式下，导线的最小截面面积可参考有关资料确定。

2）按允许电流确定。

三相四线制线路上的电流，其计算公式见式（3-12）：

$$I = \frac{P}{\sqrt{3}\,V\cos\varphi} \tag{3-12}$$

式中　I——电流，A；

$\quad P$——功率，W；

$\quad V$——电压，V；

$\quad \cos\varphi$——功率因素，对于临时电网，$\cos\varphi = 0.70 \sim 0.75$。

二线制线路的电流，其计算公式如式（3-13）：

$$I = \frac{P}{V\cos\varphi} \tag{3-13}$$

式中各符号的含义与式（3-12）中符号的含义相同。

按允许电压降确定。配电导线的截面面积的计算公式如式（3-14）：

$$A = \frac{\sum P \cdot L}{C\varepsilon} \tag{3-14}$$

式中　A——导线截面面积，mm^2；

$\quad P$——负荷电功率或线路输送的电功率，kW；

$\quad L$——送电线路的距离，m；

$\quad C$——系数，取决于导线材料、送电电压及配电方式；

　　ε——允许的相对电压降（即线路的电压损失百分比），在照明线路中允许的电压降不应超过 2.5%。

3.5.8　施工总平面布置

1. 施工总平面布置的依据

（1）厂址位置图、厂区地形图、厂区测量报告、地址资料、水文气象资料、厂区布置图、厂区竖向布置图及厂区主要地下设施布置图等。

（2）工程总规模、工期分期、本期工程内容、投产日期要求等。

（3）总体工程施工总进度计划。

（4）施工方案。

（5）大型施工机械选型、布置及其作业流程的初步安排。

（6）各专业施工加工系统的工艺流程及其分区布置初步安排。

（7）大宗材料设备的总量及其现场储备周期，材料设备供货和运输方式。

（8）必要的临时设施、数量、外廓尺寸。

（9）各种施工力能的总需用量、分区需用量及其布置的原则。

（10）各标段施工范围的划分资料。

（11）有关的规程和法规的要求。

2. 施工总平面布置的要求

（1）总体布置合理，场地分配与各标段施工任务相适应，方便施工管理。

（2）合理组织交通运输，使施工的各个阶段都能做到交通便捷，运输畅通。

（3）施工区域的划分既要符合施工流程，又要使各个专业和各工种之间互不干扰，便于管理。

（4）注意前后照应、远近结合，努力避免或减少大量临时建筑拆迁和场地搬迁。

（5）尽量利用地形，减少场地平整的土方工程量。

（6）满足有关规程关于安全、防洪排水、防火、防雷及环保等方面的要求。

3.5.9　项目的施工总平面图

施工总平面图是拟建项目施工的总布置图，它按照施工方案和施工进度的要求，对施工现场的道路交通、材料仓库、附属企业、临时房屋、临时水电管线等做出合理的规划布置，从而正确处理全工地施工期间的各种设施和永久建筑、拟建工程之间的空间关系。

1. 依据

（1）各种设计资料。

（2）建设地区的自然条件和技术经济条件。

（3）建设项目的建筑概况、施工方案、施工进度计划。

（4）各种建筑材料、构件、加工品、施工机械和运输设备需要量一览表。

（5）各种临时设施的数量和外廓尺寸。

2. 要求

（1）尽量减少施工用地，使平面布置紧凑合理。

（2）合理组织运输，减少运输费用，保证运输方便通畅。

（3）施工区域的划分和场地确定应符合施工流程的要求。

（4）充分利用各种永久性建筑和原有设施为施工服务。

（5）各种生产生活设施应便于工人的生产和生活。

（6）满足安全防火、劳动保护的要求。

3.5.10　施工组织总设计技术经济分析

施工组织总设计的技术经济分析以定性分析为主、定量分析为辅。分析应服从于施工组织总设计每项涉及内容的决策，应避免忽视技术经济分析而盲目做出决定的倾向。进行定量分析时，常用的技术经济评价指标包括以下几个方面。

1. 施工周期

施工周期是指建设项目从工程正式开工到全部投产使用为止的持续时间。应计算的相关指标有：施工准备期、部分投产期、单位工程工期。

2. 劳动生产率

（1）全员劳动生产率的计算公式为：

$$全员劳动生产率 = \frac{报告期年度完成工作量}{报告期年度全体职工平均人数}$$

（2）单位用工的计算公式为：

$$单位用工 = \frac{完成该工程消耗的全部劳动工作日数}{工程总量}$$

（3）劳动力不均衡系数的计算公式为：

$$劳动力不均衡系数 = \frac{施工期高峰人数}{施工期平均人数}$$

3. 单位工程质量优良率

工程质量优良率是验收鉴定的竣工单位工程中被评为优良品的比重。它是反映建筑产品质量的综合指标。

4. 降低成本：$\dfrac{达标工程数量}{总工程数量}$

（1）降低成本额的计算公式为：

$$降低成本额 = 全部承包成本 - 全部计划成本$$

（2）降低成本率的计算公式为：

$$降低成本率 = \frac{降低成本总额}{承包成本总额} \times 100\%$$

5. 安全指标中工伤事故率

其计算公式为：

$$工伤事故率 = \frac{工伤事故次数}{本年职工平均人数} \times 100\%$$

6. 机械指标

（1）施工机械化程度的计算公式为：

$$机械化程度 = \frac{机械化施工完成工程量}{总工程量} \times 100\%$$

（2）施工机械完好率的计算公式为：

$$施工机械完好率 = \frac{机械化施工完成台班数}{计划内机械定额台班数} \times 100\%$$

（3）施工机械利用率的计算公式为：

$$施工机械利用率 = \frac{计划内机械工作台班数}{计划内机械定额台班数} \times 100\%$$

7. 预制加工程度

其计算公式为：

$$预制加工程度 = \frac{预制加工所完成的工作量}{总工作量}$$

8. 临时工程

（1）临时工程投资比例的计算公式为：

$$临时工程投资比例 = \frac{全部临时工程投资}{建筑安装工程总值}$$

（2）临时工程费用比例的计算公式为：

$$临时工程费用比例 = \frac{临时工程投资 - 预计回收费 + 租用费}{建筑安装工程总值}$$

9. 节约材料百分比

（1）$节约钢材百分比 = \dfrac{钢材预计使用量 - 钢材实际使用量}{钢材预计使用量} \times 100\%$

（2）$节约水泥百分比 = \dfrac{水泥预计使用量 - 水泥实际使用量}{水泥预计使用量} \times 100\%$

（3）$节约其他材料百分比 = \dfrac{其他材料预计使用量 - 其他材料实际使用量}{其他材料预计使用量} \times 100\%$

10. 施工现场场地综合利用系数

其计算公式为：

$$施工现场场地综合利用系数 = \frac{临时设施及材料堆场占比面积}{施工现场占地 - 待建建筑物占地面积}$$

3.6 案 例 分 析

现以国电邯郸热电厂热电联产项目基建工程为例。该项目位于河北省邯郸市，项目是为落实《邯郸市热电联产规划》（2010—2020 年）中的集中供热热源点的建设。根据《邯郸市城市总体规划》（2005—2020 年）、《邯郸市供热规划》（2010—2020 年）及《邯郸市主城区热电联产规划调整（2010—2020）》，本项目供热范围为邯郸市主城区、邯山区、复兴区、铁西区、丛台区、邯郸县城一部分。国电邯郸热电厂热电联产项目是积极落实《涿州热电联产规划》的集中供热热源点建设的重要举措，以满足邯郸市主城区、邯山区、复兴区、铁西区、丛台区、邯郸县城一部分的供热需求，同时对提高该供电区电网供电可靠性具有重要的意义。

该项目的建设积极贯彻国家电力产业发展政策，充分体现了资源的综合利用、节约能源、注重环保的理念，该项目的建设对当地的经济发展、繁荣区域经济、改善区域环境具有很大的促进作用。本项目在采取脱氮技术、利用城市污水处理厂再生水方案、干除灰方案、高效除尘、烟气脱硫及废水回收等措施后，将具有节约用水、集约用地、废水利用、减少污染、综合利用、节约能源等特点，是一个集约型、环保型、节能型、友好型的热电联产项目。该项目的建设是必要的，并且经对燃料供应、热负荷、交通运输包括燃料和设备运输、供水水源、贮灰场、防洪、环境保护、厂址区域稳定与工程地质、水文气象等建厂条件的初步研究论证，其建厂条件是初步可行的。

项目质量策划就是根据有关要求确定某一项目的质量目标以及实现该目标的过程方法和保障措施。电厂基建工程质量策划的分析如下所示：

（1）确定主要工程量：电厂基建工程项目一般有 215 项分项工程，其中各分项工程又分为若干子项工程。

（2）确定装机方案：根据邯郸市供热区域内采暖热负荷的要求，并考虑机组运行的安全性、可靠性、经济性及辅助设施的合理利用，国电邯郸热电联产项目规划容量为 4×350MW 机组。一期工程安装 2 台 350MW 超临界一次中间再热、单轴、双缸两排汽、抽气供热湿冷汽轮机，配 2×1110t/h 超临界中间再热直流煤粉炉，同步安装烟气脱硫脱硝装置。

（3）项目质量计划：该工程项目质量是国家现行的有关法律、法规、技术标准、设计文件及工程合同中对工程的安全、使用、经济、美观等特性的综合要求。工程项目质量主要包含了功能和使用价值质量、工程实体质量。合理工期、最佳质量、最低成本是项目管理者永远追求的三大目标。三者之间既相互矛盾又相互统一，其中项目质量目标的实现是项目工期目标和成本目标顺利实现的根本保证和立足点，而良好的质量策划过程和质量计划是实现项目质量目标的前提。

质量策划是一个动态的过程，应随项目的进展进行不断地修改和完善质量计划。同时，为达到项目质量目标必须采取其他措施，如提高质量保证措施、制定监督方案、更新检验技术，研究新的工艺方法和设备、验证等。

 思考：

国电邯郸热电厂是如何进行该工程项目的质量策划的？

第 4 章　施工项目质量控制

知识要点：

（1）掌握施工项目质量控制的概念、特点、系统构成、控制方法。

（2）熟悉各施工生产要素的质量控制的内容。

（3）了解施工环境因素的控制、材料构配件的质量控制、施工工序的质量控制以及在施工过程中的成品保护工作。

4.1　施工项目质量控制概述

工程施工是使工程设计意图最终实现并形成工程实体的阶段，也是最终形成工程产品质量和工程项目使用价值的重要阶段。因此，施工阶段的质量控制不但是施工监理重要的工作内容，也是工程项目质量控制的重点。

4.1.1　施工项目质量控制的特点

由于项目施工涉及面广，是一个极其复杂的综合过程，再加上位置固定、生产流动、结构类型不一、质量要求不一、施工方法不一、体型大、整体性强、建设周期长、受自然条件影响大等特点，施工项目的质量比一般工业产品的质量更难以控制，主要表现在以下方面。

1. 影响质量的因素多

施工项目质量的影响因素，主要是指在建设工程项目质量目标策划、决策和实现过程中影响质量形成的各种客观和主观因素，包括人的因素、技术因素、材料因素、机械设备因素、管理因素和社会因素以及其他影响因素等，均直接影响施工项目的质量。

2. 容易产生质量变异

因项目施工不像工业产品生产，有固定的自动线和流水线，有规范化的生产工艺和完善的检测技术，有成套的生产设备和稳定的生产环境，有相同系列规格和相同功能的产品；同时，由于影响施工项目质量的偶然性因素和系统性因素都较多，因此，很容易产生质量变异。如材料性能微小的差异、机械设备正常的磨损、操作时微小的变化、环境微小的波动等，均会引起偶然性因素的质量变异；而使用材料的规格、品种有误，施工方法不妥，操作不按规程，机械故障，仪表失灵，设计计算错误等，则会引起系统性因素的质量变异，造成工程质量事故。为此，在施工中要严防出现系统性因素的质量变异，要把质量变异控制在偶然性因素范围内。

3. 容易产生第一、第二类判断错误

施工项目由于工序交接多、中间产品多、隐蔽工程多，若不及时检查实质，事后再看表面，就容易产生第二类判断错误，也就是说，容易将不合格的产品认为是合格的产品；反之，若检查不认真、测量仪表不准、读数有误，就会产生第一类判断错误，也就是说，容易

将合格产品认为是不合格的产品。这点，在进行质量检查验收时，应特别注意。

4. 质量检查不能解体、拆卸

施工项目产品建成后，不可能像某些工业产品那样再拆卸或解体检查内在的质量，或重新更换零件；即使发现质量有问题，也不可能像工业产品那样实行"包换"或"退款"。

5. 质量要受投资、进度的制约

施工项目的质量，受投资、进度的制约较大，如一般情况下，投资大、进度慢，质量就好；反之，质量则差。因此，项目在施工中，还必须正确处理质量、投资、进度三者之间的关系，使其达到对立的统一。

4.1.2　施工项目质量控制的对策

对施工项目而言，质量控制就是为了确保符合合同、规范所规定的质量标准，所采取的一系列检测、监控措施、手段和方法。在进行施工项目质量控制过程中，为确保工程质量，其主要对策如下。

1. 以人的工作质量确保工程质量

工程质量是人（包括参与工程建设的组织者、指挥者和操作者）所创造的。人的政治思想素质、责任感、事业心、质量观、业务能力、技术水平等均直接影响工程质量。为此，我们对工程质量的控制应始终"以人为本"，充分调动人的积极性，增强人的质量观和责任感，以优秀的工作质量来创造优质的工程质量。

2. 严格控制投入品的质量

任何一项工程施工，均需投入大量的各种原材料、成品、半成品、构配件和机械设备，要采用不同的施工工艺和施工方法，这是构成工程质量的基础。投入品质量不符合要求，工程质量也就不可能符合标准，所以，严格控制投入品的质量，是确保工程质量的前提。为此，对投入品的订货、采购、检查、验收、取样、试验均应进行全面控制，从组织货源，优选供货厂家，直到使用认证，做到层层把关；对施工过程中所采用的施工方案进行充分论证，要做到工艺先进、技术合理、环境协调，这样才有利于安全文明施工，有利于提高工程质量。

3. 全面控制施工过程，重点控制工序质量

任何一个工程项目都是由若干分项、分部工程所组成，要确保整个工程项目的质量，达到整体优化的目的，就必须全面控制施工过程，使每一个分项、分部工程都符合质量标准。为此，要确保工程质量就必须重点控制工序质量，对每一道工序质量都必须进行严格检查。这样，只要每一道工序质量都符合要求，整个工程项目的质量就能得到保证。

4. 严把分项工程质量检验评定关

分项工程质量等级是分部工程、单位工程质量等级评定的基础；分项工程质量等级不符合标准，分部工程、单位工程的质量也不可能评为合格；而分项工程质量等级评定正确与否，又直接影响分部工程和单位工程质量等级评定的真实性和可靠性。为此，在进行分项工程质量检验评定时，一定要坚持质量标准，严格检查，一切用数据说话，避免出现第一、第二类判断错误。

5. 贯彻"以预防为主"的方针

"以预防为主"，防患于未然，把质量问题消灭于萌芽之中，这是现代化管理的观念。预防为主就是要加强对影响质量因素的控制，对投入品质量的控制；就是要从对质量的事后检

查把关，转向对质量的事前控制、事中控制；从对产品质量的检查，转向对工作质量的检查、对工序质量的检查、对中间产品的质量检查。这些是确保施工项目质量的有效措施。

6. 严防系统性因素的质量变异

系统性因素，如使用不合格的材料、违反操作规程、混凝土达不到设计强度等级、机械设备发生故障等，都必然会造成不合格产品或工程质量事故。系统性因素的特点是易于识别、易于消除，是可以避免的。为此，工程质量的控制，就是要把质量变异控制在偶然性因素引起的范围内，要严防或杜绝由系统性因素引起的质量变异，以免造成工程质量事故。

4.1.3　施工项目质量控制的系统过程

由于施工阶段是使工程设计意图最终实现并形成工程实体的阶段，所以施工阶段的质量控制是一个由对投入的资源和条件的质量控制（事前控制），进而对生产过程及各环节质量进行控制（事中控制），直到对所完成的工程产出品的质量检验与控制（事后控制）为止的全过程的系统控制过程。这个过程可以根据在施工阶段工程实体质量形成的时间阶段不同来划分；也可以根据施工阶段工程实体形成过程中物质形态的转化来划分；或者是将施工的工程项目作为一个大系统，按施工层次加以分解来划分。

1. 按工程实体质量形成过程的时间阶段划分

（1）施工准备控制。指在各工程对象正式施工活动开始前，对各项准备工作及影响质量的各因素进行控制，这是确保施工质量的先决条件。

（2）施工过程控制。指在施工过程中对实际投入的生产要素质量及作业技术活动的实施状态和结果所进行的控制，包括作业者发挥技术能力过程的自控行为和来自有关管理者的监控行为。

（3）竣工验收控制。指对于通过施工过程所完成的具有独立的功能和使用价值的最终产品（单位工程或整个工程项目）及有关方面（如质量文档）的质量进行控制。

上述三个环节的质量控制系统过程及其所涉及的主要方面如图 4-1 所示。

2. 按工程形成过程中物质形态转化的阶段划分

由于工程对象的施工是一项物质生产活动，所以施工阶段的质量控制系统过程也是一个经由以下三个阶段的系统控制过程。

（1）对投入的物质资源质量的控制。

（2）施工过程质量控制，即在使投入的物质资源转化为工程产品的过程中，对影响产品质量的各因素、各环节及中间产品的质量进行控制。

（3）对完成的工程产出品质量的控制与验收。

在上述三个阶段的系统过程中，前两个阶段对于最终产品质量的形成具有决定性的作用，其中投入的物质资源的质量控制对最终产品质量又具有举足轻重的影响。所以，质量控制的系统过程中，无论是对投入物质资源的控制，还是对施工及安装生产过程的控制，都应当对影响工程实体质量的五个重要因素方面，即对施工有关人员因素、材料（包括半成品、构配件）因素、机械设备因素（生产设备及施工设备）、施工方法（施工方案、方法及工艺）因素以及环境因素等进行全面的控制。

3. 按工程项目施工层次划分的系统控制过程

通常，任何一个大中型工程建设项目都可以划分为若干层次。例如，对于建筑工程项目，按照国家标准可以划分为单位工程、分部工程、分项工程、检验批等层次；而对于诸如

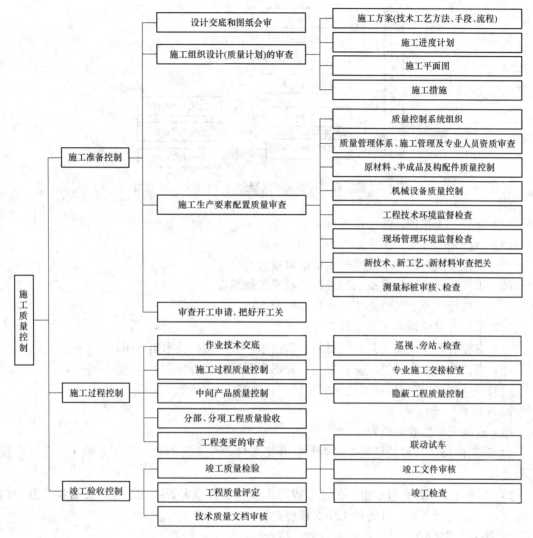

图 4-1　施工阶段质量控制的系统过程

水利水电、港口交通等工程项目则可划分为单项工程、单位工程、分部工程、分项工程等几个层次。各组成部分之间的关系具有一定的施工先后顺序的逻辑关系。显然，施工作业过程的质量控制是最基本的质量控制，它决定了有关检验批的质量，而检验批的质量又决定了分项工程的质量。

各层次间的质量控制系统过程如图 4-2 所示。

4.1.4　施工项目质量控制的方法

施工项目质量控制的方法，主要有审核有关技术文件、报告，以及直接进行现场质量检验或必要的试验等。

1. 审核有关技术文件、报告或报表

对技术文件、报告、报表的审核，是项目经理对工程质量进行全面控制的重要手段，其具体内容如下。

（1）审核有关技术资质证明文件；

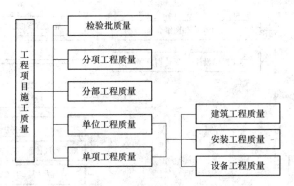

图 4-2　按工程项目施工层次划分的质量控制系统过程

（2）审核开工报告，并经现场核实；

（3）审核施工方案、施工组织设计和技术措施；

（4）审核有关材料、半成品的质量检验报告；

（5）审核反映工序质量动态的统计资料或控制图表；

（6）审核设计变更、修改图纸和技术核定书；

（7）审核有关质量问题的处理报告；

（8）审核有关应用新工艺、新材料、新技术、新结构的技术鉴定书；

（9）审核有关工序交接检查，分项、分部工程质量检查报告；

（10）审核并签署现场有关技术的签证、文件等。

2．现场质量检验

（1）现场质量检验的内容。

1）开工前检查。目的是检查是否具备开工条件，开工后能否连续正常施工，能否保证工程质量。

2）工序交接检查。对于重要的工序或对工程质量有重大影响的工序，在自检、互检的基础上，还要组织专职人员进行工序交接检查。

3）隐蔽工程检查。凡是隐蔽工程均应检查认证后方能掩盖。

4）停工后复工前的检查。因处理质量问题或某种原因停工后复工时，亦应经检查认可后方能复工。

5）分项、分部工程完工后，应经检查认可，签署验收记录后，才许进行下一工程项目施工。

6）成品保护检查。检查成品有无保护措施，或保护措施是否可靠。

此外，还应经常深入现场，对施工操作质量进行巡视检查；必要时，还应进行跟班或追踪检查。

（2）现场质量检查的方法。

现场进行质量检查的方法有目测法、实测法和试验法三种。

1）目测法。其手段可归纳为看、摸、敲、照四个字。

看，就是根据质量标准进行外观目测。如墙纸裱糊质量应是：纸面无斑痕、空鼓、气泡、褶皱；每一墙面纸的颜色、花纹一致；斜视无胶痕，纹理无压平、起光现象；对缝无离缝、搭缝、张嘴；对缝处图案、花纹完整；裁纸的一边不能对缝，只能搭接；墙纸只能在阴角处搭接，阳角应采用包角等。

摸，就是手感检查，主要用于装饰工程的某些检查项目，如水刷石、干粘石黏结牢固程度，油漆的光滑度，浆活是否掉粉，地面有无起砂等，均可通过手摸加以鉴别。

敲，是运用工具进行声感检查。对地面工程、装饰工程中的水磨石、面砖、锦砖和大理石贴面等，均应进行敲击检查，通过声音的虚实确定有无空鼓，还可根据声音的清脆或沉闷，判定属于面层空鼓或底层空鼓。此外，用手敲玻璃，如发出颤动声响，一般是底灰不满或压条不实。

照，对于难以看到或光线较暗的部位，则可采用镜子反射或灯光照射的方法进行检查。

2）实测法。就是通过实测数据与施工规范及质量标准所规定的允许偏差对照，来判别质量是否合格。实测检查法的手段，也可归纳为靠、吊、量、套四个字。

靠，是用直尺、塞尺检查墙面、地面、屋面的平整度。

吊，是用托线板以线坠吊线检查垂直度。

量，是用测量工具和计量仪表等检查断面尺寸、轴线、标高、湿度、温度等的偏差。

套，是以方尺套方，辅以塞尺检查。如对阴阳角的方正、踢脚线的垂直度、预制构件的方正等项目的检查。对门窗口及构配件的对角线（窜角）检查，也是套中的特殊手段。

3）试验检查。指必须通过试验手段，才能对质量进行判断的检查方法。如对桩和地基的静载试验，确定其承载力；对钢结构进行稳定性试验，确定是否产生失稳现象；对钢筋的焊接头进行拉力试验，检验其焊接的质量等。

4.2 材料构配件的质量控制

引入案例：

2007 年 8 月 13 日，湘西州正在建设的凤大公路 A1 标段堤溪沱江大桥坍塌，导致死亡 64 人，重伤 4 人，轻伤 18 人，直接经济损失 3974.7 万元（简称为"8·13"事故）。

造成这一特大事故的直接原因是：大桥拱圈砌筑材料未能满足设计和规范要求。

（1）设计要求拱石规格为"60 号块石，形状大致方正"，实际多采用重 50～200kg 且未经加工的毛石，坍塌残留拱圈断面呈现较多片石。

（2）主拱圈砌体设计要求施工用"20 号小石子混凝土砌筑 60 号块石"，施工中却有部分砌体采用了水泥砂浆，致使主拱圈大部分砌体小石子混凝土强度低于设计规范要求。

（3）机制砂、石含泥量较高，设计要求不大于 5％，实际取样抽检最大值达 16.8％；设计碎石含泥量不大于 2％，实际达 2.6％。

（4）现场抽检的吉首市大力建材有限公司生产的普通硅酸盐水泥（等级 32.5），其烧失量在 5.22％～5.98％之间，不能满足不大于 5.0％的标准要求。

材料是工程项目的物质基础，也是工程项目实体的重要组成部分。项目质量控制的基础就是做好材料的管理。材料质量不合格或选择、使用不当，均会影响工程质量甚至造成事故。所以，加强材料的质量控制，是提高工程质量的重要保证，也是创造正常施工条件的前提。

4.2.1 材料质量控制的要点

材料控制应注意抓好材料的采购、检验、仓储和使用等环节。

1. 材料采购的控制

（1）掌握建材方面有关的法规及条文。对于材料、设备、构配件的订货、采购，其质量要满足有关标准和设计的要求。在我国，政府对大部分建材的采购和使用都有文件规定，其中主要为《建设工程质量管理条例》（国务院令〔2000〕第 279 号）对钢材、水泥、预拌混凝土、砂石、砌墙材料、石材、胶合板实行备案证明管理。

（2）通过市场调研，掌握材料质量、价格、供货能力的信息，考察、调研生产经营厂商。选择供货质量稳定、信誉高、价格有竞争力的供货厂家，从而可获得质量好、价格低的材料资源，进而确保工程质量，降低工程造价。

（3）在确定供货厂家后，还必须要求厂方提供质量保证文件，用以表明提供的货物完全符合质量要求。质量保证文件的内容主要包括：供货总说明、产品合格证及技术说明书、质量检验证明、检测与试验者的资质证明、不合格品或质量问题处理的说明及证明、有关图纸及技术资料等。这些文件还将在以后成为竣工文件的重要组成部分。

（4）合理组织材料供应，确保工程正常施工。对于大型的或重要设备以及大宗材料的采购，应当实行招标采购的方式。对某些材料，如瓷砖等装饰材料，订货时最好一次性订齐和备足货源，以免由于分批订货而出现颜色差异、质量不一，导致延误工期。

2. 材料检验的控制

（1）材料进场时，应提供材质证明，并根据供料计划和有关标准进行现场质量验证和记录。如不具备或对其检验证明有怀疑时，待资料补齐和复验合格后，方可使用。质量验证包括材料品种、型号、规格、数量、外观检查和见证取样，进行物理、化学性能试验。

（2）用于工程的主要材料，进场时必须具备正式的出厂合格证和材质化验单。如不具备或对检验证明有怀疑时，应补做检验；工程中的所有构件，必须具有厂家批号和出厂合格证。钢筋混凝土和预应力钢筋混凝土构件，均应按规定的方法进行抽样检验。由于运输、安装等原因出现的构件质量问题，应分析研究经处理鉴定后方能使用。

（3）标志不清或认为质量有问题的材料；对质量保证资料有怀疑或与合同规定不符的一般材料；由于工程重要程度决定，应进行一定比例试验的材料；需要进行追踪检验，以控制和保证其质量的材料等，均应进行抽检。对于进口的材料设备和重要工程或关键施工部位所用的材料，则应进行全部检验。

（4）材料质量抽样和检验的方法，应符合《建筑材料质量标准与管理规程》的要求，要能反映该批材料的质量性能。对于重要构件或非匀质的材料，还应酌情增加采样的数量。

（5）在现场配制的材料，如混凝土、砂浆、防水材料、防腐材料、绝缘材料、保温材料等的配合比，应先提出试配要求，经试配检验合格后才能使用。

（6）对进口材料、设备应会同商检局检验，若核对凭证中发现问题，应取得供方和商检人员签署的商务记录，按期提出索赔。

（7）高压电缆、电压绝缘材料，要进行耐压试验。

3. 材料的仓储和使用控制

（1）建立管理台账，进行收、发、储、运等环节的技术管理，避免混料和将不合格的原材料使用到工地上。

（2）要严格按施工组织平面布置图进行现场堆料，不得乱堆乱放。

（3）应做好各类物资的保管、保养工作，定期检查，做好记录，确保其质量完好。

（4）合理地组织材料使用，减少材料的损失。正确按定额计量使用材料，加强运输、仓储、保管工作，加强材料限额管理和发放工作，健全现场材料管理制度，避免材料损失、变质，乃是确保材料质量、节约材料的重要措施。

4.2.2　材料质量控制的内容

材料质量控制的内容主要有：材料的质量标准，材料的性能，材料取样、试验方法，材料的适用范围和施工要求等。

1. 材料的质量标准

材料的质量标准是用以衡量材料质量的尺度，也是作为验收、检验材料质量的依据。掌握材料的质量标准，就便于可靠地控制材料和工程的质量。不同的材料有不同的质量标准，如水泥的质量标准有细度、标准稠度用水量、凝结时间、强度、体积安定性等。当其强度达不到等级要求时，就会直接危害结构的安全。为此，对水泥的质量控制，就是要检验水泥是否符合质量标准。

2. 材料质量检验和试验

（1）材料质量检验的目的。材料质量检验的目的，是通过一系列的检测手段，将所取得的材料数据与材料的质量标准相比较，借以判断材料质量的可靠性，能否使用于工程中；同时，还有利于掌握材料信息。

（2）材料质量的检验方法。材料质量的检验方法有书面检验、外观检验、理化检验和无损检验四种。

1）书面检验，是对提供的材料质量保证资料、试验报告等进行审核，取得认可方能使用。

2）外观检验，是对材料从品种、规格、标志、外形尺寸等进行直观检查，看其有无质量问题。

3）理化检验，是借助试验设备和仪器对材料样品的化学成分、机械性能等进行科学的鉴定。

4）无损检验，是在不破坏材料样品的前提下，利用超声波、X 射线、表面探伤仪等进行检测。

（3）材料质量检验程度。根据材料信息和保证资料的具体情况，其质量检验程度分为免检、抽检和全部检查三种。

1）免检就是免去质量检验过程。对有足够质量保证的一般材料，以及实践证明质量长期稳定且质量保证资料齐全的材料，可予免检。

2）抽检就是按随机抽样的方法对材料进行抽样检验。对材料的性能不清楚或对质量保证资料有怀疑时，均应按一定比例进行抽样检验。

3）全部检验。凡对进口的材料、设备和重要工程部位的材料，以及贵重的材料，应进行全部检验，以确保材料和工程质量。

（4）材料质量检验项目。材料质量的检验项目分为："一般试验项目"，为通常进行的试验项目；"其他试验项目"，为根据需要进行的试验项目。如水泥，一般要进行标准稠度、凝结时间、抗压和抗折强度检验；若是小窑水泥，往往由于安定性不良，则应进行安定性检验。

（5）材料质量检验的取样。材料质量检验的取样方法和取样数量必须符合《建筑安装工程质量检验评定统一标准》的规定，使取样具有代表性，即所采取样品的质量能代表该批材料的质量。所以，在采取试样时，必须按规定的部位、数量及采选的操作要求进行。

（6）材料质量抽样检验。抽样检验一般适用于对原材料、半成品或成品的质量鉴定。由于产品数量大或检验费用高，不可能对产品逐个进行检验，特别是破坏性和损伤性的检验。通过抽样检验，可判断整批产品是否合格。

3. 材料的选择和使用要求

材料的选择和使用不当，均会严重影响工程质量或造成质量事故。为此，必须针对工程特点，根据材料的性能、质量标准、适用范围和对施工要求等方面进行综合考虑，慎重地选择和使用材料。

施工单位应在施工过程中贯彻企业质量程序文件中关于材料和设备封样、采购、进场检验、抽样检验以及质量保证资料提交的要求，明确规定一系列控制标准。

4.3　方　法　的　控　制

方法控制主要包括施工方案、施工工艺、施工组织设计、施工技术措施等的控制。施工方法的管理要点如下：

（1）施工方案应随工程进展而不断细化和深化。

（2）应制定几个可行的方案，分析各方案的主要优、缺点，经对比讨论研究后选择最佳方案。

（3）对主要项目、关键部位和难度较大的项目，应充分估计到可能发生的施工质量问题并制定应急预案。

在制定和审核施工方案时，必须结合工程实际，从技术、组织、管理、工艺、操作、经济等方面进行全面分析、综合考虑，力求方案技术可行、经济合理、工艺先进、措施得力、操作方便，有利于提高质量、加快进度、降低成本。作业过程中，要及时督促检查施工工艺文件是否得到认真执行，是否严格遵守操作规程等。

现就大体积混凝浇筑方案的拟订进行分析，如何在满足技术可行的前提下，达到经济合理的要求。

案例：大体积混凝土浇筑方案。

已知：某基础尺寸长、宽、高为 20m×8m×3m，浇筑混凝土时不允许留设施工缝，工地只有 3 台搅拌机，每台产量为 5m³/h，从搅拌站至浇筑地点的运输时间为 24min，混凝土初凝时间为 2h。

方案拟订分析如下：

1. 求每小时混凝土的浇筑量

大体积混凝土浇筑不留施工缝时，应保证浇筑上层混凝土时下层混凝土不致产生初凝现象。为此，必须按下列公式计算每小时混凝土的浇筑量，公式见式（4-1）：

$$Q = (L \cdot B \cdot H)/(t_1 - t_2) \tag{4-1}$$

式中　Q——每小时混凝土浇筑量，m³/h；

　L、B——基础长度和宽度，m；

　　t_1——混凝土初凝时间，h；

t_2——混凝土运输时间，h；

H——浇筑层厚度，m，本例取 $H=0.3$m。

根据已知条件，本例每小时混凝土浇筑量为：

$$Q=20\times8\times0.3/(2-0.4)=30(\text{m}^3/\text{h})$$

如果搅拌机数量不受限制，则应据此来选择搅拌机的台数，以保证搅拌机的产量能满足 $30(\text{m}^3/\text{h})$ 的需要。但现只有 3 台搅拌机，每小时只能生产混凝土为 $3\times5=15\text{m}^3/\text{h}$，不能满足所需的浇筑量。

2. 现有可浇筑量

根据现有 3 台搅拌机的生产能力，决定采用浇筑量 $Q=3\times5=15\text{m}^3/\text{h}$。

3. 允许可浇筑长度

已知 $Q=15$ m^3/h，则应求解在此条件下的允许浇筑长度 L 为：

$$L=Q(t_1-t_2)/(B\cdot H)=15(2-0.4)/(8\times0.3)=10(\text{m})$$

也就是说，当 $Q=15\text{m}^3/\text{h}$ 时，下层混凝土只能浇筑 10m 长，随即就要浇筑上层混凝土，此时，下层混凝土才不致产生初凝现象。

4. 浇筑方案选用分析

（1）全面分层浇筑方案。此方案在技术上不可行，因为基础长度为 20m，允许浇筑长度为 10m，当浇完下层 20m 后再浇上层，下层混凝土必然产生初凝现象。

（2）全面分层，采取二次振捣的浇筑方案。混凝土初凝以后，不允许受到振动；混凝土尚未初凝时进行振捣（刚接近初凝再进行一次振捣，称二次振捣），这在技术上是允许的。二次振捣可克服一次振捣的水分、气泡上升在混凝土中所造成的微孔，亦可克服一次振捣后混凝土下沉与钢筋脱离，从而提高混凝土与钢筋的握裹力，提高混凝土的强度、密实性和抗渗性。

全面分层、二次振捣浇筑方案，就是当下层混凝土接近初凝前再进行一次振捣，使混凝土又恢复和易性；这样，当下层混凝土一直浇完 20m 后再浇上层，则不致使下层混凝土产生初凝现象。此方案在技术上是可行的，也有利于保证混凝土的质量，但需要增加人力和振动设备，是否采用应进行技术、经济比较。

（3）分段分层浇筑方案。就是当第一段第一层浇至 2～3m 后，即成阶梯地浇第二、第三层，直至所需高度后再浇第二段、第三段，依次向前推进，且每段各层总的浇筑长度不应超过允许的浇筑长度。此方案只适用于面积大、高度小的结构，对本例则不适行，因本例高度为 3m，分层过多。

（4）全面分层，加缓凝剂浇筑方案。此方案技术上可行，施工方便，不需增加人员和设备，仅增加缓凝剂的费用。其缓凝时间可按下式计算：

$$t_1=L\cdot B\cdot H/Q+t_2=20\times8\times0.3/15+0.4=3.6(\text{h})$$

从计算结果可知，扣除混凝土初凝时间 2h 后，只需缓凝 1.6h 就能满足全面分层的要求。若采用木钙粉缓凝剂，一般只需掺占水泥重量 0.2% 的木钙粉即可。实际应用时则需通过试验确定。

（5）斜面分层浇筑方案。要求斜边坡度不大于 1∶3，从上向下振捣。采取此方案时，应使斜边长度不大于允许浇筑长度。本例按 1∶3 的坡度，则得斜边长为：

$$L=\sqrt{3^2+9^2}\approx9.5\text{m}<10\text{m}$$

由此可见，斜面分层的浇筑方案在技术上可行，在经济上也是合理的。若斜边长度大于允许浇筑长度时，亦可采用斜面分层掺缓凝剂的浇筑方案。

对于大体积混凝土的施工方案，还要解决和控制水泥的水化热问题，因水化热可使混凝土内外温差高达 50℃～55℃，导致混凝土在温度应力作用下而遭到破坏。所以，大体积混凝土的施工方案，不论采取何种技术措施，都要从降低水泥的水化热出发，把温差控制在25℃范围内。

另外，对施工方案选择的前提，是一定要满足技术的可行性。如液压滑模施工，要求模板内混凝土的自重必须大于混凝土与模板间的摩阻力；否则，当混凝土自重不能克服摩阻力时，混凝土必然随着模板的上升而被拉断、拉裂。所以，当剪力墙结构、筒体结构的墙壁过薄，框架结构柱的断面过小时，均不宜采用液压滑模施工。又如，在有地下水、流沙且可能产生管涌现象的地质条件下进行沉井施工时，只能采取连续下沉、水下挖土、水下浇筑混凝土的施工方案；否则，采取排水下沉施工，则难以解决流沙、地下水和管涌问题；若采取人工降水下沉施工，又可能更不经济。

总之，方法是实现工程建设的重要手段，无论方案的制订、工艺的设计、施工组织设计的编制、施工顺序的开展和操作要求等，都必须以确保质量为目的严加控制。

4.4　环境因素的控制

影响工程项目质量的环境因素较多，有工程技术环境，如工程地质、水文、气象等；工程管理环境，如质量保证体系、质量管理制度等；劳动环境，如劳动组合、劳动工具、工作面等。环境因素对工程质量的影响具有复杂而多变的特点，如气象条件就变化万千，温度、湿度、大风、暴雨、酷暑、严寒都直接影响工程质量，往往前一工序就是后一工序的环境，前一分项、分部工程也就是后一分项、分部工程的环境。因此，根据工程特点和具体条件，应对影响质量的环境因素采取有效的措施严加控制。

4.4.1　环境因素控制的内容

1. 施工现场自然环境因素的控制

充分考虑施工现场水文、地质和气象情况，分析工程岩石地质资料，针对不利因素制定相应措施，采取如基坑降水、排水、加固围护等控制方案；充分考虑气象方面的影响因素，对不利因素采取落实人员、器材等方面的准备以紧急应对，从而控制其对施工质量的不利影响。

2. 施工质量管理环境因素的控制

施工质量管理环境因素主要是指施工单位质量保证体系、质量管理制度和各参建施工单位之间的协调因素。根据合同结构，理顺各参建单位之间的管理关系，建立统一的现场施工组织系统和质量管理的综合运行机制。此外，还应创造和谐且有归属感的工作环境，确保质量保证体系处于健康良好状态，使施工顺利进行，保证施工质量。

3. 施工作业环境因素的控制

施工作业环境因素主要指施工现场的给水排水条件，各种能源介质供应，施工照明、通风、安全防护设施，施工场地空间条件和通道，以及交通运输和道路条件等因素。要认真实施施工方案，落实保证措施，遵守相关管理制度，保证上述环境良好，使施工顺利完成且质量得到保证。

4.4.2　环境控制与施工方案、技术措施的关系

对环境因素的控制，与施工方案和技术措施紧密相关。例如，在砂土类、地下水位又高的地质条件下进行基础工程施工时，就不能采用明沟排水大开挖的施工方案。因为如此必然会产生流砂现象。这样，不仅会使施工条件恶化，拖延工期，增加对流砂处理的费用，更严重的是会影响地基的质量。为了控制流砂和管涌冒砂，可采用人工降低地下水位的方法。采用人工降水方案时，还应在现场进行扬水试验，确定土的实际渗透系数 K 值，以保证降水可靠；同时，还须注意抽水影响半径，若附近的建筑物或构筑物位于抽水影响半径内，而基础又位于降水漏斗曲线之上时，先要拟定临时保护措施，以免抽水时使附近建筑物、构筑物产生不均匀沉降，引起开裂、倾斜、倒塌事故。

综上所述，对环境因素的控制涉及范围较广，在拟订方案、措施时，必须全面考虑，综合分析，才能达到有效控制的目的。针对工程的特点，必须拟定保证季节性施工质量和安全的有效措施，以免工程质量受到冻害、干裂、冲刷、坍塌的危害。同时，要不断改善施工现场的环境和作业环境；要加强对自然环境和文物的保护；要尽可能减少施工所产生的危害和对环境的污染；要健全施工现场管理制度，合理布置，使施工现场秩序化、标准化、规范化，实现文明施工。

4.5　施工工序的质量控制

引入案例：

220 千伏西工变电站是洛阳电网的重要组成部分，为洛阳市西工区域内经济增长提供可靠的电力保障，对洛阳地区的电力供求发挥着重要作用。

针对施工工序质量管理的难点，西工变电站在施工工序管理方面，对工序活动条件的质量进行了主动控制。其关键施工技术手段、方案都认真履行电气标准验收规范以及产品说明书，方案审批之后才投入到施工中。变电站电气施工过程中选择自上而下的施工方式，先对设备本体进行施工，再进行附属设备、附件等的安装，避免出现交叉作业。在西工变电站的材料、设备交接、保管以及开箱过程中，当设备材料到达现场以后，选择专人负责接管，就近卸车，将其放置在平实可靠、场地开阔的位置，对有防潮要求的设备、元件进行防风、防晒、防雨等处理措施；对到达现场的设备、规格、元件、标示的型号、材料记录、数量等同施工图加以核对，同时严格检查其外观。

工程质量是在施工工序中形成的，而不是靠最后检验出来的。在实际施工过程中，为了把工程质量从事后检查把关，转向事前控制，达到"以预防为主"的目的，必须加强施工工序的质量控制。

4.5.1　工序质量控制的概念

1. 工序和工序质量

（1）工序。工序又称作业，是生产和检验原材料与产品的具体阶段，也是构成生产制造过程的基本单元。一道工序，就是一个（或一组）工人在一个工作地对一个或几个劳动对象（工程、产品、构配件）所完成的一切连续活动的总和。

（2）工序质量。工序质量又称施工过程质量，指工序的成果符合设计、工艺（技术标

准）要求的程度。施工过程中，劳动力、机械设备、材料、方法和施工环境五大要素对工程质量的综合作用过程，亦即施工过程中五大要素的综合质量。

2. 工序质量波动

建筑工程和工业产品一样，在产品形成过程中，由于五大因素的影响，其质量总在变化之中，因此，质量不是绝对稳定。不过，这种质量波动有的是质量标准允许的，称之为正常波动；有的波动超出了质量标准的允许范围，称之为异常波动。

3. 工序能力指数

（1）工序能力是工序在稳定状态时所具有的保证产品质量的能力。工序能力受工序中的"4M1E"（man、machin、material、method、environments，即人员、机械、材料、方法、环境）因素的综合影响和制约，表现在产品质量是否稳定、产品质量精度是否足够两个方面。研究工序能力，就是研究工序质量的实际水平，因此它是工序质量控制的一项最基本、最基础的工作。

（2）工序能力是表示生产过程中客观存在的质量分散的一个参数，但是该参数能否满足产品的技术要求，仅从它本身还难以看出。因此，还需要另一个参数来反映工序能力满足产品技术要求（公差、产品规格、工艺规范等质量标准）的程度，它就是工序能力指数。

工序能力指数亦称工程能力指数（process capability index），它是技术要求和工序能力的比值，即工序能力指数＝技术要求/工序能力。工序能力指数用来表示工序能力对工序质量要求的保证程度，用以判明工序的实际加工精度能够满足公差要求的大小，是衡量工序质量的一个综合性指标。记为 C_p（或 C_{pk}）。定义见式（4-2）。

$$C_p = T/6\sigma \tag{4-2}$$

式中　σ——处于稳定状态下的工序的标准偏差，6σ 表示工序能力；

　　　T——公差。

（3）工序能力指数 C_p 值的水平需要有一个判断准则，通常是根据实际情况综合考虑质量保证要求、成本等方面的因素来制定。

如果以工序能力等级为"一级"作为工序质量控制标准，就可以保证不出现不合格品；若以"二级"作为工序质量控制目标，则有可能出现不合格产品。工程施工时，工序能力等级应避免三级，杜绝四级。工序能力指数评价情况如表 4-1 所示。

表 4-1　　　　　　　　　　　　　　工序能力指数评价情况

工序能力指数	工序能力等级	工序能力评价	管理措施要点
$C_p > 1.67$	特级	工序能力过高	应放宽管理或降低成本
$1.33 < C_p \leqslant 1.67$	一级	工序能力足够	非重要工序，可放宽检查
$1.00 < C_p \leqslant 1.33$	二级	工序能力尚可	仍然需要严管，否则会出现不合格产品
$0.67 < C_p \leqslant 1.00$	三级	工序能力不足	应采取措施予以提高
$C_p \leqslant 0.67$	四级	工序工能太低	不可接受，应停工整顿

（4）工序能力指数的计算公式随技术标准类型的不同而有所差异。

质量标准规定的公差下限为 T_L（低于该限值者为不合格）、公差上限为 T_U（超过该限值者亦为不合格），则产品合格范围（区间）的大小称为公差带 T，如式（4-3）所示。公差中心为 M，如式（4-4）所示。

$$T = T_U - T_L \tag{4-3}$$

$$M = (T_L + T_U)/2 \tag{4-4}$$

技术标准共有四种类型：

1）双向公差且标准中心与分布中心相一致时。这种情况下的工序能力指数可按定义式（4-2）进行计算，其中标准差根据具体情况可采用总体值，也可采用样本值，如式（4-5）所示。

$$C_p = T/6S \tag{4-5}$$

根据正态分布，可以计算出超出公差上限 T_U 的不合格品率 P_U 和超出公差下限 T_L 的不合格品率 P_L，由对称关系应有 $P_L = P_U$，所以产品的不合格品率如式（4-6）所示。图例如图 4-3 所示。

$$p = P_U + P_L = 2P_L = 2\phi\left(\frac{T_L - \mu}{\sigma}\right) = 2\phi\left(\frac{T_L - \overline{x}}{S}\right) \tag{4-6}$$

2）双向公差，分布中心和标准中心有偏移时。当质量分布中心和公差中心不重合时，必定发生偏移，如图 4-3 所示。偏移量用 E 表示，则有 $E = M - \mu$，其值为正说明质量分布中心向左偏移，其值为负则表明质量分布中心向右偏移。定义偏移系数如式（4-7）所示：

$$k = \frac{|E|}{T/2} \tag{4-7}$$

考虑偏移影响的工序能力指数用 C_{pk} 表示，可按式（4-8）近似计算：

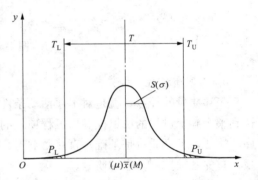

图 4-3　质量分布中心与公差中心重合

$$C_{pk} = (1 - k)C_p \tag{4-8}$$

根据正态分布，可以计算出超出公差上限 T_U 的不合格品率 P_U 和超出公差下限 T_L 的不合格品率 P_L，产品的不合格品如式（4-9）所示。图例如图 4-4 所示。

$$p = P_U + P_L = 1 - \phi\left(\frac{T_U - \overline{x}}{S}\right) = \phi\left(\frac{T_L - \overline{x}}{S}\right) \tag{4-9}$$

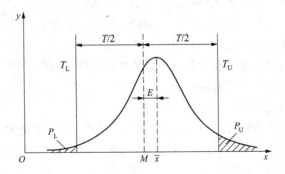

图 4-4　质量分布中心与公差中心不重合

3）单向公差的情况。有些情况下，质量标准只规定单向的界限，例如工程材料强度、产品寿命、可靠性等，要求不低于某个下限值，而对上限却不做要求，如图 4-5（a）所示；

而有时又只有上限要求，例如设备噪声、产品的形位公差（同心度、平行度以及垂直度等）、原材料所含杂质等，其下限越小越好，只要规定一个上限就可以了，如图 4-5（b）所示。对于单向公差，质量分布中心就不应偏向公差界限一侧，以免出现超出公差限的不合格品。若规定公差下限，往往同时规定质量分布中心的下限；反之，若规定公差上限，通常会给出质量分布中心的上限。

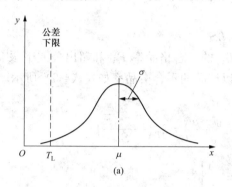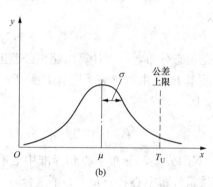

图 4-5　单向公差

4. 工序质量控制

工序质量的控制，就是对工序活动条件的质量控制和工序活动效果的质量控制，据此来达到整个施工过程的质量控制。工程项目的施工过程，是由一系列相互关联、相互制约的工序所构成，工序质量是基础，直接影响工程项目的整体质量。要控制工程项目施工过程的质量，首先必须控制工序的质量。

工序质量控制的原理是，采用数理统计方法，通过对工序一部分（子样）检验的数据，进行统计、分析，来判断整道工序的质量是否稳定、正常。若不稳定，产生异常情况，必须及时采取对策和措施予以改善，从而实现对工序质量的控制。其控制步骤如下。

（1）实测：采用必要的检测工具和手段，对抽出的工序子样进行质量检验。

（2）分析：对检验所得的数据通过直方图法、排列图法或管理图法等进行分析，了解这些数据所遵循的规律。

（3）判断：根据数据分布规律分析出的结果，如数据是否符合正态分布曲线，是否在上下控制线之间，是否在公差（质量标准）规定的范围内，是属正常状态或异常状态，是偶然性因素引起的质量变异还是系统性因素引起的质量变异等，对整个工序的质量予以判断，从而确定该道工序是否达到质量标准。若出现异常情况，即刻寻找原因，采取对策和措施加以预防，这样便可达到控制工序质量的目的。

5. 强化工序管理的必要性和重要性

（1）强化工序管理是质量管理向细度发展的必要措施。工序质量管理是一门管理科学，强调注重工序管理，可使质量管理工作进行层层分解，向着细度发展，是制约企业粗放管理的一个重要途径。

（2）强化工序管理是实现质量管理的基础和关键。建筑产品的形成过程是一系列施工工序的完成过程，质量诸要素必须在工序管理的基础上得到应有的控制。工序管理的质量控制效果不仅决定着本工序的质量，也影响着下一道工序或其他工序的质量。随着工序的进展，工程质量朝着一定趋向发展，而每道工序的质量效果构成了整个工程的质量结果。只有强化工序管理，才能使工程质量的发展处于层层受控和及时受控的状态。

(3) 强化工序管理是实现质量目标管理的重要保证。企业对工程项目进行质量管理时必须运用科学的管理方法，把宏观控制和微观控制有机地结合起来。工程质量管理的宏观控制方法一般是目标管理控制。要实现质量管理的大目标，必须做好大量的基础管理工作，以不同层次的小目标管理控制着实现工程质量的大目标。没有小目标的实现，就无法确保大目标的实现。强化工序管理就是加强微观控制程序的管理，通过工序管理实现质量小目标管理，这是实现质量大目标管理的重要保证。

总之，强化工序管理是施工企业狠抓落实质量管理时最直接、最及时、最有效、最关键的环节，具有管理目标明确，计划控制性强，管理项目具体形象，落实手段细微，经济奖罚激发敏感性强，全员、全过程管理效果好等特点，是一种行之有效的质量管理办法。

4.5.2 工序质量控制的内容

工序质量包含两方面的内容：一是工序活动条件的质量；二是工序活动效果的质量。从质量控制的角度来看，这两者是互为关联的，一方面要控制工序活动条件的质量，即人员、材料、机械设备、工艺方法和环境的质量是否符合要求；另一方面又要控制工序活动效果的质量，即每道工序施工完成后的工程产品是否达到有关质量标准。在整个施工过程中，任何一道工序的质量存在问题，都会不可避免地波及整个工程质量，所以必须严格控制工序的质量。

1. 控制工序活动条件的质量

工序施工条件是指从事工序活动的各生产要素质量及生产环境条件。其内容主要是指影响质量的因素 (4M1E)：人员、材料、机械、方法和环境。工序施工条件控制就是控制工序活动的各种投入要素，只要将这些因素切实有效地控制起来，使它们处于被控制状态，确保工序投入品的质量，避免系统性因素变异发生，就能保证每道工序质量正常、稳定。

2. 检验工序活动效果的质量

工序活动效果主要反映工序产品的质量特征和特性指标。对工序施工效果的控制就是控制工序产品的质量特征和特性指标能否达到设计质量标准以及施工质量验收标准的要求。为此，必须加强质量检验工作，采用数理统计方法进行分析，掌握质量动态。如果工序质量产生异常，应及时研究并采取相关措施予以改善，以保证工序活动效果的质量始终满足相关要求。

3. 设置工序质量控制点

在一定时期内、一定条件下进行强化管理，使工序处于良好的控制状态。凡对施工质量影响大的特殊工序、操作、施工顺序、技术、材料、机械设备、自然条件和施工环境等均可作为质量控制点。

4.5.3 质量控制点

1. 质量控制点的概念

质量控制点是指为了保证作业过程质量而确定的重点控制对象一般为关键部位或薄弱环节。设置质量控制点是保证达到施工质量要求的必要前提，监理工程师在拟订质量控制工作计划时，应予以详细地考虑，并以制度来保证落实。对于质量控制点，一般要事先分析可能造成质量问题的原因，再针对原因制定对策和措施进行预控。

2. 质量控制点的设置

(1) 设置质量控制点应考虑的因素。设置质量控制点的目的，是根据工程项目活动的具体特点，抓住影响工序质量的主要因素，对工序活动中的重要部位及薄弱环节从严控制。就一个单位工程来说，究竟应设多少个质量控制点，设在何处，本质上是个由实践决定的问题。一般来说，应考虑如下因素：

1）施工工艺：施工工艺复杂者多设，不复杂者少设。

2）施工难度：施工难度大者多设，难度不大时少设。

3）建设标准：建设标准高者多设，标准不高则少设。

4）施工单位：施工单位技术过硬者少设，否则多设。

(2) 质量控制点的对象。可作为质量控制点的对象涉及面很广，它可能是技术要求高、施工难度大的结构部位，也可能是影响质量的关键工序、操作或某一环节。总之，不论是结构部位，还是影响质量的关键工序、操作、施工顺序、技术、材料、机械、自然条件、施工环境等均可作为质量控制点来控制。概括地说，应当选择那些保证质量难度大的、对质量影响大的或者是发生质量问题时危害大的对象作为质量控制点。

1）人的行为。某些工序或操作重点应控制人的行为，避免人的失误造成质量问题。例如，高空、高温、水下的复杂模板放样，精密、复杂的设备安装，以及重型构件吊装等作业，对人的身体素质、心理活动、技术水平均有相应的较高要求。

2）物的质量与性能。施工设备和材料是直接影响工程质量和安全的主要因素，尤其是某些工序，更应将材料的质量和性能作为控制的重点。例如基础的防渗灌浆，灌浆材料的细度及可灌性、作业设备的质量、计量仪器的质量都是直接影响灌浆质量和效果的主要因素。

3）关键的操作。例如，预应力钢筋的张拉工艺操作过程及张拉力的控制，是可靠地建立预应力值和保证预应力构件质量的关键过程。

4）施工技术参数。有些技术参数与质量密切相关，必须进行严格控制。例如，对填方路堤进行压实时，对填土含水量等参数的控制是保证填方质量的关键；对于岩基水泥灌浆，灌浆压力和吃浆率，以及冬季施工时混凝土受冻临界强度等技术参数是质量控制的重要指标。

5）施工顺序。对于某些工作必须严格作业之间的顺序。例如，对于冷拉钢筋应当先对焊、后冷拉，否则会失去冷强；对于屋架固定，一般应采取对角同时施焊，以免焊接应力使已校正的屋架发生变位等。

6）技术间歇。有些作业之间的技术间歇时间性很强，如不严格控制亦会影响质量。例如，砖墙砌筑后与抹灰工序之间，以及抹灰与粉刷或喷涂之间，均应保证有足够的间歇时间；混凝土浇筑后至拆模之间也应保持一定的间歇时间；混凝土大坝坝体分块浇筑时，相邻浇筑块之间也必须保持足够的间歇时间；卷材防水屋面，必须待找平层干燥后才能刷冷底子油，待冷底子油干燥后，才能铺贴卷材。

7）新工艺、新技术、新材料的应用。当新工艺、新技术、新材料虽已通过鉴定、试验，但施工操作人员缺乏经验，又是初次进行施工时，也必须将其工序操作作为重点严加控制。

8）常见的质量通病。产品质量不稳定、不合格率较高及易发生质量通病的工序应列为重点，仔细分析，严格控制。例如，渗水、漏水、起壳、起砂、裂缝等，都与工序操作有关，均应事先研究对策，提出预防措施。

9）易对工程质量产生重大影响的施工问题。例如，混凝土被拉裂和坍塌问题，建筑物倾斜和扭转问题，液压滑模施工中的支承杆失稳问题，升板法施工中提升差的控制等，都是一旦施工不当或控制不严，即可能引起重大质量事故的问题，应作为质量控制的重点。

10）特殊地基或特种结构。例如，大孔性湿陷性黄土、膨胀土等特殊土地基的处理，大跨度和超高结构等难度大的施工环节和重要部位等都应予以特别重视。

（3）选择质量控制点的一般原则。

1）施工过程中的关键工序或环节以及隐蔽工程。例如，预应力结构的张拉工序、钢筋混凝土结构中的钢筋架立。

2）施工中的薄弱环节，或质量不稳定的工序、部位或对象。例如，地下防水层施工。

3）对后续工程施工或对后续工序质量或安全有重大影响的工序、部位或对象。例如，预应力结构中的预应力钢筋质量、模板的支撑与固定等。

4）采用新技术、新工艺、新材料的部位或环节。

5）施工上无足够把握的、施工条件困难的或技术难度大的工序或环节。例如，复杂曲线模板的放样等。

对于一项工程或一个专业工种，是否设置为质量控制点以及要设多少个，要视其对质量特性影响的大小、危害程度以及其质量保证的难度大小而定，然后按轻重主次有计划、有系统、有组织、有领导地建立，并认真开展活动，取得成效。

建筑工程质量控制点的设置位置如表 4-2 所示。

表 4-2　　　　　　　　　　　　质量控制点设置

分项工程	质量控制点
工程测量定位	标准轴线桩、水平桩、龙门板、定位轴线、标高
地基基础（含设备基础）	基坑（槽）尺寸标高、土质、地基承载力，基础垫层标高，基础位置、尺寸、标高，预留洞孔、预埋件的位置、规格、数量、基础标高、杯底弹线
砌体	砌体轴线，皮数杆，砂浆配合比，预留洞孔、预埋件位置、数量，砌块排列
模板	位置、尺寸、标高，预埋件位置，预留洞孔尺寸、位置，模板强度及稳定，模板内部清理及润湿情况
钢筋混凝土	水泥品种、强度等级，砂石质量，混凝土配合比，外加剂比例，混凝土振捣，钢筋品种、规格、尺寸、搭接长度，钢筋焊接，预留洞孔及预埋件规格、数量、尺寸、位置，预制构件吊装或出场（脱模）强度，吊装位置、标高、支承长度、焊缝长度
吊装	吊装设备起重能力、吊具、索具、地锚
钢结构	翻样图，放大样
焊接	焊接条件、焊接工艺
装修	视具体情况而定

4.5.4　工序质量的检验

工序质量的检验，就是利用一定的方法和手段对工序操作及其完成产品的质量进行实际而及时的测定、查看和检查，并将所测得的结果同该工序的操作规程及形成质量特性的技术标准进行比较，从而判断是否合格或是否优良。工序质量检验工作的内容主要有下列几项。

1. 标准具体化

标准具体化，就是把设计要求、技术标准、工艺操作规程等转换成具体而明确的质量要求，并在质量检验中正确执行这些技术法规。

2. 度量

度量是指对工程或产品的质量特性进行检测度量。其中包括检查人员的感观度量、机械器具的测量和仪表仪器的测试，以及化验与分析等。通过度量，提出工程或产品质量特征值的数据报告。

3. 比较

所谓比较，就是把度量出来的质量特征值同该工程或产品的质量技术标准进行比较，视其有何差异。

4. 判定

就是根据比较的结果来判断工程或产品的质量是否符合规程、标准的要求，并做出结论。判定要用事实、数据说话，防止主观、片面，真正做到以事实、数据为依据，以标准、规范为准绳。

5. 处理

处理是指根据判定的结果，对合格与优良的工程或产品的质量予以认证；对不合格者，则要找出原因，采取对策措施予以调整、纠偏或返工。

6. 记录

记录要贯穿于整个质量检验的过程中。就是把度量出来的质量特征值，完整、准确、及时地记录下来，以供统计、分析、判定、审核和备查用。

4.6　成　品　保　护

引入案例：

观音岩水电站为金沙江水电基地中游河段"一库八级"水电开发方案中的最后一个梯级水电站。电站水库正常蓄水位 1134 米，库容约 20.72 亿立方米，装机容量 300（5×60）万千瓦。所有机组已经于 2016 年 5 月全部投产发电，全面进入运行维护阶段。

进入运行期间后，公司对水电站的厂房功能进行完善。厂房土建、机电及金属结构安装工程等项目陆续施工。主要施工范围涉及整个厂房及外围进厂区域，具体包括：主厂房干挂石材、浮雕漆，地面水磨石晶面处理；厂房公共区域墙面处理及墙裙；进厂路面沥青化等。相关施工项目范围大，范围内涉及的仪器设备多，因此，公司根据水电站管理方式和程序的特点，特别是安全性要求，编制具有针对性的成品防护方案，防止施工过程中对已完成的项目成品造成损坏或污染，以保证在不影响水电站正常运行以及对现有成品防护的情况下，顺利完成厂房功能完善以及工程项目的优化。

最终在不影响水电站正常运行以及对现有成品防护的情况下，顺利完成施工。实践证明，成品防护在观音岩水电站的应用非常成功。

在施工过程中，有些分项、分部工程已经完成，而其他一些分项工程尚在施工，或者在其分项工程施工过程中，某些部位已经完成，而其他部位正在施工。我们把已完成的施工部分称为成品。所谓成品保护是指在建筑施工过程中通过对已完成工作面采取合理有效的措施，以保证各工序产品不受污染、损坏，避免造成人工、材料浪费而导致工程工期拖延及经济损失的一项重要工作。

4.6.1　施工顺序与成品保护

建筑工程项目是按一定的施工顺序进行施工的，合理的施工顺序主要是通过合理安排不同工作间的施工顺序先后以防止后道工序损坏或污染已完成施工的成品或生产设备。如果施工顺序组织不科学、施工无序，先行工序因故客观滞后，紧后工序未能顺延，将会导致后续工序先行，工序颠倒。因此，合理地安排施工顺序，按正确的施工流程组织施工，是进行成品保护的有效途径之一。

（1）开工前反复推敲和核实施工顺序以便成品保护，并以此编制施工组织设计。

（2）严格按照施工组织设计顺序进行施工，不得擅自更改施工顺序。

1）遵循普遍的施工顺序原则，即"先地下，后地上""先深后浅"的施工顺序，避免破坏地下管网和道路路面。

2）先做顶棚、装修，而后做地坪，以避免顶棚及装修施工污染、损害地坪。

3）先喷浆而后安装灯具，可避免安装灯具后又修理浆活，从而污染灯具。

4）提前考虑预留孔洞的位置，并合理留设，避免事后打凿破坏。

5）楼梯间和踏步饰面，宜在整个饰面工程完成后，再自上而下地进行；门窗扇的安装通常在抹灰后进行；一般先油漆，后安装玻璃。这些施工顺序，均有利于成品保护。

（3）如工期紧迫需赶工期时，需严格按照施工技术和规范要求进行，不得违背设计和规范要求提前作业。

只有合理地组织施工顺序，才可避免后道工序对前道工序的破坏和污染，从而尽可能的降低对成品的损坏、降低产品质量。

4.6.2　成品保护措施

根据需要保护的建筑产品的特点不同，在施工过程中可以分别对成品采取防护、包裹、覆盖、封闭等保护措施。具体采用何种保护措施需要根据被保护对象和施工现场的实际情况进行选取。

1. 防护

针对被保护对象的特点采取各种保护措施，防止成品发生损伤和污染。例如，为了防止清水墙面污染，在脚手架、安全网横杆、进料口四周以及临近水刷石墙面上，提前钉上塑料布或纸板；对清水墙楼梯踏步，采用护棱角铁上下连通固定；对于推车易碰部位，可在小车轴的高度钉上防护条或槽型盖铁；对于进出口台阶，应采用垫砖或搭设脚手板供人通过的方法来保护台阶；外檐水刷石大角或柱子要立板固定保护；门扇安好后加楔固定；玻璃幕墙铝框表面贴塑料薄膜等。

2. 包裹

将被保护物包裹起来，以防止损伤或污染。例如，铝合金门窗可用塑料布包扎保护；大理石或高级水磨石块柱子贴好后，可用立板包裹捆扎保护；楼梯扶手易污染变色，油漆前应裹纸保护；炉片、管道污染后不好清理，应包纸保护；电气开关、插座、灯具等设备也应包裹，防止喷浆时污染等。

3. 覆盖

用表面覆盖的办法防止堵塞或损伤。例如，预制水磨石、大理石楼梯应用木板、加气板等覆盖，以防操作人员踩踏和物体磕碰；水泥地面、现浇或预制水磨石地面，应铺干锯末保护以防止喷浆等污染；高级水磨石地面或大理石地面，应用苫布或棉毡覆盖；地漏安装后可以用木板或砖等物体遮盖以防止异物落入而被堵塞；散水交活后，为保水养护并防止磕碰，可盖一层土或砂子；其他需要防晒、防冻、保温养护的项目，也要采取适当的覆盖措施。

4. 封闭

部分成品需采取局部封闭的办法进行保护。例如，预制磨石楼梯、水泥抹面楼梯施工后，应将楼梯口暂时封闭，待达到上人强度并采取保护措施后再开放；垃圾道完成后，可将其进口封闭起来，以防止建筑垃圾堵塞通道；室内塑料墙纸或地板油漆完成后，应立即锁门；屋面防水做完后，应封闭上屋面的楼梯门或出入口；室内抹灰或浆活交活后，为调节室内温湿度，应有专人开、关外窗等；室内地面砖完成后，为防止人们随意进入而损害地面，应将该房间局部封闭；室内装修完成后，应加锁封闭，防止人们随意进入而损伤装修等。

成品保护是一项关系到建筑工程项目质量目标、进度目标、成本目标能否实现的重要工作。它贯穿于整个施工过程中，需要每一位建设项目人员参与。不论是施工过程，还是竣工前的清理过程，都应提高和加强全体员工的成品保护意识，必要时采取相应的奖罚或行政手段来保护成品，以提高建筑产品的质量，缩短工期，降低工程造价。同时不断探索、积累有效的成品管理经验，为建筑工程项目目标的实现提供有力保障全方位地为社会推出优质工程，展现出施工企业的综合实力。

第 5 章　施工项目质量问题分析与处理

知识要点：

(1) 了解施工项目质量问题的特点和原因。

(2) 了解施工项目质量的常见通病。

(3) 掌握施工项目质量问题原因的分析及处理过程。

5.1　施工项目质量问题分析处理程序

5.1.1　施工项目质量问题的特点

对施工项目质量问题进行处理，首先应该了解施工项目的特点，从其特点着手解决质量问题。施工项目质量具有复杂性、严重性、可变性和多发性等特点。

1. 复杂性

施工项目质量问题的复杂性，主要表现在引发质量问题的因素较为复杂，从而增加了对质量问题的性质、危害的分析、判断和处理的复杂性。例如施工电梯高坠事故，原因可能是电梯没有按规定进行检修，安全防护措施不到位；也可能是施工人员违反安全操作规程，未及时发现或整改安全隐患；或是施工时偷工减料，施工质量低劣；或是材料及制品不合格，擅自代用材料等。由此可见，施工项目质量问题，原因涉及的范围十分广泛。所以，在处理质量问题时，必须深入地进行调查研究，针对质量问题的特征做具体分析。

2. 严重性

施工项目质量问题，轻者影响施工的进度，拖延工期；重者给工程留下安全隐患，影响使用；更严重的是会危害人们的生命及财产安全。如某地一期项目工程，因施工现场关键岗位人员失职、施工方案的编审不合格、专家论证不到位、施工现场方案不合理等，在进行混凝土浇筑过程中，发生模板坍塌事故，造成 8 人死亡。这些问题的出现值得我们深思，对工程质量问题绝不能掉以轻心，务必及时妥善处理，以确保施工项目的安全。

3. 可变性

随着时间的变化发展，工程质量问题也会潜移默化随之悄然发生。例如，钢筋混凝土结构出现的裂缝将随着环境湿度、温度的变化而变化，或随着荷载的大小和持荷时间而变化；建筑物的倾斜，将随着附加弯矩的增加和地基的沉降而变化；混合结构墙体的裂缝也会随着温度应力和地基的沉降量而变化；甚至有的细微裂缝，也可能发展成构件断裂或结构物倒塌等重大事故。所以，在分析、处理工程质量问题时，一定要特别重视质量事故的可变性，应及时采取可靠的措施，以免事故进一步恶化。

4. 多发性

施工项目中有些质量问题，如"渗、漏、泛、堵、壳、裂、砂、锈"等，由于经常发生而成为一种"常见病"。例如，屋面、厨房渗水、漏水；墙面抹灰起壳、裂缝、起麻点、不平整；金属栏杆、管道、配件锈蚀；现浇钢筋混凝土阳台、雨篷根部开裂、倾覆或坍塌；预制构件裂缝、预埋件移位、预应力张拉不足等。施工项目中的一些"常见病"也不容小觑，一旦忽视也会产生重大事故，因此要认真总结经验教训，采取有效的措施避免重大事故发生。

5.1.2　工程质量事故的分类

1. 按事故的性质及严重程度划分

（1）一般质量事故：直接经济损失在 5000 元（含 5000 元）以上，不满 50 000 元的；影响使用功能和工程结构安全，造成永久质量缺陷的。

（2）严重质量事故：直接经济损失在 50 000 元（含 50 000 元）以上，不满 10 万元的；严重影响使用工程或工程结构安全，存在重大质量隐患的；事故性质恶劣或造成 2 人以下重伤的。

（3）重大质量事故：工程倒塌或报废；由于质量事故，造成人员伤亡或重伤 3 人以上；直接经济损失 10 万元以上。

2. 按事故造成的后果区分

（1）未遂事故：发现了质量问题，经及时采取措施，未造成经济损失、工期延误或其他不良后果者，均属未遂事故。

（2）已遂事故：凡出现不符合质量标准或设计要求，造成经济损失、工期延误或其他不良后果者，均构成已遂事故。

3. 按事故责任区分

（1）指导责任事故：指由于在工程实施中指导或领导失误而造成的质量事故。例如，由于负责人追求施工进度造成的质量事故或负责人放松质量标准造成的质量事故等。

（2）操作责任事故：指在施工过程中，由于实施操作者不按规程或标准实施操作而造成的质量事故。例如，浇筑混凝土时随意加水使强度降低造成的质量事故；混凝土拌和料产生了离析现象仍浇筑入模；压实土方含水量及压实遍数未按要求控制操作等。

4. 按质量事故产生的原因区分

（1）技术原因引发的质量事故：指在工程项目实施中由于设计、施工在技术上的失误而造成的质量事故。例如，结构设计计算错误；地质情况估计错误；盲目采用技术上不成熟、实际应用中未得到充分实践检验证实其可靠的新技术；采用了不适宜的施工方法或工艺等。

（2）管理原因引发的质量事故：主要是指由于管理上的不完善或失误而引发的质量事故。例如，施工单位或监理单位的质量体系不完善；检验制度不严密；质量控制不严格；质量管理措施落实不力；检测仪器设备管理不善而失准、进料检验不严等原因引起质量问题。

（3）社会、经济原因引发的质量事故：由于社会、经济因素及社会上存在的弊端和不正之风引起建设中的错误行为，而导致出现质量事故。例如，某些企业盲目追求利润而忽视工程质量，对质量把关不严谨，在建筑市场上杀价投标，中标后则依靠违法手段或修改方案追加工程款，或偷工减料，或层层转包，凡此种种，常常是出现重大工程质量事故的主要原因，应当给予充分的重视。因此，进行质量控制，不但要在技术方面、管理方面入手严格把住质量关，而且还要从思想作风方面入手严格把住质量关，这是更为艰巨的任务。

5.1.3　施工项目质量问题的原因

施工项目质量问题表现的形式多种多样，诸如建筑结构的错位、变形、倾斜、倒塌、破坏、开裂、渗水、漏水、刚度差、强度不足、断面尺寸不准等，但究其原因，可归纳如下。

1. 违背建设程序

如项目建设未严格执行立项、可行性研究、征地、环境影响评估、初步设计等程序；没有搞清工程地质、水文地质就仓促开工；以提供虚假资料等不正当手段取得项目审批等文件；任意修改设计，不按图纸施工；未按规定办理环境影响报批手续；项目未按规定进行节能评估和审查等。

2. 工程地质勘察原因

未认真进行地质勘察，搜集研究区域地质、地形地貌、遥感照片、水文、气象、地震等已有资料，以及工程经验和已有的勘察报告等；地质勘察时，钻孔间距太大，不能全面反映地基的实际情况，如当基岩地面起伏变化较大时，软土层厚薄相差亦甚大；地质勘察钻孔深度不够，没有查清地下软土层、滑坡、墓穴、孔洞等地层构造；地质勘察资料和报告不详细、不准确等，均会导致采用错误的基础方案，造成地基不均匀沉降、失稳，使上部结构及墙体开裂、破坏、倒塌。

3. 未加固处理好地基

对软弱土、冲填土、杂填土、湿陷性黄土、膨胀土、岩层出露、溶岩、土洞等不均匀地基未进行加固处理或处理不当，均是导致重大质量问题的原因。必须根据不同地基的工程特性，按照地基处理应与上部结构相结合，使其共同工作的原则，从地基处理、设计措施、结构措施、防水措施、施工措施等方面综合考虑治理。

4. 设计计算问题

设计考虑不周，结构构造不合理，计算简图不正确，计算荷载取值过小，内力分析有误，沉降缝及伸缩缝设置不当，悬挑结构未进行抗倾覆验算等，都是诱发质量问题的隐患。

5. 建筑材料及制品不合格

诸如：钢结构强度和韧度达不到要求，钢筋物理力学性能不符合标准；水泥受潮、过期、结块、安定性不良；砂石杂质含量大，泥土含量太高，混合搅入混凝土中，均会影响混凝土强度、和易性、密实性、抗渗性，导致混凝土结构强度不足、裂缝、渗漏、蜂窝、露筋等质量问题；预制构件断面尺寸不准，支承锚固长度不足，未可靠建立预应力值，钢筋漏放、错位，板面开裂等，必然会出现断裂、垮塌。

6. 施工和管理问题

许多工程质量问题，往往是由施工和管理所造成的。

（1）现场作业人员素质低。不熟悉图纸，盲目施工，未经会审，仓促施工；未经监理、设计部门同意，擅自修改设计，不按图施工等。

（2）质量控制过程复杂。不按有关施工验收规范施工，如现浇混凝土结构不按规定的位置和方法任意留设施工缝；不按规定的强度拆除模板；砌体不按组砌形式砌筑，留直槎不加拉结条，在小于 1m 宽的窗间墙上留设脚手眼等。

（3）不按有关操作规程施工。如用插入式振捣器捣实混凝土时，不按插点均布、快插慢拔、上下抽动、层层扣搭的操作方法，致使混凝土振捣不实，整体性差；又如，砖砌体包心砌筑，上下通缝、灰浆不均匀饱满、游丁走缝、不横平竖直等都是导致砖墙、砖柱破坏、倒塌的主要原因。

（4）缺乏基本结构知识，施工时蛮干。如将钢筋混凝土预制梁倒放安装；将悬臂梁的受拉钢筋放在受压区；结构构件吊点选择不合理，不了解结构使用受力和吊装受力的状态；施工中在楼面超载堆放构件和材料等，均将给质量和安全造成严重的后果。

（5）施工管理紊乱，施工方案考虑不周，施工顺序错误。技术组织措施不当，技术交底不清，违章作业，不重视质量检查和验收工作等，都是导致质量问题的祸根。

（6）安全意识不强，责任不明确。企业安全管理人员没有受过系统性专业培训，管理水平普遍不高；工程监理单位只重视施工质量、进度和投资控制，并未监控好监理单位。

7. 自然条件原因

施工项目周期长、露天作业多，受自然条件影响大，温度、湿度、日照、雷电、供水、大风、暴雨等都能造成重大的质量事故，施工中应特别重视，及时采取有效措施予以预防。

8. 建筑结构使用问题

建筑物使用不当，亦易造成质量问题。如不经校核、验算，就在原有建筑物上任意加层；使用荷载超过原设计的容许荷载；任意开槽、打洞，削弱承重结构的截面等。

5.1.4　施工质量问题分析处理的目的及程序

1. 施工项目质量问题分析处理的目的

（1）正确分析和妥善处理发生的质量问题，及时控制问题以创造稳定的施工条件。

（2）保证建筑物、构筑物的安全使用，减少事故损失。

（3）总结经验教训，预防事故再次发生。

（4）做好防控措施，避免问题的再次发生，并设计合理的简图、修订规范、规程和有关技术措施为今后的工作提供依据。

2. 施工项目质量问题分析处理的程序

当施工项目出现质量问题或事故时，首先，应该停止存在质量问题的部门及其相关部门所应进行的下一步工作，并介绍事故部门的施工进展以及相关的项目情况，必要时还应采取相应的防护措施并及时上报主管部门。对质量问题进行调查研究，主要明确问题的范围、程度、性质、影响和原因，力求全面、准确、客观。

其次，要整理、撰写事故调查和分析报告，其内容主要包括：工程概况，主要是重点介绍有关事故部门的工程情况；事故情况，事故发生的时间、性质、现状及发展变化情况；防护措施，采取的临时预备防护措施；事故调查中的数据、资料；事故原因的初步判断；事故涉及人员与主要责任者的情况。

再次，进行事故具体原因分析。原因分析要进行具体的调查，涉及勘察、设计、施工、材质、使用管理等几方面，只有对调查提供的数据、资料进行详细分析后，才能去伪存真，找到造成事故的主要原因。

最后，事故的处理要建立在原因分析的基础上。当事故原因的分析不具体且不会产生严重后果的情况下，不要急于求成，应继续调查分析，以免造成同一事故多次处理的不良后果。具体的质量问题分析和处理程序如图 5-1 所示。事故处理的基本要求是：安全可靠，不留隐患，满足建筑功能和使用要求，技术可行，经济合理，施工方便。在事故处理中，还必须加强质量检查和验收。对每一个质量事故，无论是否需要处理都要经过分析，做出明确的结论。

3. 质量问题不做处理的论证

施工项目的质量问题，并非都要进行处理，有些质量缺陷虽已超出国家标准规范要求，

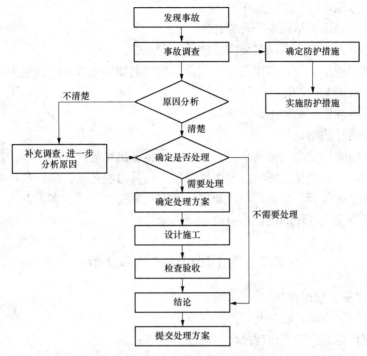

图 5-1　质量问题分析、处理程序框图

但可以视工程具体问题进行具体分析。总之，对质量问题的处理，要实事求是，既不能掩饰，也不能扩大，以免造成不必要的经济损失和延误工期。以下几种情况为无须做处理的质量问题。

（1）不影响结构安全、生产工艺和使用要求。例如，有的建筑物在施工中发生了错位，若要纠正，困难较大，或将造成重大的经济损失。经分析论证，只要不影响工艺和使用要求，可以不做处理。

（2）检验中的质量问题，经论证后可不做处理。例如，混凝土试块强度偏低，而实际混凝土强度经测试论证已达到要求，就可不做处理。

（3）某些轻微的质量缺陷，通过后续工序可以弥补的，可不处理。例如，混凝土墙板出现了轻微的蜂窝、麻面，而该缺陷可通过后续工序抹灰、喷涂、刷白等进行弥补，则无须对墙板的缺陷进行处理。

（4）对出现的质量问题，经复核验算，仍能满足设计要求者，可不做处理。例如，结构断面被削弱后，仍能满足设计的承载能力，但这种做法实际上是在挖设计的潜力，因此需要特别慎重。

4. 质量问题处理的鉴定

质量问题处理是否能达到预期目的，是否留有隐患，需要通过检查验收来做出结论。事故处理质量检查验收，必须严格按施工验收规范中的有关规定进行，必要时，还要通过实测实量、荷载试验、取样试压、仪表检测等方法来获取可靠的数据。这样，才可能对事故做出明确的处理结论。

事故处理结论的内容有以下几种情况：

（1）事故已排除，可以继续施工；

（2）隐患已经消除，结构安全可靠；

（3）经修补处理后，完全满足使用要求；

（4）基本满足使用要求，但附有限制条件，如限制使用荷载、限制使用条件等；

（5）对耐久性影响的结论；

（6）对建筑外观影响的结论；

（7）对事故责任的结论等。

此外，对一时难以做出结论的事故，还应进一步提出观测检查的要求。

事故处理后，还必须提交完整的事故处理报告，其内容包括：事故调查的原始资料、测试数据；事故的原因分析、论证；事故处理的依据；事故处理的方案、方法及技术措施；检查验收记录；事故无须处理的论证；事故处理结论等。

5.2　施工项目质量通病防治

5.2.1　最常见的质量通病

（1）基础不均匀下沉，墙身开裂；

（2）现浇钢筋混凝土工程出现蜂窝、麻面、露筋；

（3）现浇钢筋混凝土阳台、雨篷根部开裂或倾覆、坍塌；

（4）砂浆、混凝土配合比控制不严，任意加水，强度得不到保证；

（5）屋面、厨房渗水、漏水；

（6）墙面抹灰起壳、裂缝、起麻点、不平整；

（7）地面及楼面起砂、起壳、开裂；

（8）门窗变形，缝隙过大，密封不严；

（9）水暖电卫安装粗糙，不符合使用要求；

（10）结构吊装就位偏差过大；

（11）预制构件裂缝，预埋件移位，预应力张拉不足；

（12）砖墙接槎或预留脚手眼不符合规范要求；

（13）金属栏杆、管道、配件锈蚀；

（14）墙纸粘贴不牢、空鼓、折皱，压平起光；

（15）饰面板、饰面砖拼缝不平、不直，空鼓，脱落；

（16）喷浆不均匀，脱色、掉粉等。

质量通病，面大量广，危害极大；消除质量通病，是提高施工项目质量的关键环节。质量通病问题虽然涉及面较广，但其重要程度不可忽视，需要参与项目施工的执行者、指挥者和管理者增强质量意识。认真把握质量关，牢固树立"质量第一"的观念；认真遵守施工程序和操作规程；认真贯彻执行技术责任制；认真坚持质量标准，严格检查，实行层层把关；认真总结产生质量通病的经验教训，采取有效的预防措施。要消除质量通病，是完全可以办到的。

5.2.2　质量通病的原因分析及防治措施

对质量通病的防治，同样要在调查的基础上分析其原因，方能达到"对症下药，药到病除"的目的。以下就几种常见质量通病，举例阐明其原因及防治措施。

1. 混凝土蜂窝

(1) 现象：混凝土结构局部出现酥松、砂浆少、石子多、石子之间形成类似蜂窝的空隙。

(2) 原因分析：混凝土配合比不当或砂、石子、水泥材料加水量计量不准，造成砂浆少、石子多；混凝土搅拌时间不够，未拌和均匀，和易性差，振捣不密实；下料不当或下料过高，未设串筒使石子集中，造成石子、砂浆离析；混凝土未分层下料，振捣不实，或漏振，或振捣时间不够；模板缝隙未堵严，水泥浆流失；钢筋较密，使用的石子粒径过大或坍落度过小；基础、柱、墙根部未稍加间歇就继续浇灌上层混凝土。

(3) 防治与治理措施：认真设计、严格控制混凝土配合比，经常检查，计量准确，混凝土拌和均匀，坍落度合适；混凝土下料高度超过 2m 应设串筒或溜槽；浇灌应分层捣固，防止漏振；模板缝应堵塞严密，浇灌时应随时检查模板支撑情况防止漏浆，基础、柱、墙根部应在下部浇完间歇 1~5h，沉实后再浇上部混凝土，避免出现"烂脖子"。小蜂窝，洗刷干净后，用 1∶2 或 1∶2.5 水泥砂浆抹平压实；较大蜂窝，凿去蜂窝薄弱松散颗粒，刷洗净后，支模用高一级细石混凝土仔细填塞捣实；较深蜂窝，如清除困难，可埋压浆管、排气管、表面抹砂浆或灌筑混凝土封闭后，进行水泥压浆处理。

2. 混凝土麻面

(1) 现象：混凝土局部表面出现缺浆和许多小凹坑、麻点，形成粗糙面，但无钢筋外露现象。

(2) 原因分析：模板表面粗糙或黏附水泥浆渣等杂物未清理干净，拆模时混凝土表面被粘坏；模板未浇水湿润或湿润不够，构件表面混凝土的水分被吸去，使混凝土失水过多造成麻面；模板拼缝不严，局部漏浆；模板隔离剂涂刷不匀，或局部漏刷或失效，混凝土表面与模板黏结造成麻面；混凝土振捣不实，气泡未排出，停在模板表面形成麻点。

(3) 防治与治理措施：模板表面清理干净，不得粘有水泥砂浆等杂物。浇灌混凝土前，模板应浇水充分湿润，模板缝隙应用油毡纸、腻子等堵严；模板隔离剂应选用长效的，涂刷均匀，不得漏刷；混凝土应分层均匀振捣密实，至排除气泡为止。表面做粉刷的可不做处理，表面无粉刷的，应在麻面部位浇水充分湿润后，用原混凝土配合比石子砂浆，将麻面抹平压光。

3. 混凝土缝隙、夹层

(1) 现象：混凝土内成层存在水平或垂直的松散混凝土。

(2) 原因分析：施工缝或变形缝未经接缝处理、清除表面水泥薄膜和松动石子，或未除去软弱混凝土层并充分湿润就浇筑混凝土；施工缝处锯屑、泥土、砖块等杂物未清除或未清除干净；混凝土浇灌高度过大，未设串筒、溜槽，造成混凝土离析；底层交接处未灌接缝砂浆层，接缝处混凝土未很好振捣。

(3) 防治与治理措施：认真按施工验收规范要求处理施工缝及变形缝表面；接缝处的锯屑、泥土、砖块等杂物应清理干净并洗净；混凝土浇灌高度大于 2m 时应设串筒或溜槽；接缝处浇灌前应先浇 5~10cm 厚原配合比无石子砂浆，或 10~15cm 厚减半石子混凝土，以利结合良好，并加强接缝处混凝土的振捣密实。缝隙夹层不深时，可将松散混凝土凿去，洗刷干净后，用 1∶2 或 1∶2.5 水泥砂浆强力填嵌密实；缝隙夹层较深时，应清除松散部分和内部夹杂物，用压力水冲洗干净后支模，强力灌细石混凝土或将表面封闭后进行压浆处理。

4. 卷材屋面漏水

（1）现象：屋面防水施工完成后在使用过程中出现脱开、拉裂、泛水、渗水等情况。

（2）原因分析：成品保护不好，破坏了防水层引起漏水；屋面变形缝，如伸缩缝、沉降缝等没有按规定附加干铺卷材，或铁皮凸棱安反，铁皮向中间泛水，造成变形缝漏水；变形缝、缝隙塞灰不严，铁皮没有泛水；天沟部位纵向坡度未按设计要求进行施工，雨水口处未按要求比周围低，雨水口周围没有封严等原因造成漏水；防水层较薄，混凝土配合比设计不当，施工振捣不密实，收光、压光不好，早期干燥脱水，后期养护不良，山墙、女儿墙等局部构造不合理、施工处理不妥，以及温度应力作用等，致使屋面开裂渗水、漏水。

（3）防治与治理措施：铺贴卷材后一定要加强成品的保护，不得在上部进行其他项目的施工，人员也不得随意在上面踩踏；铺贴卷材时一定要注意节点的施工，卷材口的收口处要钉牢，封口的砂浆要严密、可靠；变形缝要严格按照设计要求和规范施工，铁皮安装注意顺水流方向搭接，做好泛水并钉装牢固，缝隙填塞严密；女儿墙砌筑时注意砌筑质量，不能因女儿墙不是承重结构而忽略施工质量，同时，转角处一定按规范要求做成钝角或圆角；天沟施工时，严格按设计坡度进行施工，雨水口等部位比周围低，保证天沟内不积水，排水通畅，雨水口周围粘贴要格外认真。

5. 内墙面抹灰层空鼓、裂缝

（1）现象：内墙面抹灰层空鼓、裂缝。

（2）原因分析：基层处理不好，清扫不干净，浇水不透；墙面平整度偏差太大，一次抹灰太厚；砂浆和易性、保水性差，硬化后黏结强度差；各层抹灰层配比相差太大；没有分层抹灰。

（3）防治与治理措施：抹灰前对凹凸不平的墙面必须剔凿平整，凹陷处用 1∶3 水泥砂浆找平；基层太光滑则应凿毛，或用 1∶1 水泥砂浆加 10％107 胶先薄薄刷一层；墙面脚手架洞和其他孔洞等抹灰前必须用 1∶3 水泥砂浆浇水堵严抹平；基层表面污垢、隔离剂等必须清除干净；砂浆和易性、保水性差时可掺入适量的石灰膏或加气剂、塑化剂；加气混凝土基层面抹灰的砂浆不宜过高；基层抹灰前水要湿透。

6. 地面起砂

（1）现象：地面表面粗糙，光洁度差，颜色发白，不坚实。走动后表面先有松散的水泥灰，用手抹时像干水泥面，随着走动次数的增多，砂粒逐步松动或有成片水泥硬壳剥落，露出松散的水泥和砂子。

（2）原因分析：水泥砂浆拌合物的水灰比过大，即砂浆稠度过大；地面压光时间过早或过迟；养护不适当；水泥地面尚未达到足够的强度就上人走动或进行下道工序施工，使地表面遭受摩擦等作用，导致地面起砂；水泥地面在冬季低温施工时，若门窗未封闭或无供暖设备，容易受冻；原材料不合要求，水泥标号低，或用过期结块水泥、受潮结块水泥，这种水泥活性差，影响地面面层强度和耐磨性能。

（3）防治与治理措施：严格控制水灰比；掌握好面层的压光时间，水泥地面的压光一般不少于三遍；水泥地面压光后，应视气温情况，一般在一昼夜后进行洒水养护，或用草帘、锯末覆盖后洒水养护；合理安排施工流向，避免上人过早；在低温条件下抹水泥地面，应防止早起受冻。

7. 卫生间地下埋设管道漏水

(1) 现象：管道通水后，地面或墙角处局部返潮、汪水，甚至从孔缝处冒水，严重影响使用。

(2) 原因分析：管道安装后，没有认真进行水压试验，管道裂缝、零件上的砂眼以及接口处渗漏，没有及时发现并解决；管道支墩位置不合适，受力不均匀，造成丝头断裂，尤其当管道变径使用管补心以及丝头超长时更易发生；北方地区管道试水后，没有及时把水泄净，在冬季造成管道或零件冻裂漏水；管道埋土夯实方法不当，造成管道接口处受力过大，丝头断裂。

(3) 防治与治理措施：严格按照施工规范进行管道水压试验，认真检查管道有无裂缝，零件和管丝头是否完好；管道支墩间距要合适，支垫要牢靠，接口要严密，变径不得使用管补心，应该用异径管箍；冬期施工前将管道内积水认真排泄干净，防止结冰冻裂管道或零件；管道周围埋土要用手分层夯实，避免管道局部受力过大，丝头损坏。

8. 现浇钢筋混凝土工程出现蜂窝、麻面、露筋

(1) 现象：混凝土不仅承担抗压的任务，而且还起到保护钢筋的作用。如果混凝土出现了蜂窝、麻面、露筋，则空气中的水汽和二氧化碳较易慢慢侵入混凝土内部而腐蚀钢筋，混凝土的强度会降低，抗渗等性能亦将减弱；钢筋锈蚀后，体积膨胀，混凝土剥落，钢筋和混凝土的有效面减小，直接影响结构的安全。

(2) 原因分析：模板厚薄不均，拼缝不严，支撑变形或不合要求，在浇灌混凝土前，模板又未浇水润湿，灌筑混凝土时，振捣不均匀，有漏振或振得太久的现象；有的是侧面拆模太早，混凝土还没有达到一定的强度；有的是钢筋位置不正确，钢筋旁边的混凝土保护层不足等。

(3) 防治与治理措施：当发现了蜂窝、麻面和露筋现象后，必须全部凿掉，并用钢丝刷刷洗干净，浇水湿润，然后用比原混凝土强度等级高一级的细石混凝土填补压实，或者采用喷浆的办法。总之，应严格按规范要求处理，决不可任意抹掉，错上加错，隐瞒质量事故，给工程留下隐患。

9. 水暖电卫安装粗糙，不合使用要求

常见通病有以下几项：

(1) 暖气包的组装不平整，距墙及窗口位置不居中。

(2) 地漏子标高不当，流向不集中（按规定应比地面低 5～10mm）。

(3) 上、下水及暖气不做试压就交付使用。

(4) 与土建配合不好，到处打洞凿眼。

(5) 开关箱安装位置参差不齐，距地面高低不一，配电箱的防腐措施不好等。

水、暖、电、卫是建筑工程的重要组成部分，其质量好坏，直接影响使用效果。以上这些质量通病，只要严格按照设计要求和施工规范进行，并且要求土建和安装单位在施工之前共同会审图纸，在施工过程中加强配合、协作，是完全可以避免的。

5.3　施工项目质量问题分析示例

施工项目质量问题的分析，是正确拟定质量事故处理方案的前提，是明确质量事故责任的依据。为此，要求对质量问题的分析力求全面、准确、客观；对事故的性质、危害、原因、责

任都不能遗漏；要有科学的论证和判断；言之有理，论之有据，方能达到统一认识的目的。

5.3.1　墙体裂缝分析

在混合结构中墙体裂缝是常见的质量问题，引起裂缝的原因有地基不均匀沉降、温度应力、地震力、膨胀力、冻胀力、荷载和施工质量等。现就地基不均匀沉降和温度应力引起墙体裂缝的特征分析如下。

1. 地基不均匀沉降引起墙体裂缝分析

房屋的全部荷载最终通过基础传给地基，而地基在荷载作用下，其应力随深度而扩散，深度大，扩散越大，应力越小；在同一深处，也总是中间最大，向两端逐渐减小。也正是由于土壤这种应力的扩散作用，即使地基地层非常均匀，房屋地基应力分布仍然是不均匀的，从而使房屋地基产生不均匀沉降，即房屋中部沉降多，两端沉降少，形成微向下凹的盆状曲面的沉降分布。在地质较好、较均匀，且房屋的长高比不大的情况下，房屋地基不均匀沉降的差值是比较小的，一般对房屋的安全使用不会产生多大的影响。但当房屋修建在淤泥土质或软塑状态的黏性土上时，由于土的强度低、压缩性大，房屋的绝对沉降量和相对不均匀沉降量都可能比较大。如果房屋设计的长度比较大，整体刚度差，而对地基又未进行加固处理，那么墙体就可能出现严重的裂缝。裂缝对称地发生在纵墙的两端，向沉降较大的方向倾斜，沿着门窗洞口约成 45°，呈正八字形，且房屋的上部裂缝小，下部裂缝大（图 5-2）。这种裂缝，必然是地基附加应力作用使地基产生不均匀沉降而形成的。

当房屋地基土层分布不均匀，土质差别较大时，则往往在不同土层的交接处或同一土层厚薄不一处出现较明显的不均匀沉降，造成墙体开裂，其裂缝上大下小，向土质较软或土层较厚的方向倾斜（图 5-3）。

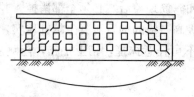

图 5-2　附加应力引起地基
不均匀沉降裂缝

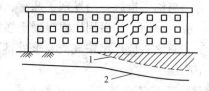

图 5-3　地基土层分布不均
1—不同土层；2—同一土层

在房屋高差较大或荷载差异较大的情况下，当未留设沉降缝时，也容易在高低和较重的交接部位产生较大的不均匀沉降裂缝。此时，裂缝位于层数低的荷载轻的部分，并向上朝着层数高的荷载重的部分倾斜（图 5-4）。

当房屋两端土质压缩性大、中部小时，沉降分布曲线将成凸形，此时，往往除了在纵墙两端出现向外倾斜的裂缝外，也常在纵墙顶部出现竖向裂缝（见图 5-5）。

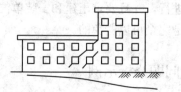

图 5-4　房屋荷载差异大时
地基不均匀沉降

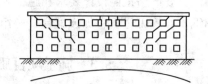

图 5-5　地基两端沉降大、
中间小

　　在多层房屋中，当底层窗台过宽时，也往往容易因荷载由窗间墙集中传递，使地基不均匀沉降，致使窗台在地基反力作用下产生反向弯曲，引起窗台中部的竖向裂缝。

　　此外，新建房屋的基础若位于原有房屋基础之下，则要求新、旧基础底面的高差 h 与净距 L 的比值应小于 $0.5 \sim 1$；否则，新建房屋的荷载作用会使地基沉降而引起原有房屋、墙体裂缝。同理，在相邻的高层和低层房屋施工中，亦应本着先高、重、后低、轻的原则组织施工；否则若先施工了低层房屋后再施工高层房屋，则也会造成低层房屋墙体的开裂。

　　从以上分析可知，裂缝的分布与墙体的长高比有密切关系，长高比大的房屋因刚度差，抵抗变形能力差，故容易出现裂缝；因纵墙的长高比大于横墙的长高比，所以大部分裂缝发生在纵墙上。裂缝的分布与地基沉降分布曲线密切相关，当沉降分布曲线为凹形时，裂缝较多地发生在房屋下部，裂缝宽度下大上小；当沉降分布曲线为凸形时，裂缝较多地发生在房屋的上部，裂缝宽度上大下小。裂缝分布与墙体的受力特点密切相关，在门窗洞口处、平面转折处、层高变化处，由于应力集中，往往也容易出现裂缝；又因墙体是受剪切破坏，其主拉应力为 $45°$，所以裂缝也成 $45°$ 倾斜。

　　为了防止地基不均匀沉降引起墙体开裂，首先应处理好软土地基和不均匀地基，但在拟定地基加固和处理方案时，又应将地基处理和上部结构处理结合起来考虑，使其能共同工作；不能单纯从地基处理出发，否则，不仅费用大，且效果亦差。在上部结构处理上有：改变建筑物体型；简化建筑物平面；合理设沉降缝；加强房屋整体刚度（如增加横墙、增设圈梁，采用筏式基础、箱形基础等）；采用轻型结构、柔性结构等。

　　2. 温度应力引起墙体裂缝分析

　　一般材料均有热胀冷缩的性质，房屋结构由于周围温度变化引起热胀冷缩变形，称为温度变形。如果结构不受任何约束，在温度变化时能自由变形，那么结构中就不会产生附加应力。如果结构受到约束而不能自由变形时，则将在结构中产生附加应力或称温度应力。由温度应力引起结构的伸缩值，可由下式计算：

$$\Delta L = (t_1 - t_2) \cdot \alpha \cdot L \tag{5-1}$$

式中　$t_1 - t_2$——温差；

　　　　α——材料线膨胀系数；

　　　　L——结构长度。

　　由于钢筋混凝土的线膨胀系数 $\alpha = 1.08$，而普通砖砌体的线膨胀系数为 0.5，在相同温差下，钢筋混凝土结构的伸长值要比砖砌体大一倍左右。所以，在混合结构中，当温度变化时，钢筋混凝土屋盖、楼盖、圈梁等与砖墙伸缩不一，必然彼此相牵制而产生温度应力，使房屋结构开裂破坏。

　　温度应力引起墙体裂缝一般有以下几种情况。

　　（1）八字形裂缝。如图 5-6 所示，当外界温度上升时，外墙本身沿长度方向将有所伸长，但屋盖部分（特别是直接暴露在大气中的钢筋混凝土屋盖）的伸长值却大得多。从屋盖与墙体连接处切开来看，屋盖伸长对墙体产生附加水平推力，使墙体受到屋盖的推力而产生剪应力，剪应力

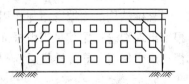

图 5-6　墙体八字形裂缝

和拉应力又引起主拉应力，当主拉应力过大时，将在墙体上产生八字形裂缝。由于剪应力的分布大体是中间为零，两端最大，因此八字形裂缝多发生在墙体两端，一般占二三个开间，

且发生在顶层墙面上。

（2）水平裂缝和包角裂缝。平屋顶房屋，有时在屋面板底部附近或顶层圈梁附近出现沿外墙顶部的纵向水平裂缝和包角裂缝，这是由于屋面伸长或缩短引起的向外或向内的推、拉力而产生的，包角裂缝实际上是水平裂缝的一种形式，是外横墙和纵墙的水平裂缝连接起来形成的，在这种情况下，下面一般不会再出现八字形裂缝。有时，外纵墙的水平裂缝也会出现在顶层的窗台水平处。

（3）女儿墙根部和竖向裂缝。女儿墙根部由于受到屋面伸长或缩短引起的向外或向内的推、拉力，导致出现砌体外凸或女儿墙外倾现象，形成水平裂缝。有时，由于钢筋混凝土屋面的收缩，也可能使女儿墙处于偏心受压状态，从而造成女儿墙上部沿竖向开裂。

此外，在楼梯间两侧或有错层处的墙体将易产生局部的竖向裂缝，这是由于楼面收缩产生较大的拉力所致。

影响房屋伸缩而出现裂缝的原因很多且复杂，以上所述的仅是一些常见的情况。为了减少温度应力的影响，可采取以下技术措施：合理地设伸缩缝；避免楼面错层和伸缩缝错位；加强屋面保温、隔热；用油毡夹滑石粉或铁皮将屋面板和墙体隔离，并在女儿墙根部留一定空隙，使其能自由伸缩且有伸缩余地；采用蓄水屋面或种植屋面；女儿墙设构造柱；加强结构的薄弱环节，提高其抗拉强度等。

5.3.2　悬挑结构坍塌分析

悬挑结构坍塌实例较多，一是整体倾覆坍塌，二是沿悬臂梁、板的根部断塌。其主要原因如下。

1. 稳定力矩小于倾覆力矩

悬挑结构是靠压重或外加拉力来保持稳定的，要求抗倾覆的安全因素不小于1.5，若稳定力矩小于倾覆力矩时，必然失稳，倾覆坍塌。如雨篷、挑梁，若梁上压重（砌砖的高度）不能满足稳定要求，当拆除支撑、模板时，即会产生坍塌事故。

2. 模板支撑方案不当

悬挑结构根部受力最大，当混凝土浇筑后，尚未达到足够强度时，模板支撑产生沉降，根部混凝土随即开裂，拆模后将从根部产生断裂坍塌；若悬挑结构为变截面时，施工时将模板做成等截面外形，而造成根部断面减小，拆模后也会造成断塌事故。

3. 钢筋错位、变形

悬挑结构根部负弯矩最大，主筋应配在梁板的上部。若施工时将钢筋放在下部，或被踩踏向下变形过大，或锚固长度不够等，拆模后，均会导致根部断塌。

4. 施工超载

悬挑结构的固端弯矩与作用荷载成正比，如施工荷载超过设计荷载，当模板下沉时就在根部出现裂缝；尤其是当由根部向外浇筑混凝土时，随着荷载增加，模板变形，也极容易在根部产生裂缝，导致拆模后断裂。

5. 拆模过早

不少悬挑结构断塌事故都是由于拆模过早，混凝土未达到足够强度所造成。所以，规范规定，跨度小于2m的悬臂梁及板，混凝土拆模强度应大于等于70%；跨度大于2m的悬臂梁及板，混凝土的拆模强度为100%。

5.3.3　钢筋混凝土柱吊装断裂事故分析

1. 事故概况

某工程项目 C 列柱为等截面柱，长 12m，断面为 400mm×600mm；采用对称配筋，每边为 4φ16，构造筋为 2φ12；混凝土强度等级为 C20，吊装时已达 100% 强度；柱为平卧预制，一点起吊；吊点距柱顶 2m；刚吊离地面时，在柱脚与吊点之间离柱脚 4.8m 左右产生裂缝，裂缝沿底面向两侧面延伸贯通，最大宽度达 1.3mm，使柱子产生断裂现象（图 5-7）。

2. 事故原因分析

此事故的主要原因是：柱平卧预制吊装，吊点受力与使用受力不一致；吊点选择不合理，吊装弯矩过大，其抗弯强度和抗裂度不能满足要求。现予以分析验算如下。

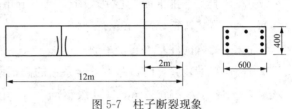

图 5-7　柱子断裂现象

(1) 吊点选择不符合吊装弯矩 M_{Dm} 最小的原则。

柱子吊装弯矩的大小与吊点的位置密切相关，为了使柱子在吊装过程中不因吊装弯矩过大而遭到破坏，其吊点选择原则为：必须力求吊装弯矩最小。为此，对等截面柱，当一点起吊时，应使 $|M_{\max}|=|-M_D|$，即跨中最大正弯矩与吊点处负弯矩的绝对值相等（见图 5-8）。据此求得吊点位置在距柱顶 $0.293L$（L 为柱长）处。当 $L=12\text{m}$ 时，吊点距柱顶应为 $0.293 \times 12 = 3.5\text{m}$。原吊点离柱顶为 2m，故不符合吊装弯矩最小的原则，吊装时必然使跨中最大弯矩的绝对值大于吊点处负弯矩的绝对值，所以裂缝发生在跨中最大正弯矩的截面处。

(2) 柱子吊装中抗弯强度不够。现就按吊装弯矩最小进行验算，柱子平卧预制一点起吊，其抗弯强度也不能满足要求。验算结果如下：

1) 计算荷载 q：取钢筋混凝土重力密度为 $25\,000\text{N/m}^3$，则自重为 $0.4 \times 0.6 \times 25\,000 = 6000\text{N/m}$；动载系数为 1.3～1.5，取 1.5，则计算荷载 $q=1.5 \times 6000=9000\text{N/m}$。

2) 计算简图：按吊装弯矩最小的原则，吊点离柱顶为 3.5m，吊装时柱脚不离地，柱子刚吊离地面近似于一根悬臂的简支梁（见图 5-9）。

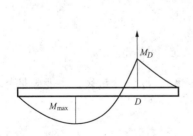

图 5-8　跨中最大正弯矩与吊点处负
弯矩的绝对值相等

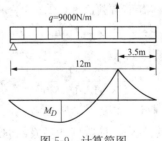

图 5-9　计算简图

3) 吊装弯矩 M_D 为：

$$M_D = 3.5 \times 9000 \times (3.5/2) = 55.125\text{kN} \cdot \text{m}$$
$$= 55.125 \times 10^6\text{N} \cdot \text{mm}$$

4）抗弯强度验算。抗弯强度近似按下式验算：

$$K = \frac{f_{yk} \cdot A_s \cdot d_0}{M_D} > 1.4 \times 0.9 = 1.26 \tag{5-2}$$

式中　K——安全系数；

　　　f_{yk}——钢筋标准强度，N/mm²；

　　　A_s——钢筋断面积，mm²；

　　　d_0——上、下排钢筋中心距（图5-10），mm；

　　　M_D——吊装弯矩，N·mm；

　　　1.4——受弯构件基本安全系数；

　　　0.9——作吊装验算时，基本安全系数的修正系数。

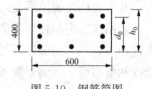

图5-10　钢筋简图

在本例中：$f_{yk} = 340$N/mm²（Ⅱ级钢筋）；A_s 仅考虑最下排 $2\phi16$ 和 $1\phi12$ 的受拉钢筋断面积为 515.1mm²。

$$d_0 = 400 - 2 \times (25 + 8) = 334\text{mm}$$

则

$$K = \frac{340 \times 515.1 \times 334}{55.125 \times 10^6} = 1.06 < 1.26$$

说明抗弯强度不够。

（3）柱子吊装中抗裂度不够。

按施工验收规范规定，钢筋混凝土构件在吊装中受拉区裂缝宽度不大于 0.2～0.3mm，而裂缝宽度与钢筋的受拉应力有关，钢筋受拉应力越大，则裂缝宽度越大。所以，在柱子吊装中常用钢筋的拉应力来控制裂缝的宽度。只要钢筋拉应力满足下式要求，说明裂缝宽度在允许范围内，能满足抗裂度要求。即

$$\sigma_S = \frac{M_D}{0.87 A_s h_0} \text{（其中 } \sigma_S \leqslant 160\text{N/mm}^2 \text{ 对 Ⅰ 级钢筋}；\sigma_S \leqslant 200\text{N/mm}^2 \text{ 对 Ⅱ 级钢筋）}$$

$$\tag{5-3}$$

式中　σ_S——钢筋的拉应力，N/mm²；

　　　M_D——吊装弯矩，N·mm；

　　　A_s——钢筋断面积，mm²；

　　　h_0——断面有效高度（图5-10），mm。

在本例中：$A_s = 515.1$mm²

$$h_0 = 400 - (25 + 8) = 367\text{mm}$$

则：$\sigma_S = \dfrac{55.125 \times 10^6}{0.87 \times 515.1 \times 367} = 335 > 200$N/mm²，说明抗裂度不能满足要求。

3. 经验教训

从上述事故中，应吸取的经验教训如下：

（1）由于柱子吊装受力与使用受力不一，故必须进行吊装验算。

（2）当吊装受力与使用受力不一时，吊点选择应符合吊装弯矩最小的原则，以免吊装弯矩过大而使柱子遭受破坏。如在本例中，按吊装弯矩最小的原则，确定吊点距柱顶为 3.5m 时，其跨中的正弯矩与吊点处的负弯矩的绝对值相等，均为 55.125×10^6N·mm；而按原吊点距柱顶为 2m 时，其跨中最大弯矩为 103.68×10^6N·mm，最大弯矩截面距柱脚为

4.8m 处。由此可见，原吊点跨中正弯矩要比按吊装弯矩最小的原则确定的吊点跨中正弯矩大 1.88 倍。该柱在离柱脚 4.8m 处出现较大裂缝，产生断裂现象，也证明了该截面处的吊装弯矩最大。

（3）当吊装受力与使用受力一致时，吊点的选择应尽可能符合使用受力的要求，如简支梁的两吊点应靠近梁的两端；悬臂梁的两吊点应在梁的两支座处。

（4）若经吊装验算，抗弯强度和抗裂度不能满足时，首先考虑翻身起吊。如本例采用翻身起吊时，则抗弯强度和抗裂度均可满足，即

$$K = \frac{340 \times 804 \times 534}{55.125 \times 10^6} = 2.64 > 1.26$$

$$\sigma_s = \frac{55.125 \times 10^6}{0.87 \times 804 \times 587} = 139 < 200\text{N/mm}^2$$

若翻身起吊仍不能满足时，则可增加吊点，改一点起吊为二点起吊，以减小吊装弯矩，或采取临时加固措施。

此外，为了便于就位、对中，确保吊装安全，构件绑扎时务必使吊钩中心线对准构件重心；水平构件吊装两点绑扎时，应分别用两根吊绳；且对等截面构件，还要求两个吊点左右对称，两根吊绳长短一致；吊绳水平夹角应大于等于 60°，不得小于 45°；严禁斜吊和起重机负荷行驶。

5.4　施工项目质量问题的处理

5.4.1　施工项目质量问题分析

1. 施工项目工序设计分析

（1）总体施工安排环节。总体施工安排是否根据项目特点，并按照《建设工程质量管理条例》的相关要求，合理安排人力、物力及施工设备。工序安排上，是否遵循地基与基础、主体结构、建筑装饰装修、专业工程、施工技术、材料及应用、检测技术、质量验收、安全卫生等施工原则进行。

（2）前期准备工作环节。首先，对项目的基本情况、特点、难点、施工方案及注意事项是否有系统认识，是否对员工的安全意识、质量意识和环保意识进行深入加强。其次，检查人员、物资、机器设备的安排是否符合标准。最后，检查相应的技术支持，包括内业技术准备和外业技术准备。

（3）施工任务分工环节。是否根据工程规模、工期要求、工程特点、施工工艺和地质条件合理配置生产要素，并以高起点、高标准、严要求的原则统筹安排，在施工准备阶段、项目施工阶段和项目收尾阶段优质地完成全部项目。

2. 施工项目质量问题处理基本要求

（1）处理应达到安全可靠，不留隐患，满足生产、使用要求，施工方便，经济合理的目的。

（2）重视消除事故的原因。这不仅是一种处理方向，也是防止事故重演的重要措施，如地基由于浸水沉降引起的质量问题，则应消除浸水的原因，制定防治浸水的措施。

（3）注意综合治理。既要防止原有事故的处理引发新的事故，又要注意处理方法的综合应用。如结构承载能力不足时，则可综合应用结构补强、卸荷，增设支撑，改变结构方案等

方法进行处理。

(4) 正确确定处理范围。除了直接处理事故发生的部位外，还应检查事故对相邻区域及整个结构的影响，以正确确定处理范围。例如，板的承载能力不足而需进行加固时，往往形成从板、梁、柱到基础均可能要予以加固的情况。

(5) 正确选择处理时间和方法。发现质量问题后，一般均应及时分析处理；但并非所有质量问题的处理都是越早越好，如裂缝、沉降、变形尚未稳定就匆忙处理，往往不能达到预期的效果，而常会进行重复处理。处理方法的选择，应根据质量问题的特点，综合考虑安全可靠、技术可行、经济合理、施工方便等因素，经分析比较，择优选定。

(6) 加强事故处理的检查验收工作。从施工准备到竣工，均应根据有关规范的规定和设计要求的质量标准进行检查验收。

(7) 认真复查事故的实际情况。在事故处理中若发现事故情况与调查报告中所述的内容差异较大时，应停止施工，待查清问题的实质，采取相应的措施后再继续施工。

(8) 确保事故处理期的安全。事故现场中不安全因素较多，应事先采取可靠的安全技术措施和防护措施，并严格检查、执行。

3. 施工项目质量问题处理报告

一般质量问题的处理，必须具备以下资料：

(1) 与事故有关的施工图；

(2) 与施工有关的资料，如建筑材料试验报告、施工记录、试块强度试验报告等；

(3) 事故调查分析报告：事故发生单位概况；事故发生经过和事故救援情况；事故造成的人员伤亡和直接经济损失；事故发生的原因和事故性质；事故责任的认定及对事故责任者的处理建议；事故防范和整改措施。

5.4.2　施工项目质量问题解决

1. 施工质量问题处理应急措施

工程中的质量问题具有可变性，往往随时间、环境、施工情况等而发生变化，有的细微裂缝可能逐步发展成构件断裂；有的局部沉降、变形，可能致使房屋倒塌。为此，在处理质量问题前，应及时对问题的性质进行分析，做出判断，对那些随着时间、温度、湿度、荷载条件变化的变形、裂缝要认真观测记录，寻找变化规律及可能产生的恶果；对那些表面的质量问题，要进一步查明问题的性质是否会转化；对那些可能发展成为构件断裂、房屋倒塌的恶性事故，更要及时采取应急补救措施。

在拟定应急措施时，一般应注意以下事项：

(1) 对危险性较大的质量事故，首先应予以场地封闭或设立警戒区，只有在确认不可能倒塌或进行可靠支护后，方准许进入现场处理，以免造成人员伤亡。

(2) 对需要进行部分拆除的事故，应充分考虑事故对相邻区域结构的影响，以免事故进一步扩大，且应制定可靠的安全措施和拆除方案，要严防对原有事故的处理引发新的事故，如"偷梁换柱"，稍有疏忽将会引起整幢房屋的倒塌。

(3) 凡涉及结构安全的，都应对处理阶段的结构强度、刚度和稳定性进行验算，提出可靠的防护措施，并在处理中严密监视结构的稳定性。

(4) 在不卸荷条件下进行结构加固时，要注意加固方法和施工荷载对结构承载力的影响。

（5）要充分考虑对事故处理中所产生的附加内力对结构的作用，以及由此引起的不安全因素。

2. 施工质量问题处理决策的辅助方法

对质量问题处理的决策，是复杂而重要的工作，它直接关系到工程的质量、费用与工期。所以，要做出对质量问题处理的决定，特别是对需要返工或不做处理的决定，应当慎重对待。在对于某些复杂的质量问题做出处理决定前，可采取以下方法做进一步论证。

（1）实验验证。即对某些有严重质量缺陷的项目，可采取合同规定的常规试验以外的试验方法进一步进行验证，以确定缺陷的严重程度。例如，混凝土构件的试件强度低于要求的标准不太大（如 10% 以下）时，可进行加载试验，以证明其是否满足使用要求。又如公路工程的沥青面层厚度误差超过了规范允许的范围，可采用弯沉试验，检查路面的整体强度等。根据对试验验证检查的分析、论证，再研究处理决策。

（2）定期观测。有些工程在发现其质量缺陷时其状态可能尚未达到稳定，仍会继续发展，在这种情况下，一般不宜过早做出决定，可以对其进行一段时间的观测，然后再根据情况做出决定。属于这类的质量缺陷，如桥墩或其他工程的基础在施工期间发生沉降超过预计的或规定的标准；混凝土或高填土发生裂缝，并处于发展状态等。有些有缺陷的工程，短期内其影响可能不十分明显，需要较长时间的观测才能得出结论。

（3）专家论证。某些工程缺陷可能涉及的技术领域比较广泛，则可采取专家论证的方法进行处理。采用这种办法时，应事先做好充分准备，尽早为专家提供尽可能详尽的情况和资料，以便使专家能够进行较充分的、全面和细致的分析、研究，提出切实的意见与建议。实践证明，采取这种方法，对重大的质量问题做出恰当处理的决定十分有益。

3. 施工质量问题处理方案

根据质量问题的性质，常见的处理方案有：封闭保护、防渗堵漏、复位纠偏、结构卸荷、加固补强、限制使用、拆除重建等。例如，结构裂缝，根据其所在部位和受力情况，有的只需要表面保护，有的需要同时做内部灌浆和表面封闭，有的则需要进行结构补强等。

在确定处理方案时，必须掌握事故的情况和变化规律。如裂缝事故，只有待裂缝发展到最宽时，进行处理才最有效。同时，处理方案还应征得有关单位对事故调查和分析的一致意见，避免事故处理后无法做出一致的结论。

处理方案确定后，还要对方案进行设计，提出施工要求，以便付诸实施。现以墙体裂缝采取"压力灌浆补缝法"的处理方案为例，说明其设计要点。

（1）原材料。水泥：32.5 等级普通硅酸盐水泥；砂：粒径不大于 1.2mm，用窗纱过筛即可；107 胶：固体含量 12%，pH 值为 7～8；也可用水玻璃：相对密度为 1.36～1.52，模数为 2.3～3.3；或二元乳液：固体含量 5%，配制聚合物砂浆。

（2）浆液稠度。浆液稠度视墙体裂缝宽度而定，分稀浆、稠浆、砂浆三种（表 5-1）。

表 5-1　　　　　　　　　　　　裂缝宽度与浆液稠度

浆液稠度	稀浆	稠浆	砂浆
适用裂缝宽度/mm	0.3～1.0	1.0～5.0	>5.0

（3）配合比。配合比根据使用原材料的不同，可参考以下三种配方（表 5-2）。

表 5-2   浆液配合比

配方	浆液	水泥	水	砂	107 胶	二元乳液	水玻璃
甲	稀浆	1	0.9		0.2		
	稠浆	1	0.6	1	0.2		
	砂浆	1	0.6		0.2		
乙	稀浆	1	0.9			0.2	
	稠浆	1	0.6	1		0.15	
	砂浆	1	0.6~0.7			0.15	
丙	稀浆	1	0.9				0.01~0.02
	稠浆	1	0.6	1			0.01~0.02
	砂浆	1	0.7				0.01

（4）施工机具。空气压缩机一台，容量为 0.6m³/mm，压力为 0.4~0.6MPa；贮浆罐一只，耐压强度为 0.6MPa，容量为 0.6L；喷枪一只。

（5）施工工艺为：灌浆孔准备—封缝—清孔—灌浆—封堵灌浆孔。

灌浆孔用砖墙打眼机成孔，孔深 10~20mm，直径 30~40mm；用 1.27cm（0.5 英寸）铁管放入孔中，周围堵塞水泥砂浆，抹平压实，待砂浆初凝后，拔出铁管，即形成灌浆孔，其间距视裂缝宽度而定。裂缝宽小于 1mm，孔距为 200~300mm；裂缝宽为 1~5mm，孔距为 300~400mm；裂缝宽大于 5mm，孔距为 400~500mm。

封缝，可用水泥砂浆或灌浆用砂浆封堵。

清孔，打眼成孔后用风管清孔；封缝后，灌水清孔。

灌浆，自下而上逐孔灌浆，全部灌完后停 30 分钟，再进行二次补灌。灌浆压力为 0.2~0.3MPa。最后，用 1∶3 水泥砂浆封堵灌浆孔。

5.5 案 例 分 析

送变电工程组塔事故概况

某送变电公司组织人员进行某 500kW 输电线路 N2058 塔（ZB638-30）（采用悬浮式内拉线抱杆分解组立铁塔方式）组立施工。在铁塔横担起吊到位，绞磨停止牵引，控制绳调整到位固定好时，高空作业人员从地面到高空进位组装，5 名高空作业人员陆续到达指定位置，其中 4 人系好安全带，1 人正准备系安全带，突然风力转大（超过 6 级），横担控制风绳受力增加，失去控制，铁塔上、下曲臂向大号侧扭倒，抱杆也随之倾倒，致使塔上的作业人员 2 人死亡，1 人重伤，2 人轻伤。

分析事故原因，从中应吸取哪些教训？

第 6 章　质量管理基本工具及方法

知识要点：

(1) 了解工程质量管理的基本工具。

(2) 掌握工程质量管理的基本方法。

6.1　质量统计数据

数据是进行质量管理的基础，"一切用数据说话"才能做出科学的判断。用数理统计方法，通过收集、整理质量数据，可以帮助我们分析、发现质量问题，以便及时采取对策，纠正和预防质量事故。

利用数理统计方法控制质量的步骤是：第一，收集质量数据；第二，数据整理；第三，进行统计分析，找出质量波动的规律；第四，判断质量状况，找出质量问题；第五，分析影响质量的原因；第六，拟定改进质量的措施。

6.1.1　数理统计的几个概念

1. 母体

母体又称总体，指研究对象全体元素的集合。母体分有限母体和无限母体两种。有限母体有一定数量表现，如一批同牌号、同规格的钢材或水泥等；无限母体则没有一定数量表现，如一道工序，它源源不断地生产出某一产品，本身是无限的。

2. 子样

子样是从母体中取出来的部分个体，也叫试样或样本。子样分随机取样和系统抽样，前者多用于产品验收，即母体内各个体都有相同的机会或有可能性被抽取；后者多用于工序的控制，即每经一定的时间间隔，每次连续抽取若干产品作为子样，以代表当时的生产情况。

3. 母体与子样数据的关系

子样的各种属性都是母体特性的反映。在产品生产过程中，子样所属的一批产品（有限母体）或工序（无限母体）的质量状态和特性值，可从子样所取得的数据来推测、判断。母体与子样数据的关系如图 6-1 所示。

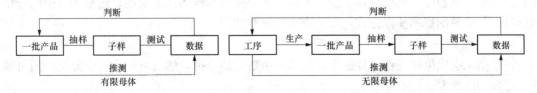

图 6-1　母体与子样数据的关系

4. 随机现象

在质量检验中，某一产品的检验结果可能为合格、优良、不合格，这种事先不能确定结果的现象称为随机现象（或偶然现象）。随机现象并不是不可认识的，人们通过大量重复的试验，可以认识它的规律性。

5. 随机事件

随机事件（或偶然事件）是每一种随机现象的表现或结果，如某产品检验为"合格"，某产品检验为"优良"。

6. 随机事件的频率

频率是衡量随机事件发生可能性大小的一种数量标志。在试验数据中，偶然事件发生的次数叫"频数"，它与数据总数的比值叫"频率"。

7. 随机事件的概率

频率的稳定值叫"概率"。如掷硬币试验中正面向上的事件设为 A，当掷币次数较少时，事件 A 的频率是不稳定的；但随着掷币次数的增多，事件 A 的频率越来越呈现出稳定性。当掷币次数充分多时，事件 A 的频率大致在 0.5 这个数附近摆动，所以，事件 A 的概率为 0.5。

6.1.2 数据的收集方法

在质量检验中，除少数的项目需进行全数检查外，大多数是按随机取样的方法收集数据。其抽样的方法较多。

1. 单纯随机抽样法

这种方法适用于在对母体缺乏基本了解的情况下，按随机的原则直接从母体 N 个单位中抽取 n 个单位作为样本。样本的获取方式常用的有两种：一是利用随机数表和一个六面体骰子作为随机抽样的工具，通过掷骰子所得的数字，相应地查对随机数表上的数值，然后确定抽取试样编号；二是利用随机数骰子（一般为正六面体，六个面分别标注 1～6 的数字），在随机抽样时，可将产品分成若干组，每组不超过 6 个，并按顺序先排列好，标上编号，然后掷骰子，骰子正面表现的数即为抽取的试样编号。

2. 系统抽样法

系统抽样法是采用间隔一定时间或空间进行抽取试样的方法。例如，要从 300 个产品中取 10 个试样，可先将产品标上编号，然后每隔 30 个取 1 个，即用骰子先取 1 个 6 以内的数，若为 5，便可将编号 5、35、65、95 取作子样。系统抽样法很适合流水线上取样。但这种方法在产品特性有周期性变化时，容易产生偏差。

3. 分层抽样法

分层抽样法也叫类型抽样法。它是从一个可以分成不同子总体（或称为层）的总体中，按规定的比例从不同层中随机抽取样品（个体）的方法。这种方法的优点是，样本的代表性比较好，抽样误差比较小。缺点是抽样手续较简单随机抽样还要繁杂些。定量调查中的分层抽样是一种卓越的概率抽样方式，在调查中经常被使用。

4. 二次抽样法

它是指从组成母体的若干分批中，抽取一定数量的分批，然后再从每一个分批中随机抽取一定数量的样本。

一般来说，对于钢材、水泥、砖等原材料可以采用二次抽样法；对于砂、石等散状材料可采用分层抽样法；对于预制构配件，可采用单纯随机抽样法。

6.1.3　样本数据的特征

1. 子样平均值

子样平均值系表示数据集中的位置，也叫子样的算术平均值，即：

$$\overline{X} = \frac{1}{n}\sum_{i=1}^{n} X_i \tag{6-1}$$

式中　$\overline{X}$——子样的算术平均值；

$\qquad n$——子样的数量。

2. 中位数

指将收集到的质量数据按大小次序排列后，处在中间位置的数值，故又叫中值（μ），它也是表示数据的集中位置。当子样数 n 为奇数时，取中间一个数为中位数；为偶数时，则取中间 2 个数的平均值作为中位数。

3. 极值

一组数按大小次序排列后，处于首位和末位的最大和最小两个数值称极值，常用 L 表示。

4. 极差

一组数中最大值与最小值之差，常用 R 表示。它表示数据分散的程度。

5. 子样标准偏差

子样标准偏差是反映数据分散的程度，常用 S 表示，即：

$$S = \sqrt{\frac{1}{n-1}\sum_{i=1}^{n}(X_i - \overline{X})} \tag{6-2}$$

式中　S——子样标准偏差；

$\quad X_i - \overline{X}$——第 i 个数据与子样平均值之间的离差；

$\qquad n$——子样的数量。

在正常情况下，子样实测数据与子样平均值之间的离差总是有正有负，在 0 的左右摆动，如果观察次数多了，则离差的代数和将接近于 0，就无法用来分析离散的程度。因此把离差平方以后再求出子样的偏差（即子样标准差），用以反映数据的偏离程度。

当子样较大时，可以采用下式，即：

$$S = \sqrt{\frac{1}{n}\sum_{i=1}^{n}(X_i - \overline{X})} \tag{6-3}$$

6. 变异系数

变异系数是指用平均数的百分率表示标准偏差的一个系数，用以表示相对波动的大小，即：

$$C_V = \frac{S}{\overline{X}} \times 100\% \text{ 或 } C_V = \frac{\sigma}{\mu} \times 100\% \tag{6-4}$$

式中　C_V——变异系数；

$\qquad S$——子样标准偏差；

$\qquad \sigma$——母体标准差；

$\qquad \overline{X}$——子样的平均值；

$\qquad \overline{\mu}$——母体的平均值。

6.2　质量变异分析

6.2.1　质量变异的原因

同一批量产品，即使所采用的原材料、生产工艺和操作方法均相同，但其中每个产品的质量也不可能丝毫不差，它们之间或多或少总有些差别。产品质量间的这种差别称为变异。影响质量变异的因素较多，归纳起来可分为两类。

1. 偶然性因素

如原材料性质的微小差异，机具设备的正常磨损，模具的微小变形，工人操作的微小变化，温度、湿度的微小波动等。偶然性因素的种类繁多，也是对产品质量经常起作用的因素，但它们对产品质量的影响并不大，不会因此而造成废品。偶然性因素所引起的质量差异的特点是数据和符号都不一定，是随机的。所以，偶然性因素引起的差异又称随机误差。这类因素既不易识别，也难以消除，或在经济上不值得消除。我们说产品质量不可能丝毫不差，就是因为有偶然性因素的存在。

2. 系统性因素

又称非偶然性因素。如原材料的规格、品种有误，机具设备发生故障，操作不按规程，仪表失灵或准确性差等。这类因素对质量差异的影响较大，可以造成废品或次品；而这类因素所引起的质量差异其数据和符号均可测出，容易识别，应该加以避免。所以系统性因素引起的差异又称为条件误差，其误差的数据和符号都是一定的，或作周期性变化。

把产品的质量差异分为系统性差异和偶然性差异是相对的，随着科学技术的发展，有可能将某些偶然性差异转化为系统性差异加以消除，但决不能消灭所有的偶然性因素。由于偶然性因素对产品质量变异影响很小，一般视为正常变异；而对于系统性因素造成的质量变异，则应采取相应措施，严加控制。

6.2.2　质量变异的分布规律

对于单个产品，偶然性因素引起的质量变异是随机的，但对同一批量的产品来说却有一定的规律性。数理统计证明，在正常的情况下，产品质量特性的分布，一般符合正态分布规律。正态分布曲线（见图6-2）的数学方程是：

$$f(x)=\frac{1}{\sigma\sqrt{2\pi}}e^{\frac{-(x-\mu)^2}{2\sigma^2}} \qquad (6-5)$$

式中　x——特性值（曲线的横坐标值）；

　　　π——圆周率（$\pi=3.1416$）；

　　　e——自然对数的底（值约为2.7183）；

　　　μ——母体的平均值；

　　　σ——母体的标准偏差（要求）。

正态分布曲线图6-2具有以下几个性质：

（1）分布曲线对称$x=\mu$；

（2）当$x=\mu$时，曲线处于最高点；当

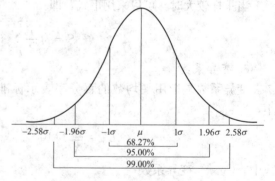

图6-2　正态分布曲线图

向左右远离时，曲线不断地降低，整个曲线是中间高、两边低的形状；

（3）若横坐标轴与曲线所组成的面积等于1，则其与曲线$x\pm\sigma$与所围成的面积为0.6827；

与 $x\pm2\sigma$ 所围成的面积为 0.9545；与 $x\pm3\sigma$ 所围成的面积为 0.9973。

也就是说，在正常生产的情况下，质量特性在区间 $x\pm\sigma$ 的产品有 68.27%；在区间 $x\pm2\sigma$ 的产品有 95.45%；在区间 $x\pm3\sigma$ 的产品有 99.73%。质量特性在范围 $x\pm3\sigma$ 以外的产品非常少，不到 3%。

根据正态分布曲线的性质，可以认为，凡是在范围内的质量差异都是正常的，不可避免的，是偶然性因素作用的结果。如果质量差异超过了这个界限，则是系统性因素造成的，说明生产过程中发生了异常现象，需要立即查明原因予以改进。实践证明，以 $x\pm3\sigma$ 作为控制界限，既可保证产品的质量，又合乎经济原则。在某种条件下亦可采用，或作为控制界限；主要应根据对产品质量要求的精确度而定。当采用 $x\pm2\sigma$ 作为控制界限，在只有偶然性因素的情况下，会有 4.55% 的错误警告；采用 $x\pm\sigma$ 为控制界限时，将会有 31.7% 的错误警告。在生产过程中，就是根据正态分布曲线的理论来控制产品质量，但在利用正态分布曲线时，必须符合以下条件：

（1）只有在大批量生产的条件下，产品质量分布才符合正态分布曲线；对于单件、批量生产的产品，则不一定符合正态分布。

（2）必须具备相对稳定的生产过程，如果生产不稳定，产品数量时多、时少，变化无常，则不能形成分布规律，也就无法控制生产过程。

（3）控制界限必须小于公差范围，否则，生产过程的控制也就失去了意义。

（4）要求检查仪器配套、精确，否则，得不到准确数据，也同样达不到控制与分析产品质量的目的。

6.3　调查分析法和分层法

6.3.1　调查分析法

调查分析法又称调查表法，是利用表格进行数据收集和统计的一种方法。表格形式根据需要自行设计，应便于统计、分析。

表 6-1 为工序质量特性分布统计分析表。该表是为掌握某工序产品质量分布情况而使用的，可以直接把测出的每个质量特性值填在预先制好的频数分布空白表格上，每测量一个数据就在相应值栏内画一记号组成“正”字，记测量完毕，频率分布也就统计出来了。此法较简单，但填写统计分析表时若出现差错，事后无法发现，为此，一般都先记录数据，然后再用直方图法进行统计分析。

表 6-1　　　　　　　　　　　某墙体工程平整度统计分析表

工程名称：　　　　　　　　　　　　　　　　　　　　质量标准：5mm
施工单位：　　　　　　　　　　　　　　　　　　　　测定日期：
操作人：　　　　　　　　　　　　　　　　　　　　　检查点数：
　　　　　　　　　　　　　　　　　　　　　　　　　测试人：

	1	2	3	4	5	6
35			正			
30			正	正		
25			正	正		
20		正	正	正		
15		正	正	正		
10		正	正		正	
5	正	正	正	正	正	正

X(mm)

6.3.2 分层法

分层法又称分类法或分组法，就是将收集到的质量数据，按统计分析的需要进行分类整理，使之系统化，以便于找到产生质量问题的原因，及时采取措施加以预防。

分层的方法很多，可按班次、日期分类；可按操作者、操作方法、检测方法分类；可按设备型号、施工方法分类；可按使用的材料规格、型号、供料单位分类等。

多种分层方法应根据需要灵活运用，有时用几种方法组合进行分层，以便找出问题的症结。如钢筋焊接质量的调查分析，调查了钢筋焊接点 50 个，其中不合格的 19 个，不合格率为 38%。为了查清不合格原因，将收集的数据进行分层分析。现已查明，这批钢筋是由三个师傅操作的，而焊条是两个厂家提供的产品，因此，分别按操作者分层和按供应焊条的工厂分层，进行分析，表 6-2 是按操作者分层，从分析结果可以看出，焊接质量最好的 B 师傅，不合格率达 25%；表 6-3 是按供应焊条的厂家分层，发现不论是采用甲厂还是乙厂的焊条，不合格率都很高而且相差不多。为了找出问题之所在，又进行了更细的分层，表 6-4 是将操作者与供应焊条的厂家结合起来分层，根据综合分层数据的分析，问题即可弄清楚。解决焊接质量问题，可采取如下措施：

（1）在使用甲厂焊条时，应采用 B 师傅的操作方法；

（2）在使用乙厂焊条时，应采用 A 师傅的操作方法。

表 6-2 按操作者分层

操作者	不合格	合格	不合格率/%
A	6	13	32
B	3	9	25
C	10	9	53
合计	19	31	38

表 6-3 按供应焊条工厂分层

工厂	不合格	合格	不合格率/%
甲	9	14	39
乙	10	17	37
合计	19	31	38

表 6-4 综合层次分析焊接质量

操作者	结果	甲厂	乙厂	合计
A	不合格	6	0	6
	合格	2	11	13
B	不合格	0	3	3
	合格	5	4	9
C	不合格	3	7	10
	合格	7	2	9
合计	不合格	9	10	19
	合格	14	17	31

6.4　排列图法和因果分析图法

6.4.1　排列图法

排列图法又叫巴氏图法或巴雷特图法，也叫主次因素分析图法，是分析影响质量主要问题的方法。

排列图（图 6-3）由两个纵坐标、一个横坐标、几个长方形和一条曲线组成。左侧的纵坐标是频数或件数，右侧的纵坐标是累计频率，横轴则是项目（或因素），按项目频数大小顺序在横轴上自左而右画长方形，其高度为频数，并根据右侧纵坐标画出累计频率曲线，又称巴雷特曲线，常用的排列图做法有以下两种，现以"地坪起砂原因排列图"为例说明。

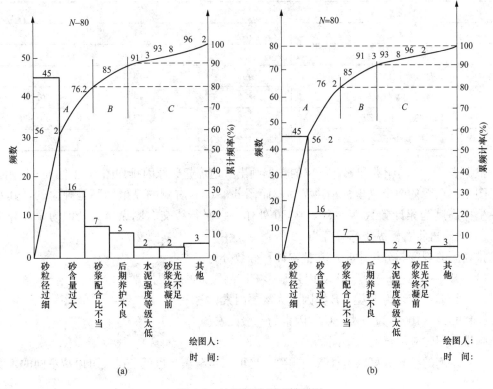

图 6-3　地坪起砂原因排列图

【例】　某建筑工程对房间地坪质量不合格问题进行了调查，发现有 80 间房间起砂，调查结果统计见表 6-5。

表 6-5　　　　　　　　　　　　地坪起砂原因调查

地坪起砂的原因	出现房间数
砂含量过大	16
砂粒径过细	45
后期养护不良	5
砂浆配合比不当	7

续表

地坪起砂的原因	出现房间数
水泥强度等级太低	2
砂浆终凝前压光不足	2
其他	3

请画出"地坪起砂原因排列图"。

首先做出地坪起砂原因的排列表，见表6-6。

表6-6　　　　　地坪起砂原因排列表

项目	频数	累计频数	累计频率
砂粒径过细	45	45	0.562
砂含量过大	16	61	0.762
砂浆配合比不当	7	68	0.85
后期养护不良	5	73	0.913
水泥强度等级太低	2	75	0.938
砂浆终凝前压光不足	2	77	0.962
其他	3	80	1

根据表6-6中的频数和累计频率的数据画出"地坪起砂原因排列图"，如图6-3所示。

图6-3（a）的两个纵坐标是独立的，而图6-3（b）右侧的纵坐标不是独立的，其左侧的纵坐标高度为累计频数 $N=80$，从80处作一条平行线交右侧纵坐标处即为累计频率的100%，然后再将右侧纵坐标等分为10份。

排列图的观察与分析中，通常把累计百分数分为三类：

（1）0%～80%为A类，A类因素是影响产品质量的主要因素；

（2）80%～90%为B类，B类因素为次要因素；

（3）90%～100%为C类，C类因素为一般因素。

画排列图时应注意的几个问题：

（1）左侧的纵坐标可以是件数、频数，也可以是金额，也就是说，可以从不同的角度去分析问题；

（2）要注意分层，主要因素不应超过3个，否则没有抓住主要矛盾；

（3）频数很少的项目归入"其他"项，以免横轴过长，"其他"项一定放在最后；

（4）效果检验，重画排列图。针对A类因素采取措施后，为检查其效果，经过一段时间，需收集数据重画排列图，若新画的排列图与原排列图主次换位，总的废品率（或损失）下降，说明措施得当，否则，说明措施不力，未取得预期的效果。

排列图广泛应用于生产第一线，如车间、班组或工地，项目的内容、数据、绘图时间和绘图人等资料都应在图上写清楚，使人一目了然。

6.4.2　因果分析图法

因果分析图又叫特性要因图、鱼刺图、树枝图。这是一种逐步深入研究和讨论质量问题的图示方法。在工程实践中，任何一种质量问题的产生，往往是多种原因造成的。这些原因有大有小，把这些原因依照大小次序分别用主干、大枝、中枝和小枝的图形表示出来，便可一目了然地系统观察出产生质量问题的原因。运用因果分析图可以帮助我们制定对策，解决工程质量上存在的问题，从而达到控制质量的目的。

现以混凝土强度不足的质量问题为例来阐明因果分析图的画法（见图 6-4）。

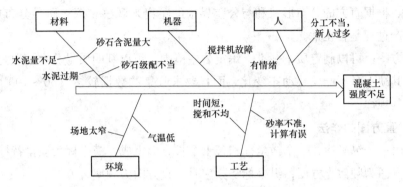

图 6-4　混凝土强度不足因果分析图

（1）决定特性。特性就是需要解决的质量问题，放在主干箭头的前面。

（2）确定影响质量特性的大枝。影响工程质量的因素主要是人、材料、工艺、设备和环境等五方面。

（3）进一步画出中、小细枝，即找出中、小原因。

（4）发扬技术民主，反复讨论，补充遗漏的因素。

（5）针对影响质量的因素，有的放矢地制定对策，并落实到解决问题的人和时间，通过对策计划表的形式列出（见表 6-7），限期改正。

表 6-7　　　　　　　　　　　　　　　　对策计划表

项目	序号	问题存在原因	采取对策	负责人	期限
人	1	基本知识差	对新工人进行教育； 做好技术交底工作； 学习操作规程及质量标准		
	2	责任心不强，工人干活时有情绪	加强组织工作，明确分工； 建立工作岗位责任制，采用挂牌制； 关心职工生活		
工艺	3	配合比不准	实验室重新试配		
	4	水灰比控制不严	修理水箱、计量器		
材料	5	水泥量不足	对水泥计量进行检查		
	6	砂石含泥量大	组织人清洗过筛		
设备	7	振捣器、搅拌机常坏	增加设备，及时修理		
环境	8	场地乱	清理现场		
	9	气温低	准备草袋覆盖、保温		

6.5　直　方　图　法

直方图又称质量分布图、矩形图、频数分布直方图。它将产品质量频数的分布状态用直方形来表示，根据直方的分布形状和与公差界限的距离来观察、探索质量分布规律，分析、判断整个生产过程是否正常。

利用直方图，可以制定质量标准、编定公差范围，可以判明质量分布情况是否符合标准的要求。但其缺点是不能反映动态变化，而且要求收集的数据较多（50～100 个以上），否则难以体现其规律。

6.5.1　直方图的作法

直方图由一个纵坐标、一个横坐标和若干个长方形组成。横坐标为质量特性、纵坐标为频数时，直方图为频数直方图；纵坐标是频率时，直方图为频率直方图。

（1）集中和记录数据，求出其最大值和最小值。数据的数量应在 100 个以上，在数量不多的情况下，至少也应在 50 个以上。我们把分组的个数称为组数，每一个组的两个端点的差称为组距。

（2）将数据分成若干组，并做好记号。分组的数量在 5～12 个之间较为适宜。

（3）计算组距的宽度。用最大值和最小值之差去除组数，求出组距的宽度。

（4）计算各组的界限位。各组的界限位可以从第一组开始依次计算，第一组的下界为最小值减去最小测定单位的一半，第一组的上界为其下界值加上组距。第二组的下界限位为第一组的上界限值，第二组的下界限值加上组距，就是第二组的上界限位，依此类推。

（5）统计各组数据出现的频数，作频数分布表。

（6）作直方图。以组距为底长，以频数为高，作各组的矩形图。

6.5.2　直方图的应用步骤

（1）收集数据。作直方图的数据一般应大于 50 个。

（2）确定数据的极差（R）。用数据的最大值减去最小值求得。

（3）确定组距（h）。先确定直方图的组数，然后以此组数去除极差，可得直方图每组的宽度，即组距。组数的确定要适当。组数太少，会引起较大计算误差；组数太多，会影响数据分组规律的明显性，且计算工作量加大。

（4）确定各组的界限值。为避免出现数据值与组界限值重合而造成频数数据计算困难，组的界限值单位应取最小测量单位的 1/2。分组时应把数据表中最大值和最小值包括在内。

1）第一组下限值为最小值－0.5；

2）第一组上限值为第一组下限值加组距；

3）第二组下限值是第一组的上限值；

4）第二组上限值是第二组的下限值加组距；

5）第三组以后，以此类推定出各组的组界。

（5）编制频数分布表。把多个组上下界限值分别填入频数分布表内，并把数据表中的各个数据列入相应的组，统计各组频数数据。

（6）按数据值比例画出横坐标。

（7）按频数值比例画出纵坐标。以观测值数目或百分数表示。

（8）画直方图。按纵坐标画出每个长方形的高度，它代表取落在此长方形中的数据（注意：每个长方形的宽度都是相等的）。在直方图上应标注出公差范围（T）、样本容量（n）、样本平均值（x）、样本标准偏差值（s）和 x 的位置等。

6.5.3　直方图的观察分析

直方图形象直观地反映了数据分布情况，通过对直方图的观察和分析可以看出生产是否稳定及其质量的情况。常见的直方图典型形状有以下几种（图 6-6）。

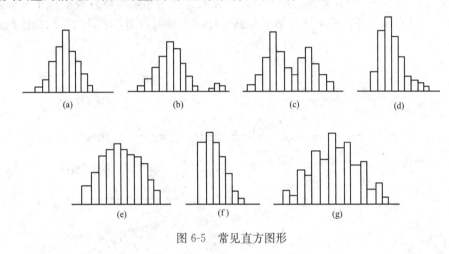

图 6-5　常见直方图形

（1）正常型——又称为"对称型"。它的特点是中间高、两边低，并呈左右基本对称，说明相应工序处于稳定状态，如图 6-5（a）所示。

（2）孤岛型——在远离主分布中心的地方出现小的直方，形如孤岛。如图 6-5（b）孤岛的存在表明生产过程中出现了异常因素，例如原材料一时发生变化；有人代替操作；短期内工作操作不当。

（3）双峰型——直方图出现两个中心，形成双峰状。这往往是由于把来自两个总体的数据混在一起作图所造成的。如把两个班组的数据混为一批，如图 6-5（c）所示。

（4）偏向型——直方图的顶峰偏向一侧，故又称偏坡型，它往往是因计数值或计量值只控制一侧界限或剔除了不合格数据造成，如图 6-5（d）所示。

（5）平顶型——在直方图顶部呈平顶状态。一般是由多个母体数据混在一起造成的，或者在生产过程中有缓慢变化的因素在起作用所造成。如操作者疲劳而造成直方图的平顶状，如图 6-5（e）所示。

（6）陡壁型——直方图的一侧出现陡峭绝壁状态。这是由于人为地剔除一些数据，进行了不真实的统计，如图 6-5（f）所示。

（7）锯齿型——直方图出现参差不齐的形状，即频数不是在相邻区间减少，而是隔区间减少，形成了锯齿状。造成这种现象的原因不是生产上的问题，而主要是绘制直方图时分组过多或测量仪器精度不够而造成的，如图 6-5（g）所示。

6.6 控 制 图 法

控制图是反映生产工序随时间变化而发生的质量变动的状态，即反映生产过程中各个阶段质量波动状态的图形。

质量波动一般有两种情况：一种是偶然性因素引起的波动，称为正常波动；另一种是系统性因素引起的波动，则属异常波动。质量控制的目标就是要查找异常波动的因素，并加以排除，使质量只受正常波动因素的影响，符合正态分布的规律。

质量控制图（见图 6-6）就是利用上下控制界限，将产品质量特性控制在正常质量波动范围之内。一旦有异常原因引起质量波动，通过控制图就可看出，能及时采取措施预防不合格品的产生。

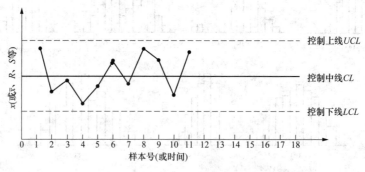

图 6-6　质量控制图

6.6.1　控制图的分类

控制图可以分为两类，即计量值控制图和计数值控制图。计量值控制图所依据的数据均属于由测量工具实际测量出来的数据，如长度、重量等控制特性，具有连续性；计数值控制图所依据的数据均属于以单位个数或次数计算，如不合格品数、不合格品率等。控制图种类与适用场合见表 6-8。

表 6-8　　　　　　　　　　　　控制图种类与适用场合

类别	名称	管理图符号	特点	适用场合
计量值控制图	均值-极差控制图	$\overline{X}-R$	最常用，判断工序是否异常时效果好，但计算工作量大	适用于产品批量较大而且稳定正常的工序
	中位数-极差控制图	$\widetilde{X}-R$	计算简便，便于现场使用	—
	两极控制图	$L-S$	一张图可同时控制均值和方差，计算简单，使用方便	—
	单值-移动极差控制图	$X-R_s$	简便省事，并能及时判断工序是否处于稳定状态。缺点是不易发现工序分布中心的变化	因各种原因（时间、费用等）每次只能得到一个数据或希望尽快发现并消除异常原因

续表

类别	名称	管理图符号	特点	适用场合
计数值控制图	不合格品数控制图	p_n	较常用，计算简单，操作工人易于理解	样本容量相等
	不合格品率控制图	p	计算量大，管理界限凹凸不平	样本容量可以不等
	缺陷数控制图	C	较常用，计算简单，操作工人易于理解，使用简便	样本容量（面积或长度）相等
	单位缺陷数控制图	U	计算量大，管理界限凹凸不平	样本容量（面积或长度）不等

6.6.2 控制图的绘制

1. 识别关键过程

一个产品品质的形成需要许多过程（工序），其中有一些过程对产品品质好坏起至关重要的作用，这样的过程称为关键过程，统计过程控制图（SPC 控制图）应首先用于关键过程，而不是所有的工序。因此，实施 SPC，首先是识别出关键过程。然后，对关键过程进行分析研究，识别出过程的结构（输入、输出、资源、活动等）。

2. 确定过程关键变量（特性）

对关键过程进行分析（可采用因果图、排列图等），找出对产品质量影响最大的变量（特性）。

3. 制订过程控制计划和规格标准

这一步较为困难和费时，可采用一些实验方法参考有关标准。

4. 过程数据的收集、整理

一定要保证数据的真实性和可靠性，否则所做的一切分析都是无意义的。

5. 过程受控状态初始分析

采用分析用控制图分析过程是否受控和稳定，如果发现不受控或有变差的特殊原因，应采取措施。

注意：此时过程的分布中心（X）和均差 σ、控制图界限可能都未知。

6. 过程能力分析

只有过程是受控、稳定的，才有必要分析过程能力。当发现过程能力不足时，应采取措施。

7. 控制图监控

只有当过程是受控、稳定的，过程能力足够才能采用监控用控制图，进入 SPC 实施阶段。

8. 监控、诊断、改进

在监控过程中，当发现有异常时，应及时分析原因，采取措施，使过程恢复正常。对于受控和稳定的过程，也要不断改进，减小变差的普通原因，提高质量、降低成本。

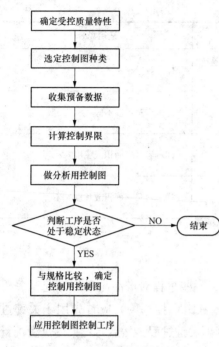

图 6-7　控制图绘制步骤

6.6.3　控制图绘制步骤

控制图绘制步骤如图 6-7 所示。

（1）确定受控质量特性，即明确控制对象。一般应选择可以计量（或计数）、技术上可控、对产品质量影响大的关键部位、关键工序的关键质量特性进行控制。

（2）选定控制图种类。

（3）收集预备数据。

（4）计算控制界限。各种控制图控制界限的计算方法及计算公式不同，但其计算步骤一般为：

1）计算各样本参数；

2）计算分析用控制图控制线。

（5）作分析用控制图并判断工序是否处于稳定状态。

（6）与规格比较，确定控制用控制图。

（7）应用控制图控制工序。

控制用控制图制好后，即可用它控制工序，使生产过程保持在正常状态。

各类控制图控制界限计算公式与步骤如表 6-9 所示。

表 6-9　　　　　　　　　　各类控制图计算公式与步骤

图名称	步骤	计算公式	备注
$\overline{X}-R$ 图	（1）计算各样本平均值 $\overline{x}_i$。 （2）计算各样本极差 R_i	$\overline{x}_i = \dfrac{1}{n}\sum\limits_{j=1}^{n} x_{ij}$ $R_i = \max(x_{ij}) - \min(x_{ij})$	x_{ij}——第 i 样本中的第 j 个数据。$i=1,2,\cdots,k$；$j=1,2,\cdots,n$； $\max(x_{ij})$——第 i 样本中最大值； $\min(x_{ij})$——第 i 样本中最小值
$\widetilde{X}-R$ 图	（1）找出或计算出各样本的中位数 $\widetilde{X}_i$。 （2）计算各样本极差 R_i	$\overline{x}_j = x_{\frac{n+1}{2}}$（$n$ 为奇数） $\overline{x}_i = \dfrac{1}{2}(x_{i\frac{n}{2}} + x_{i\frac{n+1}{2}})$ （n 为偶数） $R_i = \max(x_{ij}) - \min(x_{ij})$	$x_{\frac{n+1}{2}}$——n 为奇数时，第 i 样本中按大小顺序排列起的数据列中间位置的数据； $\dfrac{1}{2}(x_{i\frac{n}{2}} + x_{i\frac{n+1}{2}})$——$n$ 为偶数时，第 i 样本中按大小顺序排列起的数据列中中间位置的两个数据的平均值
$L-S$ 图	（1）找出各组最大值 L_i 和最小值 S_i。 （2）计算最大值平均值 $\overline{L}$ 和最小值平均值 $\overline{S}$。 （3）计算平均极差 $\overline{R}$。 （4）计算范围中值 M	$L_i = \max(x_{ij})$ $S_i = \min(x_{ij})$ $\overline{L} = \dfrac{1}{k}\sum\limits_{i=1}^{k} L_i$ $\overline{S} = \dfrac{1}{k}\sum\limits_{i=1}^{k} S_i$ $\overline{R} = \overline{L} - \overline{S} \quad M = \dfrac{\overline{L}+\overline{S}}{2}$	

图名称	步骤	计算公式	备注
$X—R_s$ 图	计算移动极差 R_{si}	$R_{si} = \mid x_i - x_{i-1} \mid$	
P_n 图	计算平均不合格品率 $\overline{p}$	$\overline{p} = \dfrac{\overline{p_n}}{n}\quad \overline{p_n} = \dfrac{\sum\limits_{i=1}^{k}(p_n)_i}{k}$	$(p_n)_i$——第 i 样本的不合格品数（各样本容量皆为 n）
P 图	计算各组不合格品率 p_i	$p_i = \dfrac{(p_n)_i}{n_i}$	n_i——第 i 样本的样本容量（各样本的样本容量可以不等）
C 图	计算各样本的平均缺陷数 $\overline{c}$	$\overline{c} = \dfrac{\sum\limits_{i=1}^{k}c_i}{k}$	c_i——第 i 样本的缺陷数（各样本的样本容量相等）
U 图	计算各样本的单位缺陷数 u_i	$u_i = \dfrac{c_i}{n_i}$	各样本的样本容量不等

6.6.4　控制图的观察与判断

工序质量特性值分布的变化是通过控制图上点的分布体现出来的，因此工序是否处于稳定状态要依据点的位置和排列来判断。工序处于稳定的控制状态，必须同时满足两个条件。

1. 控制图的点全部在控制界限内

由于在稳定状态下，控制图也会发生误发信号的错误（第一类错误），因此规定在下述情况下，判定第一个条件，即点全部在控制界限内是满足的。

（1）至少连续 25 点处于控制界限内。

（2）连续 35 点中，仅有 1 点超出控制界限。

（3）连续 100 点中，至多有 2 点超过控制界限。

2. 点的排列无缺陷

即点在控制界限内的波动是随机波动，不应有明显的规律性。点排列的明显规律性称为点的排列缺陷。

（1）链：点连续出现在中心线一侧的现象称为链（如图 6-8 所示）。

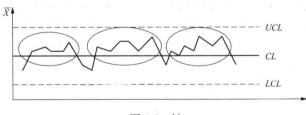

图 6-8　链

当出现 5 点链时，应注意工序的发展；当出现 6 点链时，应开始做原因调查；当出现 7 点链时，判断工序为异常状态，须马上进行处理。

点出现在中心线一侧的概率为 0.5，出现 7 点链的概率为

$$p_{7点链} = C_7^7 \times 0.5^7 \times (1-0.5)^0 = 0.0078$$

根据小概率事件原理，7 点链出现的概率小于小概率事件标准 0.01，因此在一次试验中是不易出现的。一旦出现，说明发生了异常。

（2）复合链：点较多地出现在中心线一侧的现象称为复合链（如图 6-9 所示）。

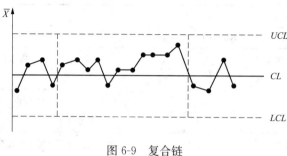

图 6-9　复合链

当连续 11 个点中至少有 10 点在中心线一侧；连续 14 个点中至少有 12 个点在中心线一侧；连续 17 个点中至少有 14 点在中心线一侧；连续 20 个点中至少有 16 点在中心线一侧，都说明工序处于异常状态。

上述情况发生的概率均小于小概率事件标准 0.01。如 11 点复合链的概率为

$$P_{11点复合链} = C_{11}^{10} \times 0.5^{10} \times 0.5^1 + C_{11}^{11} \times 0.5^{11} \times 0.5^0 = 0.0059 < 0.01$$

（3）倾向：点连续上升或连续下降的现象称为倾向（如图 6-10 所示）。

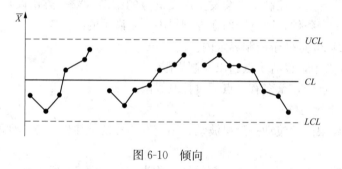

图 6-10　倾向

当出现 7 点连续上升或 7 点连续下降时，应判断工序处于异常状态。若将 7 点按其高低位置进行排列，排列种类共有 7! 种，而连续上升仅为其中一种，其发生的概率为

$$P_{7点倾向} = \frac{1}{7!} = 0.0002 < 0.01$$

（4）接近控制线。

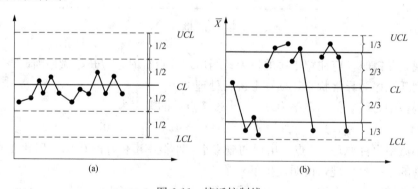

图 6-11　接近控制线

1）接近中心线，如图 6-11（a）所示：在中心线与控制线间画等分线，若点大部分在靠近中心线一侧，则判断工序状态发生异常。

点落在靠近上、下控制线的概率为

$$P_{(1.5\sigma \sim 3\sigma)} = 0.997 - 0.866 = 0.131$$

这并不是小概率事件，但在靠近上、下控制线的 1/2 带内无点出现并不是正常现象。

2）接近上下控制线，如图 6-11（b）所示：在中心线与控制线间作三等分线，如果连续 3 点中至少有 2 点，连续 7 点中至少有 3 点，连续 10 点中至少有 4 点居于靠近上、下控制线的 1/3 带内，则判断工序异常。

因为点落在外侧 1/3 带内的概率为

$$P_{(3\sigma > x > 2\sigma)} = 1 - 0.9545 - 0.0027 = 0.0428$$

3 点中有 2 点居于外侧 1/3 带内的概率为

$$P = C_3^2 \times 0.0428^2 \times 0.9545^1 + C_3^3 \times 0.0428^3 \times 0.9545^0 = 0.0052 < 0.01$$

属小概率事件，因此在正常情况下是不该发生的。

（5）周期性变动。点的变动每隔一定的时间间隔出现明显重复的现象称为点的周期性变动（图 6-12）。

点的周期性变动形式多样，较难把握，一般需较长时间才能看出。对待这种情况，必须在通过专业技术弄清原因的基础上，慎重判断是否出现异常。

（6）对控制图上的点，不能仅当作一个"点"来看待，而是一个点代表某时刻某统计量的分布，而点的排列变化说明了分布状

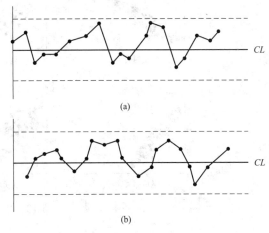

图 6-12　周期性变动

态发生的变化。如在 $\overline{X}-R$ 图中，若 $\overline{X}$ 图出现连续上升的倾向，而 R 图正常，说明工序均值可能由于刀具磨损、定位件磨损、温度和变形等原因产生逐渐变大的倾向，但工序的散差不变；若 $\overline{X}$ 图正常，R 图出现了连续上升的现象，说明工序平均值没有变动，而散差可能由于工夹具松动、机床精度变化、毛坯余量变化大等原因而变大等。

6.7　相　关　图　法

产品质量与影响质量的因素之间，常常有一定的依存关系，但它们之间不是一种严格的函数关系，即不能由一个变量的数值精确地求出另一个变量的数值，这种依存关系称为相关关系。

6.7.1　相关图法定义

相关图法又叫散布图法、简易相关分析法。它是通过运用相关图研究两个质量特性之间的相关关系，来控制影响产品质量中相关因素的一种有效的常用方法。相关图是把两个变量之间的相关关系用直角坐标系表示的图表，它根据影响质量特性因素的各对数据，用小点表

示填列在直角坐标图上，并观察它们之间的关系。

6.7.2　相关图的功能

用相关图法可以应用相关系数、回归分析等进行定量的分析处理，确定各种因素对产品质量影响程度的大小。如果两个数据之间的相关度很大，那么可以通过对一个变量的控制来间接控制另外一个变量。因此，对相关图的分析，可以帮助我们肯定或者否定关于两个变量之间可能关系的假设。

6.7.3　两个变量的相关类型

在相关图中，两个要素之间可能具有非常强烈的正相关，或者弱的正相关。这些都体现了这两个要素之间不同的因果关系。一般情况下，两个变量之间的相关类型主要有六种：强正相关、弱正相关、不相关、强负相关、弱负相关以及非线性相关，如图 6-13 所示。

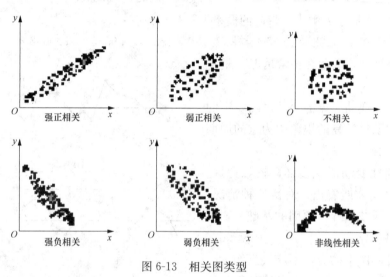

图 6-13　相关图类型

6.7.4　相关图法的运用实例

某一种材料的强度和它的拉伸倍数是有一定关系的，为了确定这两者之间的关系，我们通过改变拉伸倍数，然后测定强度，获得了一组数据，如表 6-10 所示。

表 6-10　　　　　　　　　　　　拉伸倍数与强度的对应数据

编号	拉伸倍数 x	强度 y	编号	拉伸倍数 x	强度 y	编号	拉伸倍数 x	强度 y
1	1.9	14	7	3.0	30	13	5.2	35
2	2.0	13	8	3.5	27	14	6.0	55
3	2.1	18	9	4.0	40	15	6.3	64
4	2.5	25	10	4.5	42	16	6.5	60
5	2.7	28	11	4.6	35	17	7.1	53
6	2.7	25	12	5.0	55	18	8.0	65

根据表 6-10 中数据，我们将各个点画到二维象限中，如图 6-14 所示。从图中可以明显看出，拉伸倍数和强度几乎是呈线性关系的。由此可见，相关图法可以帮助我们分析某两个要素之间的关系是否存在，这对于问题的最终解决具有非常大的启发作用。

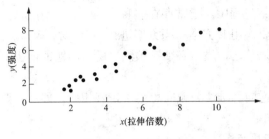

图 6-14　相关图实例

6.8　过程决策程序图法

6.8.1　过程决策程序图法的概述

1. 定义

过程决策程序图法，英文缩写为 PDPC(process decision program chart)。在制订计划阶段或进行系统设计时，可事先预测可能发生的障碍，从而设计出一系列对策措施，以最大的可能引向最终目标。该方法可用于防止重大事故的发生，因此也称为"重大事故预测图法"。

2. PDPC 法的特点

(1) 能从整体上掌握系统的动态并依此判断全局。据说象棋大师可以一个人同时和 20 个人下象棋，20 个人可能还下不过他一个人。这就在于象棋大师胸有全局，因此能够有条不紊，即使面对 20 个对手，也能有把握战而胜之。

(2) 具有动态管理的特点。PDPC 法具有动态管理的特征，它是在运动的，而不像系统图是静止的。

(3) 具有可追踪性。PDPC 法很灵活，它既可以从出发点追踪到最后的结果，也可以从最后的结果追踪中间发生的原因。

(4) PDPC 法可以预测那些通常很少发生的重大事故，并且在设计阶段，预先就制定出应付事故的一系列措施和办法。

(5) 使参与人员的构想、创意得以充分发挥。PDPC 法能够使参与人员充分发挥想象力和创意，进行方案设计，从而丰富 PDPC 法的方案种类，多途径地实现目标。

(6) 提高目标的达成率。PDPC 法提供几种不用的方案设计，从而提高了目标的达成率。

3. PDPC 法的分类

一般而言，PDPC 法可以分为顺向思维法和逆向思维法两种类型。

(1) 顺向思维法：如图 6-15 所示，将从状态 A_0 到理想的状态 Z 所有可能的进展过程，

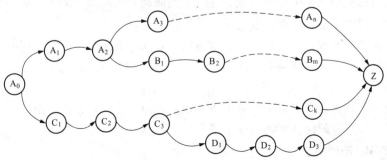

图 6-15　PDPC 法示意图

展开成 PDPC 图。在这一过程中，通常存在多种方案。若采用方案 A，有可能在进行到 A_2 步骤发生问题时，就需要换用 B 方案；当方案进行到 B_2 时，又发现 B 方案也行不通，就必须退回来采用其他方案。总之，最后必须在预测出所有问题的前提下，选择一个完全可行的方案作为最佳方案。

（2）逆向思维法：逆向思维法与顺向思维法正好相反，即从需要达到的目标出发，倒推出一个可行的方案。

6.8.2 DPC 法的应用范围

PDPC 法的适用范围主要包括：制订目标管理中的实施计划，制订科研项目的实施计划，对整个系统的重大事故进行预测，制定工序控制的措施，选择处理纠纷的方案。实际上 PDPC 法在哪里都可以应用，远远不只这五种。只要做事情，就有可能失败，如果能把可能失败的因素提前都找出来，制定出一系列的对策措施，就能够稳步地、轻松地到达目的地。

【案例】 不可倒置的 PDPC 法设计。

某公司要向一个发展中国家运送货物，这个发展中国家经济落后，信息封闭，不熟悉国际规则。因此，该公司召集工程师开展一个不可倒置的 PDPC 法设计，以保证当这批易碎货物运到他国仓库后，货物不被倒置。

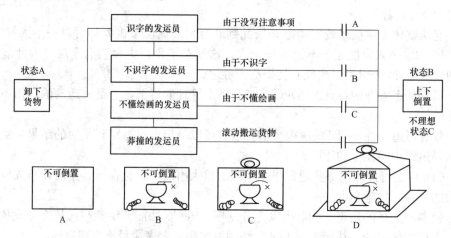

图 6-16 "不可倒置"发运的 PDPC 法示意图

从图 6-16 可见，在设计"不可倒置"的 PDPC 法示意图时，采取了以下几个步骤：

第一步，考虑到使用英语标示的方法，但如果发运员不懂英语，此标示将毫无作用。

第二步，考虑使用图画标识的方式，在箱子四面画上国际通用的不可倒放的易碎物品标志——玻璃杯。但由于信息闭塞，发运员仍然看不懂。

第三步，在箱子上放一个吊环。在通常情况下，这种方法足以保证万无一失，但如果不幸遇到莽撞的发运员，既看不懂标志，又搬不动货物，于是就采用翻滚搬运法，仍会损坏货物。

最后达成一个方案，即将箱子顶部做成尖状，四面标上提示语言和图案，下面做成一个大底盘。这样，就能有效保证货物的安全了。

6.8.3 PDPC 法使用步骤

（1）前期组织：成立一个团队，确定 PDPC 法要解决的课题。

（2）提出基本解决方案：给问题提出一个基本解决方案，可以从过程或者产品的树图开始，把它绘制在挂图或者白板上。

（3）谈论难点：范围应尽量广泛，同时应包括不可预料的问题及风险。

（4）记录重要内容：第一步就回答"这一步可能出什么错"和"还有其他方法吗"。按照可能性讨论每个答案、风险和应对措施，把它们都写下来。

（5）优化问题和应对措施：综合考虑，记录下所有问题和应对措施，指定一个完成该过程的日期。

（6）评估：在指定的日期进行评估，继续后面的工作。

6.8.4　PDPC 法应用案例

1. 工程简介与难点概况

上海长江隧桥 B4 标位于主通航孔两侧，长兴岛侧设计里程从桩号 K13＋858 至桩号 K14＋558（PM52～PM59），崇明岛侧从桩号 K15＋988 至桩号 K16＋688（PM64～PM71），跨径组合为 $2\times[($ 接 70m 梁 $)85m+5\times105m+90m($ 接主航道 $)]$，全长 1400m。结构形式为双幅分离式钢-混凝土组合箱梁，梁高 5m，箱梁顶板宽 16.95m，底板宽 7m，桥面横坡 2％，纵坡±2.5％。采用先简支后连续的施工方法。

本工程采用了国内首创的顶落梁法。顶落梁法施工工序如图 6-17 所示。

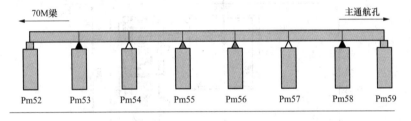

图 6-17　顶落梁法施工工序

该法是在连续梁所在墩顶处桥面板混凝土未浇筑的情况下，在墩顶处用千斤顶将梁预先顶起一段距离，然后浇筑墩顶处的桥面板并张，待混凝土强度达到预定要求时，回落千斤顶，以达到部分抵消由墩顶处负弯矩在桥面板混凝土中产生的拉应力的目的。

经分析，要顶升梁到设计高度，每墩上的千斤顶最大需承受 3080t 的压力，取安全系数为 1.5～2，则需提供顶力 4620t。这样，每墩需 4 台 1200t 或 8 台 600t 的千斤顶。而每个施工阶段有两个墩的千斤顶群同时工作，合计 8 台 1200t 或 16 台 600t 的千斤顶。

为了保证 16 台 600t 的千斤顶同时工作时，巨大的梁体受力均匀不致破坏，我们需要使用 PDPC 法。PDPC 法项目示意图如图 6-18 所示。

2. 顶落前的预测和控制

预测一：如图 6-19 所示，墩顶的面积有限为：2200mm×2800mm（当然这还没有扣除垫石的面积）。为了解决施工现场有限的问题，我们专门订制了小型的 600t 千斤顶。它们的布置及大小如图 6-19 所示。

预测二：千斤顶会不会漏油，这将从根本上影响工程的顺利完成。为了解决这一问题，

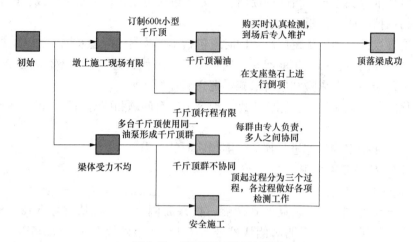

图 6-18　PDPC 法项目示意图

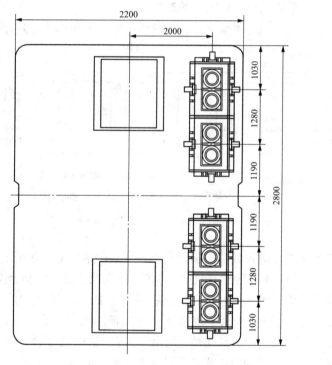

图 6-19　预测一相关图

我们在购买时认真检测，到场后由专人看管维护，并在每次使用前、中、后做好检测工作。

预测三：千斤顶行程有限为 15cm，远远达不到设计顶起高度（60cm、35cm、25cm）。为了解决这一问题，经过研究，在支座垫石上使用了 600mm×600mm 多层钢板进行超垫倒顶。

预测四：每次顶梁过程中有 16 个千斤顶共同工作，且它们的顶起高度必须相同。为了解决这一问题，经过研究，每 4 个千斤顶使用一个油泵。这样就有了 4 个千斤顶群。

预测五：千斤顶群之间的协同很重要，怎样解决这一问题？为了解决这一问题，在施工过程中每个千斤顶群由专人负责，且都配备了对讲机等工具。

预测六：施工过程中，安全无疑是第一位的。为了解决这一问题，我们具体拟定了 11 个方面的注意事项，从而保证了工程的顺利完成。

3. 施工效果

此次工程取得了圆满成功，施工进度明显提高，受到业主和领导的表扬和肯定！案例施工图如图 6-20 所示。

图 6-20　案例施工图

第7章 建筑工程施工质量验收

📚 **知识要点：**

（1）掌握建筑工程施工质量验收统一标准。

（2）掌握不同组织的建筑工程的质量验收程序及其要求。

（3）掌握工程项目的竣工验收程序，了解竣工验收与质量验收的差异，了解工程项目交接和回访保修的基本过程。

7.1 建筑工程质量验收的概述

7.1.1 《建筑工程施工质量验收统一标准》简介

GB 50300—2013《建筑工程施工质量验收统一标准》自 2014 年 6 月 1 日起实施。其中，第 5.0.8、6.0.6 条为强制性条文，必须严格执行。原 GB 50300—2001《建筑工程施工质量验收统一标准》同时废止。

此标准的制定坚持了验评分离、强化验收、完善手段、过程控制的指导思想。

该标准将原来有关《建筑工程施工及验收规范》和《工程质量检验评定标准》合并组成新的工程质量验收规范体系，以统一建筑工程施工质量的验收方法、质量标准和程序。

该标准规范体系的落实和执行需要有关标准的支持，其支持体系如图 7-1 所示。

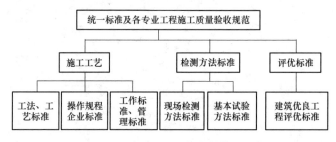

图 7-1 工程质量验收规范支持体系示意图

7.1.2 工程施工质量验收基本规定

（1）施工现场应具有健全的质量管理体系、相应的施工技术标准、施工质量检验制度和综合施工质量水平评定考核制度。

建筑工程施工单位应建立必要的质量责任制度，应推行生产控制和合格控制的全过程质量控制，应有健全的生产控制和合格控制的质量管理体系。不仅包括原材料控制、工艺流程控制、施工操作控制、每道工序质量检查、相关工序间的交接检验以及专业工种之间等中间交接环节的质量管理和控制要求，还应包括满足施工图设计和功能要求的抽样检验制度等。施工单位还应通过内部的审核与管理者的评审，找出质量管理体系中存在的问题和薄弱环节，并制定改进的措施和跟踪检查落实等措施，使质量管理体系不断健全和完善，这是使施工单位不断提高建筑工程施工质量的基本保证。

同时，施工单位应重视综合质量控制水平，从施工技术、管理制度、工程质量控制等方面制定综合质量控制水平指标，以提高企业整体管理、技术水平和经济效益。

施工现场质量管理可由施工单位按图 7-2 所示填写《施工现场质量管理检查记录》，总监理工程师进行检查，并做出检查结论。

施工现场质量管理检查记录　　　　开工日期：

工程名称			施工许可证号	
建设单位			项目负责人	
设计单位			项目负责人	
监理单位			总监理工程师	
施工单位		项目负责人	项目技术负责人	

序号	项　目	主要内容
1	项目部质量管理体系	
2	现场质量责任制	
3	主要专业工种操作岗位证书	
4	分包单位管理制度	
5	图纸会审记录	
6	地质勘察资料	
7	施工技术标准	
8	施工组织设计、施工方案编制及审批	
9	物资采购管理制度	
10	施工设施和机械设备管理制度	
11	计量设备配备	
12	检测试验管理制度	
13	工程质量检查验收制度	
14		

自检结果：	检查结论：
施工单位项目负责人：　　　年　月　日	总监理工程师：　　　年　月　日

图 7-2　施工现场质量管理检查记录表

（2）当工程未实行监理时，建设单位相关人员应履行有关验收规范涉及的监理职责。

（3）建筑工程的施工质量控制应符合下列规定：

1）建筑工程采用的主要材料、半成品、成品、建筑构配件、器具和设备应进行进场检验。凡涉及安全、节能、环境保护和主要使用功能的重要材料、产品，应按各专业工程施工规范、验收规范和设计文件等规定进行复验，并应经专业监理工程师检查认可。

2）各施工工序应按施工技术标准进行质量控制，每道施工工序完成后，经施工单位自检符合规定后，才能进行下道工序施工。各专业工种之间的相关工序应进行交接检验，并应记录。

3）对于项目监理机构提出检查要求的重要工序，应经专业监理工程师检查认可，才能进行下道工序施工。

（4）符合下列条件之一时，可按相关专业验收规范的规定适当调整抽样复验、试验数量，调整后的抽样复验、试验方案应由施工单位编制，并报监理单位审核确认。

1）同一项目中由相同施工单位施工的多个单位工程，使用同一生产厂家的同品种、同规格、同批次的材料、构配件、设备。

2）同一施工单位在现场加工的成品、半成品、构配件用于同一项目中的多个单位工程。

3）在同一项目中，针对同一抽样对象已有检验成果可以重复利用。

（5）当专业验收规范对工程中的验收项目未做出相应规定时，应由建设单位组织监理、设计、施工等相关单位制定专项验收要求。涉及结构安全、节能、环境保护等项目的专项验收要求应由建设单位组织专家论证。

（6）建筑工程施工质量验收的基本要求：

1）建筑工程质量应符合本标准和相关专业验收规范的规定。

2）建筑工程施工应符合工程勘察设计文件的要求。

3）参加工程施工质量验收的各方人员的资格要求，包括岗位、专业和技术职称等要求，具体要求应符合国家、行业和地方有关法律、法规及标准、规范的规定，尚无规定时可由参加验收的单位协商确定。

4）工程质量验收的前提条件为施工单位自检合格，验收时施工单位对自检中发现的问题已完成整改。

5）隐蔽工程在隐蔽前应由施工单位通知监理单位进行验收，并应形成验收文件，验收合格后方可继续施工。

6）适当扩大抽样检验的范围，不仅包括涉及结构安全和使用功能的分部工程，还包括涉及节能、环境保护等的分部工程，具体内容可由各专业验收规范确定，抽样检验和实体检验结果应符合有关专业验收规范的规定。

7）检验批的质量应按主控项目和一般项目验收。

8）对涉及结构安全、节能、环境保护和主要使用功能的试块、试件及材料，应在进场时或施工中按规定进行见证检验。

9）承担见证取样检测及有关结构安全检测的单位应具有相应资质。

10）观感质量可通过观察和简单的测试确定，观感质量的综合评价结果应由验收各方共同确认并达成一致。对影响观感及使用功能或质量评价为差的项目应进行返修。

（7）建筑工程施工质量验收合格应符合下列规定：

1）符合工程勘察、设计文件的规定。

2）符合 GB 50300—2013《建筑工程施工质量验收统一标准》和相关专业验收规范的

规定。

7.1.3　建筑工程质量验收的划分

（1）建筑工程质量验收应划分为单位（子单位）工程、分部（子分部）工程、分项工程和检验批。

（2）单位工程的划分原则如下：

1）具备独立施工条件并能形成独立使用功能的建筑物及构筑物为一个单位工程。

2）对规模较大的单位工程，可将其能形成独立使用功能的部分划分为一个子单位工程，具有独立施工条件和能形成独立使用功能，是单位（子单位）工程划分的基本要求。在施工前，由建设、监理、施工单位自行商议确定，并据此收集、整理施工技术资料和验收。

（3）分部工程的划分原则如下：

1）分部工程的划分应按专业性质、工程部位确定。

2）当分部工程较大或较复杂时，可按材料种类、施工特点、施工程序、专业系统及类别等划分为若干子分部工程。

（4）分项工程应按主要工种、材料、施工工艺、设备类别等进行划分。

（5）分项工程可由一个或若干检验批组成，检验批可根据施工及质量控制和专业验收需要，按楼层、施工段、变形缝等进行划分。

（6）施工前，应由施工单位制定分项工程和检验批的划分方案，并由监理单位审核。对于专业验收规范（《建筑工程施工质量验收统一标准》的附录 B）未涵盖的分项工程和检验批，可由建设单位组织监理、施工等单位协商确定。

（7）室外工程可根据专业类别和工程规模划分单位（子单位）工程，如表 7-1 所示。

表 7-1　　　　　　　　　　　　　　　室外工程划分

子单位工程	分部工程	分项工程
室外设施	道路	路基，基层，面层，广场与停车场，人行道，人行地道，挡土墙，附属构筑物
	边坡	土石方，挡土墙，支护
附属建筑及室外环境	附属建筑	车棚，围墙，大门，挡土墙
	室外环境	建筑小品，亭台，水景，连廊，花坛，场坪绿化，景观桥

按专业特点，铁路工程、交通工程、火电工程、冶金工程都有相应的项目划分，分部分项工程项目划分的原则是通用的。

7.2　建筑工程质量验收的程序和组织

7.2.1　检验批质量验收

1. 检验批质量验收程序

检验批是工程施工质量验收的最小单位，是分项工程乃至整个建筑工程质量验收的基础。检验批质量验收应由专业监理工程师组织施工单位项目专业质量检查员、专业工长等进行。

验收前，施工单位应先对施工完成的检验批进行自检，合格后由项目专业质量检查员填写检验批质量验收记录（见图7-3）（有关监理验收记录及结论不填写）及检验批报审、报验表（一般报审、报验表如图7-4所示），并报送项目监理机构申请验收；专业监理工程师对施工单位所报资料进行审查，并组织相关人员到验收现场进行主控项目和一般项目的实体检查、验收。对验收不合格的检验批，专业监理工程师应要求施工单位进行整改，并自检合格后予以复验；对验收合格的检验批，专业监理工程师应签认检验批报审、报验表及质量验收记录，准许进行下道工序施工。

＿＿＿＿＿检验批质量验收记录　　　　编号：＿＿＿＿＿

单位（子单位）工程名称		分部（子分部）工程名称		分项工程名称		
施工单位		项目负责人		检验批容量		
分包单位		分包单位项目负责人		检验批部位		
施工依据			验收依据			

	序号	验收项目	设计要求及规范规定	最小/实际抽样数量	检查记录	检查结果
主控项目	1					
	2					
	3					
	4					
	5					
	6					
	7					
	8					
	9					
	10					
一般项目	1					
	2					
	3					
	4					
	5					
施工单位检查结果		专业工长： 项目专业质量检查员： 年　月　日				
监理单位验收结论		专业监理工程师： 年　月　日				

图7-3　检验批质量验收记录

_____报审/验表

工程名称：_____　　编号_____

致：_____（项目监理机构）

我方已完成_____工作，现报上该工
程报验申请表，请予以审查、验收。

附：□检验批/分项工程质量自检结果

□关键部位或关键工序的质量控制措施

□其他

施工项目经理部（盖章）_____

项目经理（签字）_____

年　月　日

审查、验收意见：

项目监理机构（盖章）_____

专业监理工程师（签字）_____

年　月　日

填报说明：本表一式二份，项目监理机构、施工单位各一份。

图 7-4　一般报审、报验表

2. 检验批质量验收合格的规定

（1）主控项目的质量经抽样检验均应合格。

（2）一般项目的质量经抽样检验合格。当采用计数抽样时，合格率应符合有关专业验收
规范的规定，且不得存在严重缺陷。

（3）具有完整的施工操作依据、质量验收记录。

检验批质量验收合格条件除主控项目和一般项目的质量经抽样检验合格外，其施工操作
依据、质量验收记录尚应完整且符合设计、验收规范的要求。只有符合检验批质量验收合格
条件，该检验批质量方能判定合格。

为加深理解检验批质量验收合格条件，现深入讲解以上三点规定。

（1）主控项目是指建筑工程中对安全、节能、环境保护和主要使用功能起决定性作用的
检验项目，如钢筋连接的主控项目为：纵向受力钢筋的连接方式应符合设计要求。

主控项目是对检验批的基本质量起决定性影响的检验项目，是保证工程安全和使用功能
的重要检验项目，因此必须全部符合有关专业验收规范的规定。主控项目如果达不到规定的

质量指标，降低要求就相当于降低该工程的性能指标，就会严重影响工程的安全性能。这意味着主控项目不允许有不符合要求的检验结果，必须全部合格。如混凝土、砂浆强度等级是保证混凝土结构、砌体强度的重要性能，必须全部达到要求。

为了使检验批的质量符合工程安全和使用功能的基本要求，达到保证工程质量的目的，各专业工程质量验收规范对各检验批的主控项目的合格质量给予明确的规定。如钢筋安装验收时的主控项目为：受力钢筋的品种、级别、规格和数量必须符合设计要求。

主控项目包括的主要内容：①工程材料、构配件和设备的技术性能等。如水泥、钢材的质量；预制墙板、门窗等构配件的质量；风机等设备的质量。②涉及结构安全、节能、环境保护和主要使用功能的检测项目。如混凝土、砂浆的强度；钢结构的焊缝强度；管道的压力试验；风管的系统测定与调整；电气的绝缘、接地测试；电梯的安全保护、试运转结果等。③一些重要的允许偏差项目，必须控制在允许偏差限值之内。

（2）一般项目是指除主控项目以外的检验项目。为了使检验批的质量符合工程安全和使用功能的基本要求，达到保证工程质量的目的，各专业工程质量验收规范对各检验批的一般项目的合格质量给予明确的规定。如钢筋连接的一般项目为：钢筋的接头宜设置在受力较小处。同一纵向受力钢筋不宜设置两个或两个以上接头。接头末端至钢筋弯起点的距离不应小于钢筋直径的10倍。对于一般项目，虽然允许存在一定数量的不合格点，但某些不合格点的指标与合格要求偏差较大或存在严重缺陷时，仍将影响使用功能或感观的要求，对这些位置应进行维修处理。

一般项目包括的主要内容：①允许有一定偏差的项目，而放在一般项目中，用数据规定的标准，可以有个别偏差范围。②对不能确定偏差值而又允许出现一定缺陷的项目，则以缺陷的数量来区分。如砖砌体预埋拉结筋，其留置间距偏差；混凝土钢筋露筋，露出一定长度等。③其他一些无法定量的而采用定性的项目。如碎拼大理石地面颜色协调，无明显裂缝和坑洼等。

（3）质量控制资料反映了检验批从原材料到最终验收的各施工工序的操作依据，检查情况以及保证质量所必需的管理制度等。对其完整性的检查，实际是对过程控制的确认，这是检验批质量验收合格的前提。质量控制资料如下：

1）图纸会审记录、设计变更通知单、工程洽商记录、竣工图；

2）工程定位测量、放线记录；

3）原材料出厂合格证书及进场检验、试验报告；

4）施工试验报告及见证检测报告；

5）隐蔽工程验收记录；

6）施工记录；

7）按专业质量验收规范规定的抽样检验、试验记录；

8）分项、分部工程质量验收记录；

9）工程质量事故调查处理资料；

10）新技术论证、备案及施工记录。

3. 检验批质量检验方法

（1）检验批质量检验，可根据检验项目的特点在下列抽样方案中选取：

1）计量、计数的抽样方案；

2）一次、二次或多次抽样方案；

3）对重要的检验项目，当有简易快速的检验方法时，选用全数检验方案；

4）根据生产连续性和生产控制稳定性情况，采用调整型抽样方案；

5）经实践证明有效的抽样方案。

（2）计量抽样的错判概率 α 和漏判概率 β 可按下列规定采取：

错判概率 α，是指合格批被判为不合格批的概率，即合格批被拒收的概率。

漏判概率 β，是指不合格批被判为合格批的概率，即不合格批被误收的概率。

抽样检验必然存在这两类风险，要求通过抽样检验的检验批 100％合格是不合理的，也是不可能的。在抽样检验中，两类风险的一般控制范围如下：

1）主控项目：α 和 β 均不宜超过 5％；

2）一般项目：α 不宜超过 5％，β 不宜超过 10％。

（3）检验批抽样样本应随机抽取，满足分布均匀、具有代表性的要求，抽样数量不应低于有关专业验收规范的规定。

明显不合格的个体可不纳入检验批，但必须进行处理，使其满足有关专业验收规范的规定，并对处理情况予以记录。

7.2.2 隐蔽工程质量验收

隐蔽工程是指在下道工序施工后将被覆盖或掩盖，不易进行质量检查的工程，如钢筋混凝土工程中的钢筋工程，地基与基础工程中的混凝土基础和桩基础等。因此，隐蔽工程完成后，在被覆盖或掩盖前必须进行隐蔽工程质量验收。隐蔽工程可能是一个检验批，也可能是一个分项工程或子分部工程，所以可按检验批或分项工程、子分部工程进行验收。

如隐蔽工程为检验批时，其质量验收应由专业监理工程师组织施工单位项目专业质量检查员、专业工长等进行。

施工单位应对隐蔽工程质量进行自检，合格后填写隐蔽工程质量验收记录及隐蔽工程报审、报验表，并报送项目监理机构申请验收；专业监理工程师对施工单位所报资料进行审查，并组织相关人员到验收现场进行实体检查、验收，同时应留有照片、影像等资料。对验收不合格的工程，专业监理工程师应要求施工单位进行整改，自检合格后予以复查；对验收合格的工程，专业监理工程师应签认隐蔽工程报审、报验表及质量验收记录，准予进行下一道工序施工。

例如钢筋隐蔽工程的验收，应符合上述流程，主要关注的内容为：纵向受力钢筋的品种、级别、规格、数量和位置等；钢筋的连接方式、接头位置、接头数量、接头面积百分率等；箍筋、横向钢筋的品种、规格、数量、间距等；预埋件的规格、数量、位置等。

检查要点：检查产品合格证、出厂检验报告和进场复验报告；检查钢筋力学性能试验报告；检查钢筋隐蔽工程质量验收记录；检查钢筋安装实物工程质量。

7.2.3 分项工程质量验收

1. 分项工程质量验收程序

分项工程质量验收应由专业监理工程师组织施工单位项目技术负责人等进行。

验收前，施工单位应对施工完成的分项工程进行自检，合格后填写分项工程质量验收记录（见图 7-5）及分项工程报审、报验表，并报送项目监理机构申请验收。专业监理工程师对施工单位所报资料逐项进行审查，符合要求后签认分项工程报审、报验表及质量验收记录。

_____分项工程质量验收记录　　编号：_____

单位（子单位）工程名称			分部（子分部）工程名称		
分项工程数量			检验批数量		
施工单位			项目负责人	项目技术负责人	
分包单位			分包单位项目负责人	分包内容	

序号	检验批名称	检验批容量	部位/区段	施工单位检查结果	监理单位验收结论
1					
2					
3					
4					
5					
6					
7					
8					
9					
10					
11					
12					
13					
14					
15					

说明：

施工单位检查结果	项目专业技术负责人： 年　月　日
监理单位验收结论	专业监理工程师： 年　月　日

图 7-5　分项工程质量验收记录

2. 分项工程质量验收合格的规定

（1）分项工程所含检验批的质量均应验收合格。

（2）分项工程所含检验批的质量验收记录应完整。

分项工程的验收是在检验批的基础上进行的。一般情况下，检验批和分项工程两者具有相同或相近的性质，只是批量的大小不同而已，将有关的检验批汇集可构成分项工程。

实际上，分项工程质量验收是一个汇总统计的过程，并无新的内容和要求。分项工程质量验收合格条件比较简单，只要构成分项工程的各检验批的质量验收资料完整，并且均已验收合格，则分项工程质量验收合格。因此，在分项工程质量验收时应注意以下三点：

（1）核对检验批的部位、区段是否全部覆盖分项工程的范围，有没有缺漏的部位没有验收到。

（2）一些在检验批中无法检验的项目，在分项工程中直接验收。如砖炮体工程中的全高垂直度、砂浆强度的评定。

（3）检验批验收记录的内容及签字人是否正确、齐全。

7.2.4　分部工程质量验收

1. 分部（子分部）工程质量验收程序

分部（子分部）工程质量验收应由总监理工程师组织施工单位项目负责人和项目技术、质量负责人等进行。由于地基与基础、主体结构工程要求严格、技术性强，关系到整个工程的安全，应严格把控工程质量，规定勘察、设计单位项目负责人和施工单位技术、质量负责人应参加地基与基础分部工程的验收。设计单位项目负责人和施工单位技术、质量负责人应参加主体结构、节能分部工程的验收。

验收前，施工单位应先对施工完成的分部工程进行自检，合格后填写分部工程质量验收记录（见图7-6）及分部工程报验表，并报送项目监理机构申请验收。总监理工程师应组织相关人员进行检查、验收，对验收不合格的分部工程，应要求施工单位进行整改，自检合格后予以复查；对验收合格的分部工程，应签认分部工程报验表及验收记录。

2. 分部（子分部）工程质量验收合格的规定

（1）所含分项工程的质量均应验收合格。

（2）质量控制资料应完整。

（3）有关安全、节能、环境保护和主要使用功能的抽样检验结果应符合相应规定。

（4）观感质量应符合要求。

分部工程质量验收是在其所含各分项工程质量验收的基础上进行的。首先，分部工程所含各分项工程必须已验收合格且相应的质量控制资料齐全、完整，这是验收的基本条件。此外，由于各分项工程的性质不尽相同，因此作为分部工程不能简单地组合而加以验收，尚需进行以下两方面的检查项目：

（1）涉及安全、节能、环境保护和主要使用功能等的抽样检验结果应符合相应规定。即涉及安全、节能、环境保护和主要使用功能的地基与基础、主体结构和设备安装等分部工程应进行有关见证检验或抽样检验。如建筑物垂直度、标高、全高测量记录，建筑物沉降观测测量记录，给水管道通水试验记录，暖气管道、散热器压力试验记录，照明全负荷试验记录等。总监理工程师应组织相关人员，检查各专业验收规范中规定检测的项目是否都进行了检测；查阅各项检测报告（记录），核查有关检测方法、内容、程序、检测结果等是否符合有关标准规定；核查有关检测单位的资质，见证取样与送样人员资格，检测报告出具单位负责人的签署情况是否符合要求。

_____分部工程质量验收记录　　　编号：_____

单位（子单位）工程名称			子分部工程数量		分项工程数量	
施工单位			项目负责人		技术（质量）负责人	
分包单位			分包单位负责人		分包内容	
序号	子分部工程名称	分项工程名称	检验批数量	施工单位检查结果	监理单位验收结论	
1						
2						
3						
4						
5						
6						
质量控制资料						
安全和功能检验结果						
观感质量检验结果						
综合验收结论						
施工单位：项目负责人：　　年 月 日		勘察单位项目负责人：　　年 月 日		设计单位项目负责人：　　年 月 日	监理单位总监理工程师：　　年 月 日	

注　1. 地基与基础分部工程的验收应由施工、勘察、设计单位项目负责人和总监理工程师参加并签字。
　　2. 主体结构、节能分部工程的验收应由施工、设计单位项目负责人和总监理工程师参加并签字。

图 7-6　分部工程质量验收记录

（2）观感质量验收。这类检查往往难以定量，只能以观察、触摸或简单量测的方式进行观感质量验收，并由验收人主观判断，检查结果并不给出"合格"或"不合格"的结论，而是综合给出"好""一般""差"的质量评价结果。所谓"一般"是指观感质量检验能符合验收规范的要求；所谓"好"是指在质量符合验收规范的基础上，能到达精致、流畅的要求，细部处理到位、精度控制好；所谓"差"是指勉强达到验收规范要求，或有明显的缺陷，但不影响安全或使用功能。评为"差"的项目能进行返修的应进行返修，不能返修的只要不影响结构安全和使用功能的可通过验收。有影响安全和使用功能的项目，不能评价，应返修后再进行评价。

7.2.5　单位工程质量验收

单位工程质量验收也称质量竣工验收，是单位工程投入使用前的最后一次验收。竣工验收的详细内容将在7.3节详细介绍，本节简述单位（子单位）工程质量验收如下。

1. 单位（子单位）工程质量验收程序

验收准备：施工方向建设单位提交竣工报告；建设单位编制并提交竣工图、竣工决算等。

预验收：建设单位组织施工、设计、监理及使用单位进行预验，向建设行政主管部门或负责竣工验收的部门提交竣工验收申请报告。

正式验收：主管部门或负责竣工验收的部门接到竣工验收申请报告后，经审查符合验收条件时，及时安排、组织验收委员会进行验收。提交《竣工验收鉴定书》。

根据建设项目规模的大小和复杂程度，可分为预验收和正式验收两个阶段进行。

2. 单位（子单位）工程质量验收合格的规定

（1）所含分部（子分部）工程的质量均应验收合格。

（2）质量控制资料应完整。

（3）所含分部工程中有关安全、节能、环境保护和主要使用功能等的检验资料应完整。

（4）主要使用功能的抽查结果应符合相关专业质量验收规范的规定。

（5）观感质量应符合要求。

7.2.6　工程施工质量验收不符合要求的处理

一般情况，不合格现象在检验批验收时就应发现并及时处理，但实际工程中不能完全避免不合格情况的出现，因此工程施工质量验收不符合要求的应按下列进行处理。

（1）经返工或返修的检验批，应重新进行验收。在检验批验收时，对于主控项目不能满足验收规范规定或一般项目超过偏差限值时，应及时进行处理。其中，对于严重的质量缺陷应重新施工；一般的质量缺陷可通过返修或更换予以解决，允许施工单位在采取相应的措施后重新验收。如能够符合相应的专业验收规范要求，则应认为该检验批合格。

（2）经有资质的检测单位检测鉴定能够达到设计要求的检验批，应予以验收。当个别检验批发现问题，难以确定能否验收时，应请具有资质的法定检测单位进行检测鉴定。当鉴定结果认为能够达到设计要求时，该检验批可以通过验收。这种情况通常出现在某检验批的材料试块强度不满足设计要求时。

（3）经有资质的检测单位检测鉴定达不到设计要求，但经原设计单位核算认可能够满足安全和使用功能要求时，该检验批可予以验收。如经检测鉴定达不到设计要求，但经原设计单位核算、鉴定，仍可满足相关设计规范和使用功能的要求时，该检验批可予以验收。一般情况下，标准、规范规定的是满足安全和功能的最低要求，而设计往往在此基础上留有一些余量。在一定范围内，会出现不满足设计要求而符合相应规范要求的情况，两者并不矛盾。

（4）经返修或加固处理的分项、分部工程，满足安全及使用功能要求时，可按技术处理方案和协商文件的要求予以验收。经法定检测单位检测鉴定以后认为达不到规范相应的要求，即不能满足最低限度的安全储备和使用功能时，则必须按一定的技术处理方案进行加固处理，使之能满足安全使用的基本要求。这样可能会造成一些永久性的影响，如增大结构外形尺寸，影响一些次要的使用功能等。但为了避免建筑物的整体或局部拆除，避免社会财富更大的损失，在不影响安全和主要使用功能的条件下，可按技术处理方案和协商文件的要求进行验收，责任方应按法律法规承担相应的经济责任和接受处罚。这种方法不能作为降低质量要求、变相通过验收的一种出路，这是应该特别注意的。

（5）经返修或加固处理仍不能满足安全或重要使用要求的分部工程及单位或子单位工程，严禁验收。分部工程及单位工程如存在影响安全和使用功能的严重缺陷，经返修或加固处理仍不能满足安全使用要求的，严禁通过验收。

7.3 工程项目的竣工验收和交接、回访保修

7.3.1 工程竣工验收

1. 竣工验收的意义、范围及依据

（1）竣工验收的意义：工程竣工验收，是工程建设的最后一个程序，是全面检验工程建设是否符合设计要求和施工质量的重要环节；通过竣工验收，可以检查承包合同执行情况，促进建设项目及时投产和交付使用，发挥投资效益；通过竣工验收，可以总结建设经验，全面考核建设成果，为今后的建设工作积累经验。

（2）验收范围：凡新建、扩建、改建的基本建设项目和技术改造项目，按批准的设计文件和合同规定的全部内容建成的；对完建的住宅小区，还应验收土地使用情况、单项工程、市政、绿化及公用设施等配套设施项目。

符合验收标准的必须及时组织验收，交付使用，并办理固定资产移交手续。

（3）验收依据：竣工验收的依据是批准的设计任务书、初步设计、技术设计文件、施工图、设备技术说明书、有关建设文件，以及现行的施工技术验收规范等；施工承包合同、协议及洽商等。

2. 竣工验收应具备的条件

（1）完成建设工程设计和合同规定的内容；

（2）有完整的技术档案和施工管理资料；

（3）有工程使用的主要建筑材料、构配件和设备的进场试验报告；

（4）有勘察、设计、施工、工程监理等单位分别签署的质量合格文件；

（5）有施工单位签署的工程保修书。

此外，根据工程项目性质的不同（如工业项目、非工业项目、遗留问题的处理等），在进行竣工验收时，还有一些相对具体的要求。

（1）工业项目应做到：生产性建设项目及其辅助生产设施，已按设计的内容要求建成，能满足生产需要；主要工艺设计及配套设施已安装完成，生产线联动负荷试行合格，运转正常，形成生产能力，能够生产出设计文件规定的合格产品，并达到或基本达到设计生产能力；必要的生活设施已按设计要求建成，生产准备工作和生活设施能适应投产的需要；环保设施及劳动、安全、卫生设施、消防设施等已按设计要求与主体工程同时建成交付使用；已按合同规定的内容建成，工程质量符合规范标准规定，满足合同要求。

（2）非工业项目需按设计内容建设完成，工程质量和使用功能符合规范规定和设计要求，并按合同规定完成了协议内容。其中，住宅小区应做到：所有建设项目按批准的小区规划和有关专业管理及设计要求全部建成，并满足使用要求；住宅及公共配套设施、市政公用

基础设施等单项工程全部验收合格，验收资料齐全；各类建筑物的平面位置、立面造型、装饰色调等符合批准的规划设计要求；施工机具、暂设工程、建筑残土、剩余构件全部拆除运走，达到场地清理干净、地面平整，有绿化要求的要按绿化设计全部完成，并达到按图施工，树活草青等要求。

（3）在工程项目建设过程中，由于各方面的原因，尚有一些零星项目不能按时完成的，应协商妥善处理。例如：建设项目基本达到竣工验收标准，有一些零星土建工程和少数非主要设备未能按设计规定内容全部完成，但不影响正常生产时，也应办理竣工验收手续，剩余部分按内容留足资金，限期完成；有的建设项目和单位工程已建成形成生产能力，但近期内不能按设计要求规模建成，可从实际出发，对已完成部分进行验收，并办理固定资产移交手续；对引进设备的项目，按合同建成，完成负荷试验，设备考核合格后，组织竣工验收；已建成具备生产能力的项目或工程，一般应在具备竣工验收条件三个月内组织验收。

3. 竣工验收程序

（1）验收准备及预验收。当单位（子单位）工程完成后，施工单位应依据验收规范、设计图纸等组织有关人员进行自检，对检查结果进行评定，符合要求后填写单位工程竣工验收报审表，以及质量竣工验收记录（见图 7-7）、质量控制资料核查记录、安全和功能检验资料核查以及观感质量检查记录（详见《建筑工程施工质量验收统一标准》附录 H）等，并将单位工程竣工验收报审表及有关竣工资料报送项目监理机构申请验收。

总监理工程师应组织专业监理工程师审查施工单位提交的单位工程竣工验收报审表及有关竣工资料，并对工程质量进行竣工预验收。存在质量问题时，应由施工单位及时整改，整改完毕且合格后，总监理工程师应签认单位工程竣工验收报审表及有关资料，并向建设单位提交工程质量评估报告。施工单位向建设单位提交工程竣工报告，申请工程竣工验收。

对需要进行功能试验的项目（包括单机试车和无负荷试车），专业监理工程师应督促施工单位及时进行试验，并对重要项目进行现场监督、检查，必要时请建设单位和设计单位参加；专业监理工程师应认真审查试验报告单并督促施工单位做好成品保护和现场清理工作。

单位工程中的分包工程完工后，分包单位应对所施工的建筑工程进行自检，并应按规定的程序进行验收。验收时，总包单位应派人参加。验收合格后，分包单位应将所分包工程的质量控制资料整理完整后，移交给总包单位。建设单位组织单位工程质量验收时，分包单位负责人应参加验收。

（2）正式验收。建设单位收到施工单位提交的工程竣工报告和完整的质量控制资料，以及项目监理机构提交的工程质量评估报告后，由建设单位项目负责人组织设计、勘察、监理、施工等单位项目负责人进行单位工程验收。对验收中提出的整改问题，项目监理机构应督促施工单位及时整改。工程质量符合要求的，总监理工程师应在工程竣工验收报告中签署验收意见。

在一个单位工程中，对满足生产要求或具备使用条件，施工单位经自行检验，专业监理工程师已预验收通过的子单位工程，建设单位可组织进行验收。有几个施工单位负责施工的单位工程，当其中的施工单位所负责的子单位工程已按设计完成，并经自行检验，也可按规定的程序组织正式验收，办理交工手续。在整个单位工程进行全部验收时，已验收的子单位工程验收资料应作为单位工程验收的附件。

单位工程验收时，如有因季节影响需后期调试的项目，单位工程可先行验收。后期调试项目可约定具体时间另行验收。如一般空调制冷性能不能在冬季验收，采暖工程不能在夏季验收。

单位工程质量竣工验收记录

工程名称		结构类型		层数/建筑面积	
施工单位		技术负责人		开工日期	
项目负责人		项目技术负责人		完工日期	

序号	项　目	验收记录	验收结论
1	分部工程验收	共　　分部，经查符合设计及标准规定　　分部	
2	质量控制资料核查	共　　项，经核查符合规定　　项	
3	安全和使用功能核查及抽查结果	共核查　　项，符合规定　　项，共抽查　　项，符合规定　　项，经返工处理符合规定　　项	
4	观感质量验收	共抽查　　项，达到"好"和"一般"的　　项，经返修处理符合要求的　　项	
综合验收结论			

参加验收单位	建设单位	监理单位	施工单位	设计单位	勘察单位
	(公章) 项目负责人： 　年　月　日	(公章) 总监理工程师： 　年　月　日	(公章) 项目负责人： 　年　月　日	(公章) 项目负责人： 　年　月　日	(公章) 项目负责人： 　年　月　日

注　单位工程验收时，验收签字人员应由相应单位的法人代表书面授权。

图 7-7　单位工程质量竣工验收记录

　　规模大的建设项目，应先进行预验收，然后进行全部建设项目的竣工验收；规模较小、较简单的建设项目，可一次进行全部建设项目的竣工验收。

　　4. 竣工验收合格的规定

　　竣工验收是建筑工程投入使用前的最后一次验收，也是最重要的一次验收。参建各方责任主体和有关单位及人员，应加以重视，认真做好单位工程质量竣工验收。

工程竣工验收合格应注意以下五个方面的内容。

（1）所含分部（子分部）工程的质量均应验收合格。施工单位事前应认真做好验收准备，将所有分部工程的质量验收记录表及相关资料及时进行收集整理，并列出目次表，依序将其装订成册。在核查和整理过程中，应注意以下三点：

1）核查各分部工程中所含的子分部工程是否齐全。

2）核查各分部工程质量验收记录表及相关资料的质量评价是否完善。

3）核查各分部工程质量验收记录表及相关资料的验收人员是否是规定的有相应资质的技术人员，并进行了评价和签认。

（2）质量控制资料应完整。质量控制资料完整是指所收集到的资料，能反映工程所采用的建筑材料、构配件和设备的质量技术性能，施工质量控制和技术管理状况，涉及结构安全和使用功能的施工试验和抽样检测结果，以及工程参建各方质量验收的原始依据、客观记录、真实数据和见证取样等资料，能确保工程结构安全和使用功能，满足设计要求。它是客观评价工程质量的主要依据。

尽管质量控制资料在分部工程质量验收时已经检查过，但某些资料由于受试验时间的影响，或受系统测试的需要等，难以在分部工程验收时到位。因此应对所有分部工程质量控制资料的系统性和完整性进行一次全面的核查，在全面梳理的基础上，重点检查资料是否齐全、有无遗漏，从而达到完整无缺的要求。

（3）所含分部工程中有关安全、节能、环境保护和主要使用功能等的检验资料应完整。对涉及安全、节能、环境保护和主要使用功能的分部工程的检验资料应复查合格，资料复查不仅要全面检查其完整性，不得有漏检缺项，而且对分部工程验收时的见证抽样检验报告也要进行复核，这体现了对安全和主要使用功能的重视。

（4）主要使用功能的抽查结果应符合相关专业质量验收规范的规定。对主要使用功能的项目应进行抽查，使用功能的检查是对建筑工程和设备安装工程最终质量的综合检验，也是用户最为关心的内容，体现了过程控制的原则，也将减少工程投入使用后的质量投诉和纠纷。因此，在分项、分部工程质量验收合格的基础上，竣工验收时应再做全面的检查。

主要使用功能抽查项目已在各分部工程中列出，有的是在分部工程完成后进行检测，有的还要待相关分部工程完成后才能检测，有的则需要等单位工程全部完成后进行检测。这些检测项目应在单位工程完工，施工单位向建设单位提交工程竣工验收报告之前，全部进行完毕，并将检测报告写好。至于在竣工验收时抽查什么项目，应在检查资料文件的基础上由参加验收的各方人员商定，并用计量、计数的方法抽样检验，检验结果应符合有关专业验收规范的要求。

（5）观感质量应符合要求。观感质量验收不单纯是对工程外表质量进行检查，同时也是对部分使用功能和使用安全所做的一次全面检查。如门窗启闭是否灵活、关闭后是否严密；又如室内顶棚抹灰层的空鼓、楼梯踏步高差过大等，涉及使用的安全，在检查时应加以关注。观感质量验收须由参加验收的各方人员共同进行，检查的方法、内容、结论等已在分部工程的相应部分中阐述，最后共同协商确定是否通过验收。

5. 竣工验收的组织

（1）验收权限的划分：

1）根据项目（工程）规模大小组成验收委员会或验收组。大中型建设项目（工程）、由国家批准的限额以上利用外资的项目（工程），由国家组织或委托有关部门组织验收，省建委参与验收。

2）地方大中型建设项目（工程）由省级主管部门组织验收。

3）其他小型项目（工程）由地市级主管部门或建设单位组织验收。

（2）验收委员会或验收组的组成：

通常有建设单位、施工单位、设计单位及接管单位参加，请计划、建设、项目（工程）主管、银行、物资、环保、劳动、统计、消防等有关部门组成验收委员会。通常还要请有关专家组成专家组，负责各专业的审查工作。一般有施工组、设计组、生产准备组、决算组及后勤组等。

6. 竣工验收中有关工程质量的评价工作

竣工验收是一项综合性很强的工作，涉及各方面，作为质量控制方面的工作主要有以下内容。

（1）做好每个单位工程的质量评价，在施工企业自评质量等级的基础上，由当地工程质量检查监督站或专业站核定质量等级。做好单位工程质量一览表。

（2）如果是一个工厂或住宅小区、办公区，除将每个单位工程质量进行评价外，还应将室外工程的道路、管线、绿化及设施物品等进行逐项检查，给予评价。并对整个项目（工程）的工程质量给予评价。

（3）工艺设施质量及安全的评价。

（4）督促施工单位做好施工总结，并在此基础上做出竣工验收报告中的质量部分。

（5）协助建设单位审查工程项目竣工验收资料，其主要内容有：工程项目开工报告；工程项目竣工报告；图纸会审和设计交底记录；设计变更通知单；技术变更核定单；工程质量事故发生后调查和处理资料；水准点位置、定位测量记录、沉降及位移观测记录；材料、设备、构件的质量合格证明资料；试验、检验报告；隐蔽验收记录及施工日志；竣工图；质量检验评定资料；工程竣工验收及资料。

（6）对其他小型项目单位工程的验收。由于小型项目内容单一，主要是对工程质量评价及竣工资料的审查。

施工企业在工程完工后，应提出验收通知单，监理工程师根据平时了解现场的情况，对资料审查结果提出验收意见，请建设单位及有关人员对工程实物质量及资料进行讨论，给出结论。并共同签认竣工验收证书。

7.3.2　工程项目的交接和回访保修

1. 工程项目的交接

工程项目竣工和交接是两个不同的概念。

所谓竣工是针对承包单位而言，它有以下几层含义：

第一，承包单位按合同要求完成了工作内容；

第二，承包单位按质量要求进行了自检；

第三，项目的工期、进度、质量均满足合同的要求。

工程项目交接则是对工程的质量进行验收之后，由承包单位向业主进行移交项目所有权的过程。能否交接取决于承包单位所承包的工程项目是否通过了竣工验收。因此，交接是建立在竣工验收基础上的时间过程。

工程项目经竣工验收合格后，便可办理工程交接手续，即将工程项目的所有权移交给建设单位。交接手续应及时办理，以便使项目早日投产使用，充分发挥投资效益。

在办理工程项目交接前，施工单位要编制竣工结算书，以此向建设单位结算最终拨付的工程价款。

在工程项目交接时，还应将成套的工程技术资料进行分类整理、编目建档后移交给建设单位，同时，施工单位还应将在施工中所占用的房屋设施进行维修清理，打扫干净，连同房门钥匙全部予以移交。

2. 工程项目的回访与保修

工程项目在竣工验收交付使用后，承包人应编制回访计划，主动对交付使用的工程进行回访。

每次回访结束，应填写回访记录，主管部门依据回访记录对回访服务的实施效果进行验证。

回访一般采用三种形式：

(1) 季节性回访。雨季回访屋面、墙面的防水情况；冬季回访采暖系统的情况。

(2) 技术性回访。主要了解在工程施工过程中所采用的新技术的性能和使用后的效果，发现问题及时加以补救和解决，此行为也便于总结经验，获取科学依据，为改进、完善和推广新技术创造条件。

(3) 保修期满前的回访。这种回访一般是在保修期即将结束之前进行回访。

建设工程承包单位在向建设单位提交工程竣工验收报告时，应当向建设单位出具质量保修书。《建设工程质量保修书》包括的内容有：质量保修项目内容及范围；质量保修期；质量保修责任；质量保修金的支付方法等。

在正常使用条件下，建设工程的最低保修期限为：

(1) 基础设施工程、房屋建筑的地基基础工程和主体结构工程，为设计文件规定的合理使用年限。

(2) 屋面防水工程、有防水要求的卫生间、房间和外墙面的防渗漏为 5 年。

(3) 供热与供冷系统，为 2 个采暖期、供冷期。

(4) 电气管线、给排水管道、设备安装和装修工程，为 2 年。

7.4　案　例　分　析

1. 案例一：变电站 10kV 备自投验收要求及其带电调试

继电保护验收工作，直接关系到电网、设备和人身安全，验收人员必须严格执行现场安全工作规程，全过程落实执行好安全措施，确保验收工作安全、有序、优质、顺利地完成。

变电站 110kV 线路备自投（注：备自投装置全称微机线路备自投保护装置，是一种保护装置，核心部分采用高性能单片机，包括 CPU 模块、继电器模块、交流电源模块、人机对话模块等，具有抗干扰性强、稳定可靠、使用方便等优点）现场验收内容包括：

(1) 外部检查。检查备自投装置的插件接触可靠，压板、按钮、转换开关、空开等安装牢固，接触良好，操作灵活可靠。保护屏外观良好、安装牢固、无变形、柜门旋转灵活。保护屏内照明必须经专用空气开关控制。

(2) 直流电源回路检查。保护装置及控制直流供电电源及其直流断路器配置符合要求。

(3) 二次回路绝缘检查。按照 DL/T 995—2016《继电保护和电网安全自动装置检验规程》相关要求进行绝缘检查。

(4) 备自投装置功能试验。①备自投装置版本与调度发布的版本要求一致，与定值单要求一致。②按照 DL/T 995—2016《继电保护和电网安全自动装置检验规程》相关要求进行装置电源检查。③检查备自投装置零漂及采样精度，符合保护厂家技术要求。④检查备自投装置所有开入量，对应的开入量变位正确。⑤检查备自投装置所有开出量，对应的开出接点动作正确。

（5）寄生回路检查，检查保护电源、信号电源、交流电源之间应无寄生回路。

（6）二次回路试验。①备自投装置跳闸回路试验。试验备自投跳线路 1 开关回路正确，同时闭锁线路 1 重合闸；试验备自投跳线路 2 开关回路正确，同时闭锁线路 2 重合闸。压板及回路接线试验正确。②备自投装置合闸回路试验。试验备自投合线路 1 开关回路正确；试验备自投合线路 2 开关回路正确。压板及回路接线试验正确。③试验手跳线路开关闭锁备自投回路正确。④开关位置开入回路试验。试验线路 1、线路 2 开关跳位开入回路正确。⑤开关合后位置开入回路试验。试验线路 1、线路 2 开关合后位置开入回路正确。⑥备自投装置联切回路试验。实际带开关试验，试验备自投装置联切回路正确，压板及回路接线试验正确。⑦CT 回路升流检查。

（7）整组传动开关试验。①实际带开关试验，模拟线路 1 失压，试验备自投动作跳线路 1 开关、合线路 2 开关正确。②实际带开关试验，模拟线路 2 失压，试验备自投动作跳线路 2 开关、合线路 1 开关正确。

根据以上验收要求，部分已带电运行的备自投调试过程中往往存在很大的安全隐患。下面举个例子：某变电站某已验收的 10kV 备自投需更改定值，验收要求按照新定值整定后进行逻辑验证。

某天 11:00 左右做 10kV 备自投调试前准备工作，内容包括：在 10kV 备自投屏处解开 801、802、812 开关的跳位及 801 合后开入线芯，短接 801 合后位置；并解开备自投开出至 801、802、812 开关的正电源、跳闸回路、合闸回路的线芯；然后按照图纸接入模拟断路器的开关位置及跳闸、合闸回路的试验线。

15:00 左右，按照新定值单整定好 10kV 备自投定值，然后开始带模拟断路器调试备自投逻辑。因为涉及定值改变，原设计进线备自投功能压板及厂家内部线均未配置，后与设计方沟通把变压器备自投功能压板开入线改接至进线备自投功能开入。验证正确性后，进行进线备自投的逻辑试验，投上跳 801 开关压板，发现 801 开关拒跳，备自投逻辑不成功；疑为压板接线错误，将以下压板投入：合 801、跳 802，合 802、跳 812，合 812，重复几次均为相同情况。怀疑为模拟断路器接线问题，造成拒跳；检查模拟断路器接线，并手动短接正电源与模拟断路器的 1DL、3DL 分合闸线圈来分合模拟断路器开关，模拟断路器可以正常分合，未发现拒动原因，故查看备自投原理图及接线图。此时，调试人员发现 10kV I 段母线失压，到后台查看，发现 812 分段开关已断开。随即分析后台报文，未发现有任何保护动作情况。然后检查人员到 10kV 高压室 812 开关柜处检查接线，分别拆开 #1、#2 接地变及备自投跳 812 开关线芯，用万能表检查各线芯无正电源开入。

此时接到供电局继保人员通知，不改变现场任何接线等待其人员到达后调查事故原因。后将备自投跳 812 开关线芯上回原端子，用绝缘胶布包好 #1、#2 接地变跳 812 开关两条线芯。随即所有人员撤回主控室。此时，调试人员关掉继保仪及模拟断路器电源并等待调查人员；后接命令需保留现场所有调试状态，故重新打开继保仪及模拟断路器电源，并等待调查人员。

17:00 左右，供电局调查人员到达变电站。调查人员向现场值班员了解完情况后随即展开调查。调查人员在备自投屏处检查 10kV 备自投所接接线，并对试验接线的正确性进行检查，未发现问题。于是对 10kV 备自投保护装置已拆掉的电缆接线的绝缘情况进行检查，发现除备自投屏至 821 分段开关的跳闸线芯（33′/BZT-215）用绝缘胶布包裹松动外，其他线芯绝缘良好。随即对备自投装置、812 分段开关保护装置内所有开关位置开入报文及保护事件等时间进行比较排查，未发现有保护出口动作；但发现由模拟断路器返回的 3DL 分合位置接点开入备自投装置的时间与 812 分段开关分合位置接点开入其保护装置的时间相符。故判断由于备自投屏至 821 分段开关的跳闸线芯（33'/BZT-215）绝缘胶布包裹松动，露出铜芯部分，误碰模拟断路器 3DL 分闸线圈接至 10kV 备自投跳分段 812 开关出口的位置，导致在手动短接正电源与模拟断路器的 3DL 分合闸线圈来分合模拟断路器开关时，同时导致 10kV 分段 812 开关跳闸。

有了初步的分析结论后，由供电局调查人员办理变电站第二种工作票对 10kV 备自投二次接线进行了查线，并无发现错线现象。故在做足相应二次设备及回路工作安全技术措施单的前提下，重演 10kV 分段 812 开关跳闸时间段发生的一系列操作，发现备自投装置内所有开关位置开入报文与 10kV 分段 812 开关跳闸时的报文相符。故调查人员判断跳闸原因与初步分析结果一致。

 思考：

（1）案例中的"现场验收"属于竣工验收程序中的哪一部分？

（2）"调试"属于电力工程项目验收的一部分吗？请结合本章内容及案例内容说明"调试"过程中发生问题应该怎么处理。

2. 案例二：灵乡 220kV 输变电工程实现"零缺陷"移交，"标准化"投产

为满足均衡投产和区域经济发展的迫切需求，灵乡 220kV 输变电工程必须在 10 个月内完成建设任务；同时，为满足电网安全运行要求，需 π 接的 220kV 栖下线停电时间仅为 6 天，给工程验收带来严重考验。

工程前期充分借鉴历年投产工程的"差错集"，并邀请运维单位提前策划，收集合理化建议，制定具体的验收标准；根据工程特点制订验收计划，考虑到工期紧、停电时间短等因素，确定采用四次分段验收方式确保工程及时验收处理，满足送电需求。

建设过程中运维检修部提前介入，督导施工过程中生产标准的落实、满足"标准化"投产的要求。全过程采取"施运合一共建"模式，以设施标准化、生产精益化的要求督导施工过程，为"标准化"投产奠定基础。

验收阶段提前组织专家对验收组成员进行专项培训，跟踪督导施工进度，对已完单项工程提出重点验收要求，对关键部位和环节做出重点标注。根据验收要点及验收缺陷分别制作验收卡和复查卡，确保验收全面具体，整改工作落实到位。按照验收计划及实际修编情况有效开展了四次分段验收及缺陷复查，顺利满足工程送电需求。

在四次分段验收时分别发现缺陷 23 项、18 项、14 项和 8 项，提出合理化建议 6 条、4 条、6 条和 3 条；竣工验收时，仅发现缺陷 5 项，影响送电的只有 1 项；在投产送电前，消灭缺陷率达到 100%。该工程在建设过程中夺得××省输变电工程质量管理流动红旗，投产送电后获得当年度××公司"优质工程"称号，投运后被命名为标准化线路。

 思考：

（1）从案例中提炼出灵乡 220kV 输变电工程实现"零缺陷"移交的主要原因。

（2）结合案例说明，实际项目验收流程与本章内标准验收流程的不同，并说明这些差异的优缺点。

第 8 章 工程质量风险定义与识别

知识要点：

(1) 理解项目与项目管理的内涵。

(2) 理解风险的定义与分类。

(3) 掌握项目风险的类型与工程项目风险的含义。

(4) 理解风险管理的定义、特点，掌握风险管理的方法。

(5) 理解项目风险管理规划的内容及方法。

(6) 掌握风险识别的步骤与技术。

8.1 项目与项目管理

8.1.1 项目的内涵

1. 项目的定义

自从出现了人类，人们就开始进行各种有组织的活动。随着社会的发展，人们把这种有组织的活动大致分为两种类型：一类是连续不断、周而复始、循规蹈矩地依靠相对稳定的组织进行的活动，人们称之为"运作"（operations）。如企业日常生产大批量产品的活动，而对应于这种运作的管理就是职能管理。另一类是临时性、一次性、独特性、靠临时团队来进行的活动，人们称之为"项目"（projects）。也可以说，一次性的、没有做过的事都可以称之为项目，如建设一条铁路、修建一座新的机场、进行新产品研发、建设一座新工厂、组织一次运动会等大型活动，对应于这类活动的管理则是项目管理。

尽管一切都是项目，一切也都能成为项目，但目前还没有公认的统一的项目的定义。不同的组织、不同的专家学者从不同的角度给出了对项目的不同认识。美国项目管理协会（PMI）于 2013 年发布的《项目管理知识体系指南》（PMBOK）首次将项目界定为"项目是为创造独特的产品、服务或成果而进行的一项临时性工作（活动）"。项目的临时性表明项目有始有终。当项目的目标已经达到或其不能满足，抑或是项目不再需要时便会终止，一个项目也可能会由于委托人（客户、发起人或支持者）希望终止项目而结束。临时性并不必然意味着项目是短期的，它只是指项目从合约开始履约后具有有限的寿命期。同时，项目的社会、经济和环境影响期限可能远远超过项目本身的寿命。

国际项目管理协会（IPMA）ICB3.0 中对项目的定义为：项目是受时间和成本约束的，用以实现一系列既定的可交付物（达到项目目标的范围），同时满足质量标准和需求的一次性活动。

国际知名的项目管理专家、《国际项目管理》杂志主编罗德尼·特纳（J. Rodney Turner）认为：项目是一种一次性的努力，它以一种新的方式将人力、财力和物力进行组织，完成有独特范围定义的工作，使工作结果符合特定的规格要求，同时满足时间和成本的约束条件。项目具有定量和定性的目标，实现项目目标就是能够实现有利的变化。

美国著名的项目管理专家詹姆斯·刘易斯（Lewis）博士认为：项目是指一种一次性的复合任务，具有明确的开始时间、明确的结束时间、明确的规模与预算，通常还有一个临时性的项目组织。

综上所述，所谓项目，就是具有一定时间、费用和技术性能目标的非日常性、非重复性、一次性的任务，即项目是要在一定时间里，在预算规定范围内由一定的组织完成的，并达到预定质量水平的一项一次性任务。

2. 项目的基本要素

（1）项目的系统属性。从根本上说，项目实质上是一系列的工作，是系统工程作用的结果。尽管项目是有组织地进行的，但它并不是组织本身；尽管项目的结果是某种产品，但项目也不全是产品。例如，一个新产品的开发项目，不能把它简单地理解为交付用户使用的产品，而应当从产品的寿命周期过程出发，把它理解为论证、研制、安装调试、交付使用相互作用的结果。

（2）项目的过程。项目是必须完成的、临时性的、一次性的、有限的任务。这是项目过程区别于其他常规"活动和任务"的基本标志，也是识别项目的主要依据。无休止地或重复地进行的活动和任务确实存在，但它们不是项目。也就是说，项目在内容、形式和环境上不是某一存在物的简单重复，而是多少与先前的工作有些差别。

（3）项目的结果。每一个项目都有一项独特的产品、服务或结果。项目的结果可以是有形的或无形的。尽管在某些可交付性项目或活动中可能存在重复元素，但这种重复并不会改变项目工作基础的、独一无二的本性。例如，办公大楼可被相同或不同施工队用相同或类似的材料来建造，但每一个大楼项目都会具有不同地点、不同设计、不同环境状况、不同利益相关者等独一无二的特征。

（4）项目的共性。项目也和其他任务一样，有费用、时间、资源等许多约束条件，项目只能在一定的约束条件下进行。这些约束条件既是完成项目的制约因素，同时也应当是管理项目的条件。有些文献用"目标"一词来表达这些内容，如把费用、进度、质量、HSE(health，safety，environment)视为项目的"目标"，用以提出对项目特定的管理要求。从管理项目的角度看，这样要求是必要的，但严格地说，"项目目标"应是指项目的结果。

3. 项目的基本特征

作为运用各种资源以达成特定目标的一种复杂的系统工程活动，项目通常具备如下基本特征。

（1）项目实施的一次性和非重复性。项目必须是一项一次性的任务，有投入也有产出，而不是简单的重复。例如，建设一家汽车制造厂可以当作一个大项目，但建成投产后的日常生产过程则不能视为项目。在建筑行业，即使采用同型号的标准图纸建造两个住宅区，但由于建设时间、地点、周围环境等条件不会完全相同，因此，也属于两个不同的项目。世界上有相同性质的产品，可组织批量生产，统一管理，但不可能有完全相同的项目批量实施。项目实施都是一次性的，每个项目都有自身独特的个性需求，应根据具体条件进行系统管理。

（2）项目目标的明确性。项目要建成何种规模，达到什么技术水平，满足哪些质量标准，建成后的服务年限等，都应该明确而详细。这些目标是具体的、可检查的，实现目标的措施也应该是明确的、可操作的。

（3）项目组织的整体性。项目通常由若干相对独立的子项目或工作包组成，这些子项目或工作包包含若干具有逻辑顺序关系的工作单元，各工作单元构成子项目或工作包等子系统，而相互制约和相互依存的各子系统共同构成了完整的项目系统。这一特点表明，对项目进行有效的管理，必须采用系统管理的思想和学术方法。

（4）项目的多目标性。尽管项目的任务是明确的，但项目的具体目标，如性能、时间、成本等则是多方面的。这些具体目标既可能是协调的，或者说是相辅相成的，也可能是不协调的，或者说是互相制约、相互矛盾。如在计划经济时期，一种产品的研制有时可能是以功能要求为第一位的，不强调成本；有时以时间进度要求为主，不得不降低功能要求；而有时更为注重经济指标，要求在资金允许的范围内完成任务。由于项目具体目标的明确性和任务的单一性，要求对项目实施全系统全寿命管理，应力图把多种目标协调起来，实现项目系统优化而不是局部的次优化。

（5）项目的不确定性。项目多少具有某种新的、以前未做过的事情。因此，项目"从摇篮到坟墓"（from cradle to grave）通常包含若干不确定因素，即达到项目目标的途径并不完全清楚。因此，项目目标虽然明确，但项目完成后的确切状态却不一定能完全确定，从而达到这种不完全确定状态的过程本身也经常是不完全确定的。例如，研制新一代歼击机，其起飞重量、飞行速度、巡航半径、火力控制等事先可明确确定，但采用何种工艺、应用何种材料，以及如何制造等还需要在实施过程中不断研究和探索，而不能事先完全确定。这一特点表明，项目的实施不是一帆风顺的，常常会遇到风险，因此，必须进行项目风险管理。

（6）项目资源的有限性。任何一个组织，其资源都是有限的，因此，对于某一具体项目而言，其投资总额、项目各阶段的资金需求各工作环节的完成时间以及重要事件的里程碑等都要通过计划而严格确定下来。在确定的时间和预算内，通过不完全确定的过程，提交出状态不完全确定的成果，就是项目管理学科要解决的中心课题。

（7）项目的临时性。项目一般要由一支临时组建起来的队伍进行实施和管理，由于项目只在一定时间内存在，参与项目实施和管理的人员是一种临时性的组合，人员和材料、设备等之间的组合也是临时性的。这里，临时并不意味着短暂。项目的临时性对项目的科学管理提出了更高的要求。

（8）项目的开放性。由于项目是由一系列活动或任务所组成的，因此，应将项目理解为一种系统，将项目活动视为一种系统工程活动。绝大多数项目都是一个开放系统，项目的实施要跨越若干部门的界限，这就要求项目经理应协调好项目组内外的各种关系，团结项目组内成员齐心一起干，并寻求与项目有关的项目组外人员的大力支持。

8.1.2　项目管理的内涵

1. 项目管理的含义

项目作为一种复杂的系统工程活动，往往需要耗费大量的人力、物力和财力，为了在预定的时间内实现特定的目标，必须推行项目科学管理。项目管理为一种管理活动，其历史源远流长。自从人类开始进行有组织的活动，就一直执行着各种规模的项目，从事着各类项目管理实践，如我国的长城、故宫、都江堰以及埃及的金字塔、古罗马的供水渠等，都是项目管理实践的经典之作。那么怎样从理论上理解项目管理呢？项目管理，从字面上理解应是对项目进行管理。即项目管理属于管理的大范畴，同时也指明了项目管理的对象应是项目。正确理解项目管理，首先必须对管理的内涵有正确的认识。

由于管理主体、管理对象、管理环境等的动态性，不同的人对管理有不同的认识。如"科学管理之父"泰勒认为，管理就是"确切地知道你要别人去干什么，使他用最好的方法去干"；诺贝尔经济学奖获得者赫尔伯特·西蒙认为，管理是决策，决策贯穿管理的全过程；"管理理论之父"法约尔认为，管理是所有的人类组织（不论家庭、企业或政府）都有的一种活动，这种活动由五项要素组成：计划、组织、指挥、协调和控制。现代管理的观点认为，管理是对组织资源进行有效整合以达成组织既定目标与责任的动态创造性活动，现代管理的核心在于对组织资源的有效整合。

项目管理既具有一般管理共有的内涵，又有自身的个性需求。目前，项目管理一般有两种不同的含义：一是指一种管理活动，即一种有意识地按照项目规律特点对项目进行组织管理的活动；二是指一种管理学科专业，即以项目管理活动为研究对象的一门学科专业，是探求项目活动科学管理的理论与方法。前者是一种客观实践活动，后者是前者的理论总结和经验升华；前者以后者为指导，后者以前者为基础。就其本质而言，两者是辩证统一的。

基于上述认识，所谓项目管理，是以项目为对象，对项目组织资源进行有效整合以达成项目预定目标与责任的动态创造性活动过程。

2. 项目管理的特点

项目管理贯穿于项目的整个寿命周期，对项目的整个过程进行管理。它是一种运用有规律又经济的方法对项目进行高效率地计划、组织、指导和控制的手段，并在时间、费用、质量和 HSE(health、safety、environment) 健康、安全、环境效果上达到预定目标。

项目的特点也表明它所需要的管理及其管理技术方法与一般作业管理不同。一般的作业管理只需对效率和质量进行考核，并注重将当前的执行情况与之前的进行比较。而在典型的项目管理中，尽管一般的管理技术方法也适用，但项目管理是以项目经理负责制为基础的目标管理，是以项目任务（活动）为基础来建立的，以便实施对时间、费用、质量和 HSE 的控制，并对项目风险进行管理。

一般而言，项目管理的对象通常是指技术上比较复杂、工作量比较繁重、不确定性因素多的任务和项目。由于项目的一次性、临时性特点，项目管理的一个主要方面就是要对项目中的不确定性和风险因素进行科学管理。

8.2　风　　险

8.2.1　风险的概述

1. 风险的定义

风险对人们存在的威胁使得许多专家学者对其开展了深入的研究，给"风险"这一术语下了多种定义，目前尚无一个适用于各个领域的对风险的定义。其中比较具有代表性的风险定义有以下几种。

(1) 风险是未来在特定情况下存在的可能结果与预期目标的差异。它是不确定事件发生的概率及其后果的函数，若用 R 表示风险，P 表示不确定事件发生的概率，E 表示不确定事件发生的后果，则风险可用数学公式表示为：

$$R = f(P,E)$$

（2）风险是未来实际结果偏离预期有利结果的可能性，这种可能性通常用概率来描述。

（3）风险是由将来可能发生的一个事件而导致产生不良后果的一种状况。

（4）"风险"一词在字典中的解释是"损失或伤害的可能性"，该定义中的"可能性"指出了损失或伤害的不确定性。

（5）以研究风险问题著称的美国学者 A. H. 威雷特认为：风险是关于不愿发生的不确定性之客观体现。

（6）美国经济学家 F. H. 奈特认为：风险是可测定的不确定性。

（7）日本学者武井勋认为：风险是在特定环境中和特定期内自然存在的导致经济损失的变化。

（8）中国台湾学者郭明哲认为：风险是指决策面临的状态为不确定性产生的结果。

上述各种风险的不同描述，都反映出风险是一种消极的不良后果，风险是事件发生的潜在可能性。风险应包括以下三个构成要素：一个事件、该事件发生的可能性和该事件发生后产生的不良后果。例如，对一架将要执行一次飞行任务的飞机来说，降落时飞机的起落架有可能无法正常放下，从而导致机毁人亡的事故发生，这就是飞机执行任务的一种风险。

风险的定义应与目标相联系。风险是"起作用的不确定性"，它之所以起作用，是因为它能够影响一个或多个目标。首先我们需要定义什么目标"处于风险之中"，也就是说，如果风险发生，什么目标将会受到影响。因此，风险是"能够影响一个或多个目标的不确定性"。有些不确定性与目标并不相关，它们应该被排除在风险管理过程之外。

把风险与目标联系起来，可以使我们很清楚地看到，生活中风险无处不在。我们所做的一切事情都是为了达到一定的目标，包括个人目标（如快乐和健康）、项目目标（如准时并在预算内交付成果）、公司商业目标（如增加利润和市场份额）。一旦确定了目标，在成功达到目标的过程中，就会有风险随之而来。

风险与目标之间的这种联系也可以帮助我们识别不同级别的风险，它们是基于组织中存在的不同层次的目标。例如，战略风险是指那些能够影响战略目标的不确定性，技术风险可能影响技术目标，而声誉风险则会影响声誉。

2. 风险的特点——可能发生的危险

风险具有以下特点。

（1）客观存在。人的认识与客观事物之间的差距。

（2）不确定性。风险的本质是不确定性，这种不确定性表现于多个未来的不良后果及其发生的可能性。

1）预估或未预估均可能发生。

2）虽预估但也可能不发生。

（3）风险的可控制性。在我们周围存在大量的风险，人们试图评估或者控制它，但有些控制是成功的，而有些控制则是失败的。风险管理的基本任务是提出可供选择的方案，评价每种方案的风险，选择满意的控制风险方案并且正确实施。

对风险的控制可分为主动控制与被动控制。比如，尽管气象专家对天气给出评估，但他不可能控制各种天气情况发生的可能性。因为，一般来说，雨是不可控制的自然现象。但是，他通过建议人们带雨伞的方式减轻了雨天的危害，这是被动控制。

对某些人造产品如飞机、机器人等由于设计问题而导致的风险，可采取改进设计的方法来消除或减轻可能产生的不良后果，这称为主动控制。

3. 风险管理的必要条件

（1）涉及某种选择时才考虑这种状态下的风险（项目、活动、事件）。

（2）这种状态下可能存在的或然性（不确定性）。

（3）与可能发生后的损失或收益相联系。

4. 风险因素和风险事故

（1）风险因素。增加或减少损失发生频率和大小的主、客观条件（触发条件和转化条件）——潜在原因。

（2）风险事故。造成损失损害的风险事件——客观事实。

5. 风险的属性

（1）风险事件的随机性。风险事件的发生及其后果都具有偶然性。风险事件是否发生，何时发生，发生之后会造成什么样的后果？人类通过长期的观察发现，许多事件的发生都遵循一定的统计规律，这种性质叫随机性。风险事件具有随机性。

（2）风险的可变性。

1）风险性质变化。

2）风险后果变化。

3）出现新风险。为了回避某些风险而采取一定措施后，可能导致另外的新风险。

6. 发生项目风险的原因

（1）项目主体将项目置于风险之中。

1）项目的设定说明或结构不够明确、合理——项目的目标、内容、范围、组成、性质、与外部环境的关系等。

2）预估风险时的依据资料不准确——信息不充分、评估的影响要素（变数）不全面、计量的尺度或准则误差较大等。

3）对事件后果估计不足——盲目乐观。

（2）被他人置于风险之中。

1）风险的合理分担。

2）风险的不合理转移。

（3）处于自然力的作用之下。

1）无法预测的客观事件影响。

2）虽可预测但无法防范和控制客观事件的发生。

8.2.2　风险的分类

为了有效地进行项目风险管理，有必要对风险进行分类。按照不同的分类标准，可对项目风险进行不同的分类，如图 8-1 所示。

1. 按风险后果划分

（1）纯粹风险——不能带来机会、无获得利益可能的风险（造成损失或不造成损失）。

（2）投机风险——既可能带来机会、获得利益，又隐含造成损失的风险（造成损失、不造成损失、获得利益）。

2. 按风险来源划分

（1）自然风险。因自然力的不规则变化产生的现象所导致的危害经济活动、物质生产或生命安全的风险。如地震、水灾、火灾、风灾、雹灾、冻灾、旱灾、虫灾以及各种瘟疫等自然现象，在现实生活中是大量发生的。在各类风险中，自然风险是保险人承保最多的风险。

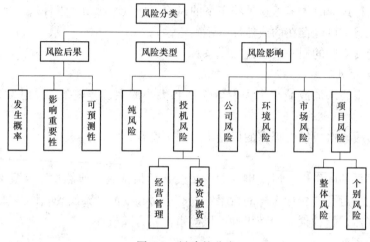

图 8-1　风险的分类

自然风险的特征是：自然风险形成的不可控性，自然风险形成的周期性，自然风险事故引起后果的共沾性，即自然风险事故一旦发生，其涉及的对象往往很广。

（2）人为风险。

1）行为风险——过失、疏忽、侥幸、恶意等。

2）经济风险——经营管理、市场预测、价格浮动等。

3）技术风险——技术上的意外困难等。

4）政治风险——政策法规的变化。

5）组织风险。

外部——各方关系协调不利。

内部——各部门对项目的理解、态度和行动不一致。

3. 按风险影响范围划分

（1）局部风险。

（2）总体风险。

4. 按风险后果的承担者划分——利益不同、角度不同

按其后果的承担者来划分，项目风险有项目业主风险、政府风险、承包商风险、投资方风险、设计单位风险、监理单位风险、供应商风险、担保方风险和保险公司风险等，这样划分有助于合理分配风险，提高项目对风险的承受能力。

5. 按风险的可测性划分

（1）已知风险（可控制范围）——经常发生，可预见后果（发生概率高、损失较轻）。

（2）可预测风险（可控制范围）——可预见发生但不可预见后果。

（3）不可预测风险（外部因素的不可控制范围）——发生和后果都不能合理预见（发生概率很小，后果无法合理预测）。

大型工程项目研制的主要风险有管理风险、技术风险、人力风险、费用风险、进度风险、质量风险、时间风险和安全风险等。按照项目阶段可将项目风险进行阶段划分，如概念

阶段的项目风险、开发阶段的项目风险、实施阶段的项目风险、收尾阶段的项目风险。有些风险贯穿于项目的全寿命期，有些风险只属于某个阶段。

8.3 项 目 风 险

项目风险是指在项目生命周期内，由于某些不确定性而可能导致项目偏离目标，造成项目损失的风险。风险源指的是能够影响项目执行效果的任何因素，当对项目执行效果的影响既有不确定性又很重要时，就成为项目的风险。因此，项目目标和项目执行效果标准的定义对项目风险的水平具有十分重要的影响。从定义上可见，设定严格的成本或时间目标会使项目在成本或时间进度方面具有更高的风险，因为如果目标很严格，这些目标的实现就更加不确定了。反之，设定宽松的时间或质量要求就意味着较低的时间或质量风险。但是，不合适的目标本身就是一处风险源。不同的利益相关者具有不同的项目目标，认识不同目标之间的相互依赖关系是很有必要的，管理风险的策略不能与管理项目目标的策略相分离。

8.3.1 项目风险的分类

1. 按风险来源划分

(1) 自然风险。

(2) 人为风险。

1) 行为风险——过失、疏忽、恶意等行为造成的后果。

2) 经济风险——经营管理不善、物价浮动、汇率变化等。

3) 技术风险——技术不利、措施不当等。

4) 政治风险——社会不稳定、战争等。

5) 组织风险——如项目有关各方协调不利的外部风险；行动不一致的内部风险。

2. 按风险影响范围划分

总体风险和局部风险。

3. 按风险后果的承担者划分

业主风险、承包商风险、监理风险、担保方风险、投资方风险、保险公司风险等。利益和立场不同，风险管理的目标和方法不同。

4. 按风险的可预测性划分

(1) 已知风险——分析项目和计划后就能够明确的那些经常发生且后果可以预见的风险（发生概率高、后果一般不严重），如施工技术方法对工程质量的影响等。

(2) 可预测风险——根据经验可以预见其发生，但不可预见其后果的风险（后果可能相当严重），如施工中遇到不利的地质条件等。

(3) 不可预测风险——可能发生，但发生的概率和后果均不能合理预见（一般是外部因素作用的结果），如地震、政策法规的变化等。

8.3.2 项目风险的特征

1. 客观性

在项目的全寿命周期内，项目风险是无处不在、无时没有的，风险的存在取决于风险的各种因素的存在，只要决定风险的各种因素都达到风险发生的要求，风险就会发生。虽然人类一直希望能认识和控制风险，但直到现在也只能在一定的条件下适当改变项目风险存在和发生的条件、降低其发生的概率、减少损失程度，但消除所有风险是不可能的。

2. 偶然性和规律性

风险具有不确定性，任何一种风险的发生，都是由许多条件和不确定因素相互作用的结果，是一种随机现象。个别风险事件的发生是偶然的、杂乱无章的，但通过对大量风险事件资料的统计分析，可发现其概率规律，即我们可通过概率统计的方法来描述具有随机不确定性的风险的发生规律，在此基础上可开展风险管理。

3. 多样性

大型项目实施周期长、规模大、涉及范围广、风险因素数量和种类多，致使大型项目在全寿命周期内面临的风险多种多样，如政治环境、经济环境、技术、时间、质量等风险。

8.3.3　工程项目风险

1. 工程项目风险的含义

工程项目作为集经济、技术、管理、组织各方面的综合性社会活动，它在各个方面都存在着不确定性。这些事先不能确定的内部和外部的干扰因素，人们将其称之为工程项目风险。风险是项目系统中的不可靠因素，会造成工程项目实施的失控，如工期延长、成本增加、计划修改等，最终导致工程经济效益降低，甚至项目失败。而且现代工程项目的特点是规模大、技术新颖、持续时间长、参加单位多、与环境接口复杂，可以说在项目实施过程中危机四伏。许多领域，由于它的项目风险大，因而危害性也大，例如国际工程承包、国际投资和合作，所以被人们称为风险型事业。在我国的许多项目中，由风险造成的损失是触目惊心的。但是，风险和机会同在，通常只有风险大的工程项目才能有较高的盈利机会，所以风险是对管理者的挑战。风险控制能获得非常高的经济效果，同时它有助于竞争能力的提高，以及素质和管理水平的提高。所以，在现代项目管理中，风险的控制问题已成为研究的热点之一。

2. 工程项目风险的特征

工程项目建设活动是一项复杂的系统工程。项目风险是在项目建设这一特定环境下发生的，与项目建设活动及内容紧密相关；项目建设风险及风险分析具有复杂系统的若干特征。研究项目风险及风险分析的系统特征，不仅能深入地认识项目风险的特殊性，而且也是大型工程项目建设风险分析与管理的基础。

工程项目风险分析的系统特征如下。

（1）整体性与叠加性。任何一种项目风险的产生，都将对项目总目标产生不同程度的影响。项目总风险是各子风险的叠加与复合。

（2）相关性。项目风险之间存在着相互依存、相互制约的关系，它们通过项目建设特定的环境和各种可能的途径进行组合，形成特殊的复合风险。项目风险的相关性使项目风险的作用、发生及损失程度的变化极其复杂。在某种程度上说，项目风险分析的重点之一就是研究项目风险的相关结构及变化规律。

（3）结构性。项目的结构特征及项目建设活动决定了项目风险的结构性。由于项目结构及项目实施活动具有层次性，就整体来说，项目风险也具有结构层次性。

（4）动态性。大型工程项目风险与风险分析的动态性具有如下三个方面的特点：首先，随着项目建设进程的发展，各类项目风险依次相继出现；其次，风险分析与管理具有较为明显的阶段性，一般地，项目风险分析可以分为明确问题、辨识风险阶段，风险对策与决策阶段等；最后，风险分析与风险管理存在于项目建设的全过程，即存在于从项目建设开始到项目竣工为止的全过程。

（5）目的性。项目风险分析的目的是有效地采取一系列风险对策，控制风险或控制风险损失，确保项目建设目标的实现。

（6）环境适应性。任何一个系统都存在于一定的环境中，都与外界环境进行着物质、能量与信息的交换。同一类型的项目风险在不同的项目建设环境中其影响均不相同。在项目风险分析中，要求使用灵活的方法以适应不同的工程建设环境下的风险分析与管理。同时，由于项目风险的复杂性，通常针对不同的风险问题，要求采用定性分析与定量评价相结合的方法。

3. 工程项目风险的特点

（1）风险的客观性与必然性。在工程项目建设中，无论是自然界的风暴、地震、滑坡灾害还是与人们活动紧密相关的施工技术、施工方案不当造成的风险损失，都是不以人们意志为转移的客观现实。它们的存在与发生，就总体而言是一种必然现象。因自然界的物体运动以及人类社会的运动规律都是客观存在的，表明项目风险的发生也是客观必然的。

（2）工程项目风险的多样性。即在一个工程项目中有许多种类的风险存在，如政治风险、经济风险、法律风险、自然风险、合同风险、合作者风险等。这些风险之间有复杂的内在联系。

（3）工程项目风险在整个项目生命期中都存在，而不仅是在实施阶段。例如，在项目的目标设计中，可能存在构思的错误、重要边界条件的遗漏、目标优化的错误；在可行性研究中，可能有方案的失误、调查不完全、市场分析错误；在设计中存在专业不协调、地质不确定、图纸和规范错误；在施工中物价上涨、实施方案不完备、资金缺乏、气候条件变化；在投产运行中，市场发生变化、产品不受欢迎、运行达不到设计能力、操作失误等。

（4）工程项目风险影响的全局性。风险的影响常常不是局部的、某一段时间或某一个方面的，而是全局性的。例如，反常的气候条件造成工程的停滞，同时也会影响整个工程项目的后期计划，影响后期所有参与者的工作。它不仅会造成工期延长，而且会造成费用的增加，造成对工程质量的危害。即使是局部的风险，也会随着项目的发展其影响逐渐扩大。如一个活动受到风险干扰，可能影响到与它相关的许多活动。所以，在工程项目中的风险影响，随着时间推移有扩大的趋势。

（5）工程项目风险有一定的规律性。工程项目的环境的变化、项目的实施有一定的规律性，所以风险的发生和影响也有一定的规律性，是可以预测的。

8.4 项目风险管理

8.4.1 项目风险管理的内涵

风险管理是指如何在项目或者企业这种肯定有风险的环境里，把风险可能造成的不良影响减至最低的管理过程。风险管理对现代企业而言十分重要。

工程项目风险管理是指通过风险识别、风险分析和风险评价去认识工程项目的风险，并以此为基础合理地使用各种风险应对措施、管理方法、技术和手段对项目的风险实行有效地控制，妥善处理风险事件造成的不利后果，以最小的成本保证项目总体目标实现的管理工作。

1. 项目风险管理的概念

项目风险管理是指项目承担单位对项目全寿命期内可能遇到的风险进行预测、识别、分析、评估，并在此基础上采取措施，提出对策，减少风险的损失，从而实现项目目标的科学管理方法。风险管理是需要成本的，需要综合运用各种领域的知识，特别要收集类似项目的相关信息并积极地正确使用。

项目风险可以按照系统工程的思想进行管理。一般而言，一个系统工程的过程主要包括明确问题、选择目标、系统分析、方案优化、做出决策、付诸实施等步骤。而在项目风险管理中，可以将项目作为一个系统，对项目的各个组成部分或工作任务进行分解，找出所有可能存在风险的环节（项目风险识别），然后对这些环节进行分析（项目风险估计与评价），并根据分析的结果做出决策（项目风险应对策略），最后付诸实施并进行控制（项目风险监控）。

例如，当研制一项新产品时，可将风险分解为市场风险、经济风险、进度风险、技术风险、资源及原材料供应风险等方面。然后，再对每一种风险做进一步的分解，这样就可以识别出所有风险，便于决策者和管理者进行决策和监控。

因此，开展风险管理的目的就是完成项目目标。风险管理的作用主要有以下方面。

（1）保护项目的进度、成本、质量。项目是一次性的、临时的，由于现代竞争环境的要求，项目要尽量缩短研制时间，严格控制成本，高质量地实现项目性能指标。由于项目研制过程中存在各种各样的不确定性因素，这些因素有可能导致项目目标不能完成，如项目超过规定的交货时间，或经费超支，或达不到质量和性能要求，这就是风险。为了避免这种现象的发生，必须对风险进行管理，保证项目的时间、进度、质量达到预定的要求。

（2）一次交付成功。现代项目在研制时间和经费上有严格的要求，经不起失败和挫折，要保证一次交付成功。

（3）防止"惊讶"。由于现代项目在时间、成本、质量等方面要求非常高，我们对项目研制过程中可能遇到的各种不利因素，特别是对各种风险要深入分析，需要非常了解其发生的条件、可能性及后果等，制订风险应对预案，一旦出现问题，可采取相应措施，做到心中有数，胸有成竹，沉着应对，使风险造成的损失减到最少。

（4）防止危机发生或控制风险后果的蔓延。项目生命周期中可能会遇到各种风险，特别是一些大型工程项目，技术复杂，研制周期长，不确定因素很多，各种风险极有可能发生。有的风险发生后会导致不良后果，有的后果较轻；有的刚开始产生的后果不严重，但可能会产生连锁反应，最后导致严重后果；有的开始时是局部的，最后可能发展到系统级的。因此，我们要对风险进行早期防范，认真管理，防止危机发生或不良后果的蔓延。

风险管理的目标是实现最大的安全保障。首先，风险管理能为项目组提供安全的生产经营环境，能促进其决策的科学化、合理化，能促进其经济效益的提高，并保障经营目标的顺利实现；其次，风险管理有利于资源分配达到最佳组合，有利于减少风险带来的损失及其不良影响，有利于创造出一个保障项目顺利实施的良好环境，对大型工程项目的正常运转和不断发展起到重要的稳定作用。

2. 项目风险管理的时机

通常，我们关注的焦点是在项目生命周期的不同阶段风险管理的应用过程有何不同。一一般而言，在项目生命周期中风险分析开始得越早，有效风险管理的范围就越宽。但是，在项目开始的早期，由于缺乏项目的详细信息，如设计方案是初步的、框架式的，没有具体详细的设计方案，对项目的了解不深入，因此，风险分析开始得越早就越难做，而较宽的范围既是机会也是挑战。例如，风险管理在概念阶段就需要设定得比较宽，而且在产品的可靠性等问题上要有预见性。

在项目生命周期中早于计划阶段开展风险管理通常很困难，因为项目容易变化而且定义得不太明确。一个容易变化的项目意味着更大的自由度，有更多替代方案可供考虑。定义不太明确的项目意味着很难获得有用的文档资料，而且很难对所涉及的内容进行解释。

在项目生命周期较早阶段实施的风险管理过程具有战略性强、战术性差、难以定量、不太正式、更具有创造性的特点。虽然如此，如果在项目生命周期早期实施的风险管理运作得有效，通常更有用，可为项目计划中更多的改进留有余地，包括由风险推动的重新设计或项目产品的初始设计。要在目标、利益、设计和执行的框架中进行正式的风险管理，需要尽早对风险管理过程予以明确的关注，最好是在概念阶段，早期实施风险管理可以促进有关风险应对措施的思考，从而可以充分探讨实现目标的全新方式。

在计划阶段就已经可以获得关于项目的大量信息，便于比较深入地开展风险管理，而且通过风险管理来改善项目的执行效果的余地会很大。

在项目生命周期的较晚阶段才首次实施风险管理将很难得到良好效果，没有明显补偿性的利益。早期的警告比项目晚期才发现目标不一致或者不能实现更为可取。计划阶段完成之后，合同已经签署，设备已经购买，承诺已经做出，名誉处于危险之中，所以对变化的管理困难相对较大，而且得不偿失。即使如此，较晚实施的风险管理也能够而且应该包括对项目可行性进行再评估。总之，"迟做总比不做好"。

作为一般原则，风险管理的过程实施得越早越好。

8.4.2　项目风险管理的特点

（1）风险的识别与评估是对未来进程的预测。

（2）风险的对策与决策是项目管理的重要环节。

（3）不同阶段和时间需要考虑的风险要素不同。

（4）随着项目的进程，风险影响因素越来越少。

1）随着时间的推进风险越来越小：项目的部分工作已完成；主、客观因素的影响逐渐明朗——转化为确定性问题。

2）风险损失越来越大：由于项目工作已部分完成，所以风险损失会更大。图 8-2 为项目风险管理的时间特性。

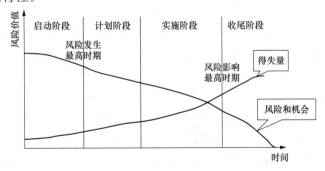

图 8-2　项目风险管理的时间特性

8.4.3 项目风险管理的方法

方法是解决问题的桥梁。由于项目管理活动的复杂性和不确定性，在项目风险管理中，有效解决风险对项目组织实施的困扰必须依赖于适合的风险管理方法。由于项目管理与生产管理、组织管理等密不可分，是组织管理的重要组成部分，因而已有的组织管理方法在项目管理中都有所反映，并且随着项目风险管理研究与实践的深入，已经衍生出了许多的项目风险管理方法，如计划评审技术（program/project evaluation and review technique，PERT）、风险评审技术（venture evaluation and review technique，VERT）、产品数据管理（product data management，PDM）、项目管理支持系统（program management support system，PMSS）等。

从项目风险管理方法本身来看，可分为定性、定量和定性与定量相结合三类。定性分析是一种系统性、综合性较强的分析方法，擅长把握事物整体及发展演变动态，侧重解决面上的问题。定量分析是相对定性分析而言的一种方法，通过建模仿真、建立数学模型、搭建评估系统等，深化对事物的认识，侧重解决点上的问题。但对于充满复杂性、不确定性的项目管理领域，许多因素难以用数字、模型来量化，如人员的心理活动、行为习惯、决策方式等，因而必须定性与定量相结合，形成一个"定性描述—定量分析—定性描述"的完整闭合回路，提高解决问题的有效性。因此，风险管理的具体方法应用如下所示。

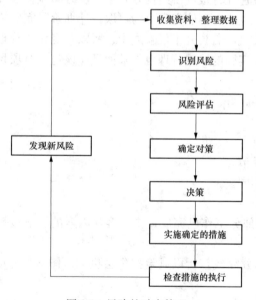

图 8-3 风险的动态管理

（1）利用数理统计规律的随机性原理进行量化的预测与评价（定性与定量相结合）。

（2）利用风险的可变性控制或转移风险。

（3）对风险进行动态管理。图 8-3 展示了风险动态管理的流程。

8.4.4 项目风险管理的基本过程

项目风险管理是一个过程，是项目管理的重要内容之一。在项目生命周期中持续不断地控制风险是非常重要的。项目风险管理过程通常可以分为五个阶段：风险管理规划、风险识别、风险估计与评价、风险应对和风险监控。

1. 风险管理规划

风险管理规划是风险管理工作大纲，是项目全寿命周期管理总要求的一个组成部分。风险管理规划是对整个项目生命周期内制定如何组织和进行风险识别、风险分析、风险应对、风险监督和控制的规划。项目风险管理规划包括风险管理方法、风险判断的依据、风险评价基准、风险分析人员及信息收集与沟通等方面的内容。

2. 风险识别

风险识别的任务是确定项目风险来源、风险产生的条件、描述风险特征和确定哪些风险条件有可能影响本项目。在项目生命周期中，由概念阶段到收尾阶段，项目的信息越来越多，如设计方案由开始的不确定，到框架，到详细方案，执行，收尾，有关设计的信息是由少到多、由不明确到明确的。风险识别在项目开始初期由于信息等条件限制可能得到的结果是初步的，随着项目的进行，风险识别可以越做越深入，结果越来越可用、可信。所以，风险识别不是一次就可以完成的，应在项目全过程中定期、不断地进行。

风险识别首先要识别风险种类，如技术风险、费用风险、进度风险、组织风险、社会风险等，然后对风险进行详细分析。进行风险识别的方法有头脑风暴法、SWOT 法、网络图法、敏感性分析法和故障树分析法等。

3. 风险估计与评价

风险估计与评价是对识别出来的风险进行定性定量分析，评估风险的发生概率和对项目目标的影响程度，常用的方法有主观评分法、层次分析法、模糊综合评价和网络分析方法等。

4. 风险应对

风险应对是针对风险评估的结果，为消除或者减少风险造成的不良后果而制定的风险应对措施。风险应对方案必须考虑风险的严重程度、项目目标和风险应对措施所花的费用，综合决策选择应对措施。常用的风险应对措施有减少风险、回避风险、转移风险、忽略或接受风险。

5. 风险监控

风险监控就是要跟踪已识别的风险，完成风险管理计划，可根据项目执行情况、已出现的风险和可能风险，对风险管理计划进行调整，保障风险管理计划的实施，并评估消减风险的效果。风险监控过程中要与项目利益相关者保持持续不断的沟通，及时了解和通报信息。

8.5　项目风险管理规划

8.5.1　项目风险管理规划的含义

规划是一项重要的管理职能，组织中的各项活动几乎都不能离开规划，规划工作的质量也集中体现了一个组织管理水平的高低。本节主要通过对规划的过程内容以及目标等方面的系统阐述，使读者了解到风险规划是一项风险管理的基本内容，掌握必要的规划工作的方法与技能，这也是进行项目风险管理的基本要求。

风险管理规划阶段主要考虑的问题有两个，一是风险管理策略是否正确、可行；二是实施的管理策略和手段是否符合总目标。因此，风险管理规划的主要工作包括以下两个方面：一是决策者针对项目面对的形势选定行动方案。一经选定，就要执行这一行动方案的计划。为了使计划切实可行，常常还需要进行再分析，特别是要检查计划是否与其他已做出的或将要做出的决策冲突，为以后留出余地。一般只有在获得了关于将来潜在风险以及防止其他风险足够多的信息之后才能做出决策，尽量避免过早地决策；二是选择适合于已选定行动路线的风险应对策略。选定的风险应对措施要写入风险管理计划和风险应对策略计划中。

风险管理规划是一个迭代过程，包括评估、控制、监控和记录项目风险的各种活动，其工作成果记入风险管理计划和风险应对计划两个文件。通过制定风险管理规划，实现下列目的：

（1）尽可能消除风险；

（2）隔离风险并使之尽量降低；

（3）制定若干备选行动方案；

（4）建立时间和经费储备以应付不可避免的风险。

风险管理规划的目的，简单地说，就是强化有组织、有目的的风险管理思路和途径，以预防、减轻、遏止或消除不良事件的发生及产生的影响。

参加风险管理规划制订的人员应包括项目经理、团队领导者及任何与风险管理规划和实施有关的相关者。

风险管理规划将针对整个项目生命周期制订如何组织和进行风险识别、风险评估、风险量化、风险应对计划及风险监控的规划。单个风险应对策略及措施将在风险应对计划中制订。

8.5.2　项目风险管理规划的依据

风险管理规划主要包括以下依据：

（1）公司的风险管理政策和方针。

（2）项目规划中包含或涉及的内容。如项目目标、项目规模、项目的利益相关情况、项目复杂程度、所需资源、项目时间要求、约束条件及假设前提等。项目的工作分解结构（WBS）和网络计划能够提供这方面的详细资料。

（3）项目组及个人所经历的风险管理实践和积累的相应风险管理经验。

（4）决策者、责任方及授权情况。

（5）项目利益相关者对项目风险的敏感程度和承受能力。

（6）可获取的数据及管理系统情况。丰富的数据和严密的系统基础，将有助于风险识别、评估、定量化及应对策略的制定。

（7）风险管理模板，以使风险管理标准化、程序化，可持续性改进。

（8）工作分解结构、活动时间估算、费用估算。

（9）当地的法律、法规和相应标准。

8.5.3　项目风险管理规划的内容

风险管理规划是规划和设计如何进行项目风险管理的过程。风险管理规划对于能否成功进行项目风险管理、完成项目目标至关重要。

项目风险管理是指识别、分析项目风险并做出积极反应的系统过程。通过主动、系统地对项目风险进行全过程识别、评估及监控，达到降低项目风险、减少风险损失，甚至化险为夷、变不利为有利的目的。

风险规划就是项目风险管理的一整套计划，主要包括定义项目组及成员、确定风险管理的行动方案及方式、选择合适的风险管理方法、确定风险判断的依据等，用于对风险管理活动的计划和实践形式进行决策。它的结果将是整个项目风险管理战略性的和寿命期的指导性纲领。在进行风险规划时，主要应考虑的因素有项目风险管理策略、预先定义角色和职责、雇主的风险容忍度、风险管理模板和工作分解结构等。

在人类大多数活动中，风险都以不同形式和程度出现。风险一般有下列基本特征：

（1）至少是部分未知的；

（2）是随时间变化的；

（3）是可管理的，即可通过人为活动来改变它的形式和程度。

风险管理规划就是为实现上述最后一项内容，通过下述工作，提出风险管理行动详细计划：

　　1) 制定一份结构完备、内容全面且相互协调的风险管理策略；

　　2) 确定项目实施风险管理的策略方法；

　　3) 规划充足的资源。

　　风险管理规划包括以下主要内容：

　　(1) 风险管理人员。明确风险管理活动中领导者、支持者及参与者的角色定位、任务分工及其各自的责任、能力要求。个人管理风险的能力各不相同，但为了有效地管理风险，项目管理人员必须具备一定的管理能力和技术水平。

　　(2) 管理方法。确定风险管理使用的方法、工具和数据资源，这些内容可随项目阶段及风险评估情况做适当的调整。

　　(3) 风险管理的时间周期。界定项目生命周期中风险管理过程的各运行阶段及过程评价、控制和变更的周期或频率。

　　(4) 风险的类型级别及说明。定义并说明风险评估和风险量化的类型级别。明确的定义和说明对于防止决策滞后和保证过程连续是很重要的。

　　(5) 管理基准。明确定义由谁以何种方式采取风险应对行动。合理的定义可作为基准，衡量项目团队实施风险应对计划的有效性，并避免发生项目业主与项目承担方对该内容理解的二义性。

　　(6) 风险的汇报形式。规定风险管理过程中应汇报或沟通的内容、范围、渠道及方式。汇报与沟通应包括项目团队内部之间的沟通及项目外部与投资方等项目利益相关者之间的沟通。

　　(7) 跟踪。规定如何以文档的方式记录项目实施过程中风险及风险管理的过程，风险管理文档可有效用于对当前项目的控制、监控、经验教训的总结及日后项目的指导等。

8.5.4　项目风险管理规划的成果

　　风险管理规划的成果主要包括风险管理计划和风险应对计划等。在制定风险管理规划时，应当避免用高层管理人员的愿望代替项目现有的实际能力。

　　1. 风险管理计划

　　风险管理计划在风险管理规划中起控制作用。风险管理计划要说明如何把风险分析和管理步骤应用于项目之中。该文件详细地说明风险识别、风险估计、风险评价和风险控制过程的所有方面。风险管理计划还要说明项目整体风险评价基准是什么、应当使用什么样的方法以及如何参照这些风险评价基准对项目整体风险进行评价。风险管理计划的一般格式如表 8-1 所示，可根据需要对计划的内容进行删减。

表 8-1　　　　　　　　　　　　　　　　风险管理计划

第一部分　描述	2.3 总体进度
1.1 任务	第三部分　风险管理方法
1.2 系统	3.1 定义
1.3 系统描述	3.1.1 技术风险
1.4 关键功能	3.1.2 项目变更风险
1.5 要求达到的使用特性	3.1.3 保障性风险
1.6 要求达到的技术特性	3.1.4 费用风险
第二部分　工程项目提要	3.1.5 进度风险
2.1 总要求	3.2 机制
2.2 管理	3.3 方法综述

续表

3.3.1 适用的技术	第五部分　总结
3.3.2 执行	5.1 风险过程总结
第四部分　应用	5.2 技术风险总结
4.1 风险辨识	5.3 项目变更风险总结
4.2 风险估计	5.4 保障性风险总结
4.3 风险评价	5.5 进度风险总结
4.4 风险监控	5.6 费用风险总结
4.5 风险应对	5.7 结论
4.6 风险预算编制	第六部分　参考文献
4.7 偶发事件判定为风险的规则	第七部分　批准事项

2. 风险应对计划

风险应对计划是在风险分析的基础上制订的详细计划。不同的项目，风险应对计划内容不同，但是至少包含如下内容。

（1）所有风险来源的识别，以及每一来源中的风险因素。

（2）关键风险的识别，以及关于这些风险对于实现项目目标所产生的影响的说明。

（3）对于已识别出的关键风险因素的评估，包括从风险估计中摘录出来的发生概率以及潜在的破坏力。

（4）已经考虑过的风险应对方案及其代价。

（5）建议的风险应对策略，包括解决每一风险的实施计划。

（6）各单独风险事件的应对计划的总体综合，以及分析各风险耦合作用可能性之后制订出的其他风险应对计划。

（7）实施应对策略所需资源的分配，包括关于费用、时间进度及技术考虑的说明。

（8）风险管理的组织及其责任，是指在项目中安排风险管理组织，以及负责实施风险应对策略的人员，使之与整个项目相协调。

（9）开始实施风险管理的日期、时间安排和关键的里程碑。

（10）成功的标准，即何时可以认为风险已被规避，以及待使用的监控办法。

（11）跟踪、决策以及反馈的时间，包括不断修改、更新需优先考虑的风险一览表、计划和各自的结果。

（12）应急计划。应急计划就是预先计划好的，一旦风险事件发生就付诸实施的行动步骤和应急措施。

（13）对应急行动和应急措施提出的要求。

（14）项目执行组织高层领导对风险应对计划的认同和签字。

风险管理的应对计划是整个项目计划的一部分，其实施并无特殊之处。按照计划取得所需的资源，实施时要满足计划中确定的目标，事先把项目之间在取得所需资源时可能发生的冲突寻找出来，任何与原计划不同的决策都要记录在案，落实风险管理和规避计划，行动要坚决。如果在执行过程中发现风险目标水平上升或未像预期的那样降下来，则须重新规划。

8.5.5　项目风险管理规划的过程

项目风险管理规划是规划和设计如何进行项目风险管理的过程。该过程包括定义项目组织和风险管理的行动方案及方式，选择合适的风险管理方法，确定风险判断的依据等。风险管理规划对于能否成功进行项目风险管理、完成项目目标至关重要。

项目风险管理规划的整个过程，可以简单地概括为如下几个步骤。

（1）分析项目目标、外部环境、项目资源等有关资料，并利用 WBS、风险核对表等工具，从风险的角度分析项目的主要特点。

（2）定义负责项目风险管理的机构和人员，明确各机构和人员的职责、审批权限。

（3）定义项目风险分析所采用的主要技术、工具。

（4）定义项目风险的类型、级别，以及判定某些事件为风险的标准。

（5）确定项目风险的主要应对措施，以及应对风险所需的资源的数量和分配的预案。

（6）确定进行项目风险监控的时间周期或开始和结束日期、跟踪手段。如果有计算机辅助的风险信息管理系统，还需要定义汇报数据的格式与接口。

（7）编写有关文档。

从步骤上来说，这些工作完全是围绕着项目风险管理规划的主要内容来施行的。然而，在具体的规划过程中，还要考虑三个问题：一是风险管理策略本身是否正确、可行；二是实施管理策略的措施和手段是否符合项目总目标；三是需要考虑其他客观条件对风险管理的影响。

在进行风险规划时，项目班子首先应当采取主动行动，尽量减少已知的风险，提高项目成功的概率。同时，还不应忘记，风险分析已经用掉了项目的一部分宝贵资源，其效果如何？用掉一部分资源之后会不会增加项目的风险？下一步进行风险管理会不会还要消耗更多的本应投入项目本身的宝贵资源？

其次，项目班子必须考虑，为了减少风险并观察、研究是否有新的风险出现，还要付出多大的努力？

最后，项目资源、项目需求和风险管理能力约束着风险规划过程。项目资源涉及人、财、物、时间、信息等，项目资源的有限性决定了项目风险规划的必要性，同时也给项目带来了一定的风险性。例如，时间不够时，项目管理决策人员往往倾向采用加快进度的方法。项目需求对项目风险规划也有一定影响，如需求不明确使项目风险规划的有效性大打折扣。风险管理能力直接影响到风险规划的科学性和可操作性。

在制定项目风险管理规划之前，首先需要对项目未来可能出现的风险进行早期的预测，以表格的形式列出，以便在风险规划过程中进行研究。通常可采用风险图表的形式，在很多情况下还要将这些图表写入风险管理规划报告的文档中。

风险规划的过程活动是将按优先级排列的风险列表转变为风险应对计划所需的任务，是一种系统过程活动。风险规划的早期工作是确定项目风险管理的目的和目标，明确具体区域的职责，明确需要补充的技术专业，规定评估过程和需要考虑的区域，规定选择处理方案的程序，规定评级图，确定报告和文档需求，规定报告要求和监控衡量标准等。除了完成前面所述的基本工作外，还需进行以下方面的研究。

（1）为严重风险确定风险设想。风险设想是对可能导致风险发生的事件和情况的设想。应针对所有对项目成功有关键作用的风险来进行风险设想。确定风险设想一般有三个步骤：①假设风险发生，考虑如何应对；②假如风险将要发生，说明风险设想；③列出风险发生之前的事件和情况。

（2）确定风险管理模板。风险管理模板规定了风险管理的基本程序、风险的量化目标、风险警告级别、风险的控制标准等，从而使风险管理标准化、程序化和科学化。

8.5.6　项目风险管理规划的方法

制定风险管理规划的主要手段是召开风险规划会议，参加人员包括项目经理和负责项目风险管理的团队成员。在风险管理规划的过程中，可以充分利用项目管理提供的工具和技术，为规划提供决策支持。在风险规划过程中，最为常用的项目管理工具是风险管理图表和项目工作分解结构。

1. 风险管理图表

风险管理图表是将输入转变为输出的过程中所用的技巧和工具，它包含在项目风险管理计划中，以帮助人们能清楚地看到风险信息的组织方式。风险管理的三个重要图表是风险核对表、风险管理表格和风险数据库模式。

（1）风险核对表。风险核对表将各个侧重点进行分类以理解风险的特点。风险核对表可帮助人们彻底识别在特定领域内的风险。风险核对表应逐项列出项目所有类型的可能风险，务必把核对表的审议作为每项项目收尾程序的一个正式步骤，以便对所列潜在风险清单以及风险描述进行改进。核对表可以包含多种内容，如以前项目成功或失败的原因，项目其他方面规划的结果（范围、成本、质量、进度、采购与合同、人力资源与沟通等计划成果），项目产品或服务的说明书，项目班子成员的技能，项目可用资源等。例如，在项目网络计划关键路径上的工作任务便可以组成一个亟待管理的进度风险核对表，可以对这些风险进行初步分类。表 8-2 将某建筑工程项目的风险进行了分类，以便日后的核对。

表 8-2　　　　　　　　　　　　　　　某建筑项目的风险核对表

来自业主的风险	来自承包商的风险
征地 施工现场条件 及时提供完整的设计文件 现场出入道路 建设许可证和其他有关条例 政府法律规章的变化 建设资金及时到位 工程变更	工人和施工设备的生产率 施工质量 人力、材料和施工设备的及时供应 施工安全 材料质量 技术和管理水平 材料涨价 实际工程量 劳资纠纷
共同承担的风险	其他未定的风险
财务支出 变更谈判 保障对方不承担责任 合同延误	不可抗力 第三方延误

（2）风险管理表格。风险管理表格记录着管理风险的基本信息。风险管理表格是一种系统地记录风险信息并跟踪到底的方式。任何人在任何时候都可用风险管理识别表，也可匿名评阅。

（3）风险数据库模式。风险数据库表明了识别风险和项目的信息组织方式，它将风险信息组织起来供人们查询、跟踪状态、排序和产生报告。一个简单的电子表格可作为风险数据库的一种实现，因为它能自动完成排序、报告等。风险数据库的实际内容不是计划的一部分，因为风险是动态的，并随着时间的变化而改变。

　　2. 项目工作分解结构

　　工作分解结构（WBS）是将项目按照其内在结构或实施过程的顺序进行逐层分解而形成的结构示意图，它可以将项目分解到相对独立的、内容单一的、便于管理的、易于成本核算与检查的工作单元，并能把各工作单元在项目中的地位与构成直观地表示出来。

　　（1）WBS 单元的级别。WBS 单元是指构成分解结构的每一独立组成部分。WBS 单元应按所处的层次划分级别，从顶层开始，依次为 1、2、3 级，一般可分为 6 级或更多级别。

　　工作分解既可按项目的内在结构，也可按项目的实施顺序进行。同时，由于项目本身复杂程度、规模大小各不相同，从而形成了 WBS 的不同层次，分别为项目级系统、项目分系统、活动、任务、工作包和工作单元。

　　在实际的项目分解中，有时层次较少，有时层次较多，不同类型的项目会有不同的项目分解结构图，如房屋建筑的 WBS 图与飞机制造的 WBS 图是完全不一样的。

　　（2）WBS 的制定。运用 WBS 对项目进行分解时，一般应遵循以下步骤。

　　1）根据项目的规模及其复杂程度确定工作分解的详细程度。

　　如果分解过粗，可能难以体现计划内容；分解过细，会增加计划制订的工作量。因此在工作分解时要考虑下列因素：

　　分解对象：若分解的是大而复杂的项目，则可分层次分解，对于最高层次的分解可粗略，再逐级往下，层次越低，可越详细；若需分解的是相对小而简单的项目，则可详细一些。

　　使用者：对于项目经理分解不必过细，只需让他们从总体上掌握和控制计划即可；对于计划执行者，则应分解得较细。

　　编制者：编制者对项目的专业知识、信息、经验掌握得越多，则越可能使计划的编制粗细程度符合实际的要求；反之则有可能失当。

　　2）根据工作分解的详细程度，将项目进行分解，直至确定的、相对独立的工作单元。

　　3）根据收集的信息，对于每一个工作单元，尽可能详细地说明其性质、特点、工作内容、资源输出（人、财、物等），进行成本和时间估算，并确定负责人及相应的组织机构。

　　4）责任者对该工作单元的预算、时间进度、资源需求、人员分配等进行复核，并形成初步文件上报上级机关或管理人员。

　　5）逐级汇总以上信息，并明确各工作单元实施的先后次序，即逻辑关系。

　　6）项目最高层将各项成本汇总成项目的初步概算，并作为项目预算的基础。

　　7）时间估算及工作单元之间的逻辑关系的信息汇总为"项目总进度计划"，这是项目网络图的基础，也是项目详细工作计划的基础。

　　8）各工作单元的资源使用汇总成"资源使用计划"。

　　9）项目经理对 WBS 的输出结果进行综合评价，拟订项目的实施方案。

　　10）形成项目计划，上报审批。

　　11）严格按项目计划实施，并按实践的要求，不断修改、补充、完善项目计划。

　　（3）WBS 在项目风险管理中的应用。WBS 广泛地应用于项目管理的各个领域中，在项目风险管理规划过程中也常常利用它进行研究，主要可应用于如下几个方面。

1）在项目的早期，制定项目风险管理规划之前，应及早建立项目的工作分解结构，为风险管理规划工作提供必要的依据。WBS 作为规划未来的系统工程管理、分配资源、经费预算、签订合同和完成工作的协调工具，可提供很多有关项目的信息，如项目复杂程度、所需资源等，它还能够将项目分解到系统、分系统、活动、任务、工作包、工作单元等不同层次，而风险管理规划的决策者可以根据这些内容来模拟项目的过程，分析可能存在的风险。

2）在制定项目风险管理规划过程中，需要详细描述风险管理过程如何实施。风险管理过程涉及风险管理的人员安排、资源安排、时间安排、风险跟踪和汇报任务的安排等，这些管理内容也必须通过 WBS 来进行协调。通过 WBS，可得到风险管理过程全部活动的清单，从而可以对风险管理各项工作的时间和资源进行安排；再根据风险管理的 WBS 建立责任分配矩阵，从而对项目风险管理的组织和人员进行安排。

综上所述，在项目风险管理规划过程中，WBS 是一种有效的辅助工具。

8.6 项目风险识别

8.6.1 风险识别的含义

风险识别是项目风险分析的第一步。风险识别首先要弄清项目的组成、各种不确定因素的性质及其相互关系、项目与环境之间的关系等。在此基础之上利用系统的、有章可循的步骤和方法查明对项目可能形成风险的各种事件。在这个过程中还要调查、了解并研究对项目以及项目所需资源形成潜在威胁的各种因素的作用范围。风险一经识别，一般都要划分为不同的类型。

项目风险识别是项目风险管理的基础和重要组成部分。风险识别就是确定何种风险事件可能影响项目，并将这些风险的特性整理成文档。

风险识别是项目管理者识别风险来源、确定风险发生条件、描述风险特征并评价风险影响的过程。风险识别需要确定三个相互关联的因素：

（1）风险来源：时间、费用、技术、法律等。

（2）风险事件：给项目带来积极或消极影响的事件。

（3）风险征兆：风险征兆又称为触发器，是指实际的风险事件的间接表现。

8.6.2 识别阶段的任务

1. 找出风险影响要素

（1）主观风险和客观风险如表 8-3 所示。

表 8-3   主观风险与客观风险

客观性风险来源	主观性风险来源
通常是项目目前及过去的运行过程资料； 从文件记录中获得的经验、教训 项目评估文件 当前运行数据	专家经验； 专家依靠资料的判断 专家的主观判断

（2）外部风险和内部风险如表 8-4 所示。

表 8-4		外部风险与内部风险	
外部风险		内部风险（通常可预测）	
不可预测风险	可预测风险	技术风险	非技术风险
法规变化	市场风险	采用新工艺	管理失误
自然灾害	施工干扰	设计变更	进度拖延
偶然事件	环境影响	质量缺陷	成本超支
竞争加剧	违约行为	运行和维修	安全问题
……	……	……	……

2. 数据挖掘——对风险要素进行聚类分析

（1）风险来源如图 8-4 所示。

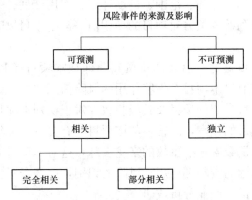

图 8-4　风险的来源及影响

（2）风险影响：

1）最大可能损失。

2）最可能的损失额。

3）防范风险所需的费用。

4）对事件所作预测的可靠性分析。

3. 对风险进行定义——情况描述越精确，预测结果越准确

（1）某一风险的假设条件——项目风险主要来源于规模、复杂程度、新颖性、位置、设计和施工速度。

（2）发生风险的前提（诱发条件）。

（3）项目的制约因素——内部和外部的不可控条件。

8.6.3　风险识别的依据

项目风险识别的主要依据包括：风险管理计划、项目规划、历史资料、风险种类、制约因素与假设条件。

1. 风险管理计划

项目风险管理计划是规划和设计如何进行项目风险管理的过程，它定义了项目组织及成员风险管理的行动方案及方式，指导项目组织选择风险管理方法。项目风险管理计划针对整个项目生命期制定如何组织和进行风险识别、风险评估、风险量化、风险应对及风险监控的规划。

从项目风险管理计划中可以确定以下内容：

（1）风险识别的范围。

（2）信息获取的渠道和方式。

（3）项目组成员在项目风险识别中的分工和责任分配。

（4）重点调查的项目相关方。

（5）项目组在识别风险过程中可以应用的方法及其规范。

（6）在风险管理过程中应该何时由谁进行哪些风险重新识别。

（7）风险识别结果的形式、信息通报和处理程序。

因此，项目风险管理计划是项目组进行风险识别的首要依据。

2. 项目规划

项目规划中的项目目标、任务、范围、进度计划、费用计划、资源计划、采购计划及项目承包商、业主方和其他利益相关方对项目的期望值等都是项目风险识别的依据。

3. 历史资料

项目风险识别的重要依据之一就是历史资料，即从本项目或其他相关项目的档案文件中、从公共信息渠道中获取对本项目有借鉴作用的风险信息。

以前做过的、同本项目类似的项目及其经验教训对于识别本项目的风险非常有用。项目管理人员可以翻阅过去项目的档案，向曾参与该项目的有关各方征集有关资料，这些资料档案中常常有详细的记录，记载着一些事故的来龙去脉，这对本项目的风险识别极有帮助。

任何可能显示潜在问题的资料都可用于风险的识别，这些资料包括如下方面：

（1）工程系统的文件记录产业分析或研究。

（2）生命周期成本分析。

（3）计划或工作分解结构的分解。

（4）进度计划。

（5）文件规定。

（6）文件记录的事件教训。

（7）假想分析。

（8）产业分析或研究。

（9）技术绩效测评计划或分析。

（10）模型（影像图）。

（11）决策驱动者。

（12）专家判断。

（13）估计成本底线。

4. 风险种类

风险种类指那些可能对项目产生正面或负面影响的风险源。一般的风险类型有技术风险、质量风险、过程风险、管理风险、组织风险、市场风险及法律法规变更等。项目的风险种类应能反映出项目所在行业及应用领域的特征，掌握了各风险种类的特征规律，也就掌握了风险识别的钥匙。

5. 制约因素与假设条件

项目建议书、可行性研究报告、设计等项目计划和规划性文件一般都是在若干假设、前提条件下估计或预测出来的。这些前提和假设在项目实施期间可能成立，也可能不成立。因此，项目的前提和假设之中隐藏着风险。

项目必然处于一定的环境之中，受到内外许多因素的制约，其中国家的法律、法规和规章等因素是项目活动主体无法控制的，这些构成了项目的制约因素，这些制约因素中隐藏着风险。为了明确项目计划和规划的前提、假设和限制，应当对项目的所有管理计划进行审查。

（1）审查范围管理计划中的范围说明书，能了解项目的成本进度目标是否定得太高，而审查其中的工作分解结构，可以发现以前未曾注意到的机会或威胁。

（2）审查人力资源与沟通管理计划中的人员安排计划，能够发现对项目的顺利进展有重大影响的那些人，可判断这些人员是否能够在项目过程中发挥其应有的作用。这样就会发现该项目潜在的威胁。

（3）审查项目采购与合同管理计划中有关合同类型的规定和说明。不同形式的合同，规定了项目各方承担不同的风险。外汇汇率对项目预算的影响，项目相关方的各种改革、并购及战略调整给项目带来直接和间接的影响。

8.6.4　风险识别的过程

项目风险识别活动是一项活动过程，在这项活动过程中需要明确任务和采用专门的技术或工具。

项目风险识别过程活动的基本任务是将项目的不确定性转变为可理解的风险描述。作为一种系统过程，风险识别有其自身的过程活动。

项目风险识别过程一般分为五个步骤：

（1）确定目标——项目实施的不同阶段风险管理的目标不同。

（2）明确最主要的参与者——不同阶段风险分析的参与者不同。

（3）收集资料。

（4）估计风险形势——依据项目目标、战略、战术以及实现目标的手段和资源，确定项目及其环境的变数。

（5）根据直接或间接的症状将潜在的项目风险识别出来。

项目风险识别的过程如图 8-5 所示，需要强调的是，项目风险识别不是一次性的工作，它需要更多系统的、横向的思考。此外，质量管理工具和沟通工具都可以有效应用在风险识别过程中。

其中，在收集资料时，主要收集三个方面的资料。第一是收集有关项目本身情况的资料，如项目的可行性分析报告、项目的需求建议书、设计文件、技术报告、项目计划、项目执行情况的报告、变更报告等。第二是收集与项目所处的环境相关的一些信息资料，如相关的法律法规和规章制度、环保要求、原材料供应情况、国内外政治经济外交环境、水文气象信息等方面的资料。第三是收集历史上同类项目的有关风险管理资料，如同类项目的成败得失情况，遇到的风险及其主要症状、后果影响等。这些资料都能够为风险识别提供参考。

在收集了足够的相关信息之后，就需要对这些信息进行分析，从而找出潜在的风险源。一般来说，可以按照表 8-5 所示的内容来分析已有的资料，从而得出风险源。

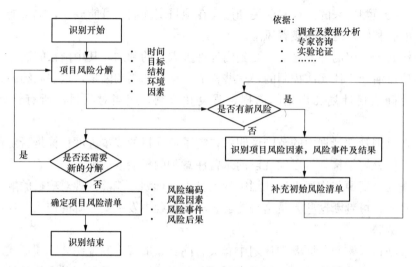

图 8-5　风险识别的过程

表 8-5	风险识别的主要内容

分析的对象：项目相关材料、项目外部环境信息、历史上类似项目的风险资料等

（1）项目分析：

1）项目来源和项目的积极性来源是否存在不确定性

2）项目经济的和非经济的目标是否合理

3）项目的主要约束和机会是否客观存在

4）在项目计划中的有关假设条件是否合理

（2）项目执行方案的外部环境分析：

1）项目执行方案的政治环境不确定性分析

2）项目执行方案的经济环境不确定性分析

3）项目执行方案的组织环境不确定性分析

4）项目执行方案所需的各种资源是否能够满足要求

5）项目执行方案是否缺乏信息资料

（3）分析项目计划执行过程中可能存在的风险源：

1）分析妨碍项目成功以及使项目计划执行发生偏差的各种主要风险源和风险事件

2）类比历史同类项目的风险发生情况，分析历史上曾发生过的风险源和风险事件是否会在本项目中发生

8.6.5　风险识别的技术

在具体地分析资料、识别风险时，还可以利用一些具体的工具和技术。例如，可以采用德尔斐法、头脑风暴法或者专家面谈法等信息收集技术来获取新的项目风险信息资源；或采用 SWOT 分析、风险核对表、工作分解结构、故障树分析法、敏感性分析等从已有的资料中识别出风险事件。下面介绍几种常用的分析工具和技术。

1. 分析类型

（1）定性要素的识别——依据管理者的经验和同类项目的经历（政策法规的变化、物价增长的影响等）。

（2）量化识别要素——从历史数据中预测未来的发展趋势。

2. 风险识别工具

（1）检查表法——内容都是历史上类似项目曾发生过的风险。

1）项目成功或失败的原因。

2）项目其他方面规划的结果（范围、融资、成本、质量、进度、采购与合同、人力资源与沟通计划成果）。

3）项目产品或服务的说明书。

4）项目组成人员的技能。

5）项目可利用的资源。

（2）流程图法——利用项目系统流程图、项目实施流程图、项目作业流程图等，分析项目实施风险，属于动态分析。

1）确定工作的起点（输入）和终点（输出）。

2）确定工作过程经历的所有步骤和判断。

3）按顺序连接成流程图。

（3）头脑风暴法——以会议形式邀请专家集思广益的方法。

头脑风暴法是在解决问题时常用的一种方法，具体来说就是团队的全体成员自发地提出主张和想法。团队成员在选择问题的方案之前，一定要得出尽可能多的方案和意见。利用头脑风暴法可以得出许多想法，能产生热情的、富有创造性的更好的方案。

在项目风险管理中可使用头脑风暴法来识别项目可能存在的风险并集思广益地收集风险应对措施，以得到最优的风险应对方案等。

头脑风暴法更注重的是得到想法方案的数量，而不是质量。这样做的目的是使团队拥有尽可能多的想法方案，鼓励成员有新奇或突破常规的想法方案。

头脑风暴法的做法是：当讨论某个问题时，由一个协助的记录人员在翻动的记录卡或黑板前做记录。首先，由某个成员提出一个想法方案，接着依次进行，这个过程循环进行，每人每次提出一个想法方案。如果轮到某位成员时他没有想法，就说一声"过"。有些人会根据前面其他人的思路提出想法方案。这包括把几个方案合并成一个或改进其他人的方案。协助的记录人员会把这些方案记录在翻动的记录卡或黑板上。这一循环过程一直进行，直到想出了各种方案或限定时间已到。应用头脑风暴法时，要遵循两个主要的规则：不进行讨论，没有判断性的评论。一名成员提出他的想法后，紧接着下一名成员说。大家只需要说出一个想法方案，不要讨论、评判，更不要试图宣扬。其他参加人员不允许做出任何支持或判断的评论，也不能向提出方案的人进行提问。类似"那绝不会起作用""这是一个愚蠢的做法"或"老板不会那么做"等这类扼杀性的评论是绝对不允许的。同时，也要明确参加人员不要使用身体语言，例如以皱眉、咳嗽、冷笑或叹气来表达评判意见。头脑风暴法在帮助解决问题，使团队获得最佳可能方案时，是很有效的。

头脑风暴法的要点如下所示：

1）人员选择——风险分析专家、主要管理人员、相关专业领域的专家。

2）明确讨论中心议题。

3）轮流发言并记录——不加讨论和评论。

4）对意见进行评价——共同评价每一条意见，最后由主持人总结出几条重要结论。

（4）情景分析法——通过有关数据、图表和曲线等，对项目未来的某个状态或某种情况进行详细地描述和分析，识别引起项目风险的关键因素及影响程度（动态管理）。它注重说明某些事件出现风险的条件和因素，并且要说明当某些因素发生变化时，又会出现什么样的风险，产生什么样的后果等。

1）主要功能。识别项目可能引起的风险性后果，并报告提醒决策者；对项目风险范围提出合理建议；就某些主要风险因素对项目的影响进行分析；对各种情况进行比较分析，选择最佳结果。

2）主要过程。情景分析法可以通过筛选、监测和诊断，给出某些关键因素对于项目风险的影响。

筛选：按一定程序对具有潜在风险的产品过程、事件、现象和人员进行分类选择和识别。

监测：风险事件出现后对事件、过程、现象、后果等进行观测、记录、分析。

诊断：对项目风险及损失的前兆、后果、起因进行评价与判断，找出主要原因。

图8-6是一个描述筛选、监测和诊断关系的风险识别元素图。该图表明，风险因素识别的情景分析法中的三个过程使用了相似的工作元素，即疑因估计、仔细检查和征兆鉴别三种工作，只是在筛选、监测和诊断这三种过程中，三项工作的顺序不同。具体顺序如下：

筛选：仔细检查—征兆鉴别—疑因估计；

监测：疑因估计—仔细检查—征兆鉴别；

诊断：征兆鉴别—疑因估计—仔细检查。

图8-6　情景分析法的主要过程

（5）德尔斐法——反馈匿名函询法。

德尔斐法是采用背对背的通信方式征询专家小组成员的预测意见，经过几轮征询，使专家小组的预测意见趋于集中，最后做出符合市场未来发展趋势的预测结论。德尔斐法又名专家意见法或专家函询调查法，是依据系统的程序，采用匿名发表意见的方式，即团队成员之间不得互相讨论，不发生横向联系，只能与调查人员发生关系，以反复地填写问卷的方式，来集结问卷填写人的共识及收集各方意见，从而用来构造团队沟通流程，应对复杂任务难题的管理技术。德尔斐法利用专家的智慧和经验来预测"可能出现的结果"，这对于项目的风险识别、判断风险可能产生的后果有很大帮助。德尔斐法在项目风险识别和估计中都有广泛应用，特别适合无前人经验可供借鉴和参考的高技术开发项目。

德尔斐法本质上是一种反馈匿名函询法。其大致流程是：在对所要预测的问题征得专家的意见之后，进行整理、归纳、统计，再匿名反馈给各专家，再次征求意见，再集中，再反馈，直至得到一致的意见。其过程可简单表示如下：

匿名征求专家意见—归纳、统计—匿名反馈—归纳、统计，进行若干轮后停止。

由此可见，德尔斐法是一种利用函询形式进行的集体匿名思想交流过程。它有三个明显区别于其他专家预测方法的特点，即匿名性、多次反馈、小组的统计回答。

1）匿名性。因为采用这种方法时所有专家组成员不直接见面，只是通过函件交流，这样就可以消除权威的影响。这是该方法的主要特征。匿名是德尔斐法极其重要的特点，从事预测的专家彼此不知道还有哪些人参加预测，他们是在完全匿名的情况下交流思想的。后来改进的德尔斐法允许专家开会进行专题讨论。

2）反馈性。该方法需要经过 3～4 轮的信息反馈，在每次反馈中调查组和专家组都可以进行深入研究，使得最终结果能够基本反映专家的想法和对信息的认识，所以结果较为客观、可信。小组成员的交流是通过回答组织者的问题来实现的，一般要经过若干轮反馈才能完成预测。

3）统计性。最典型的小组预测结果是反映多数人的观点，少数派的观点最多是概括地提及，但是这并没有表示出小组的不同意见的状况。而统计回答却并非如此，统计结果报告 1 个中位数和 2 个四分点，其中一半落在 2 个四分点之内，一半落在 2 个四分点之外。这样，每种观点都包括在这样的统计中，避免了专家会议法只反映多数人观点的缺点。

德尔斐法的应用步骤如下：

①挑选内部、外部专家组成小组。专家不会面，彼此不了解。

②要求所有专家对研讨的内容进行匿名分析。

③汇总所有专家意见并集合分析答案。

④将总结再反馈给所有专家再分别进行分析，获取意见。

⑤直到大多数专家的意见取得一致为止。

即征求专家意见→归纳、统计→反馈给专家→归纳统计→……→结束。

（6）SWOT 分析法——环境分析法：优势（strength）、劣势（weakness）、机遇（opportunity）、挑战（threat）——定性动态的系统分析方法（决策）。

SWOT 分析法是一种环境分析方法，作为一种系统分析工具，其主要目的是对项目的优势与劣势、机会与威胁各方面从多角度对项目风险进行分析识别。

从管理的角度来说，风险是与机遇并存的，SWOT 技术能够辩证地分析项目潜在的机遇与风险，主要在项目的立项时进行风险分析时使用。

项目环境中面临的劣势和威胁都是潜在的风险源，通过 SWOT 技术可将它们识别出来，在项目前期分析它们的危害性和可能的后果。

SWOT 分析的作用如下：

1）把外界的条件和约束同组织自身的优缺点结合起来，分析项目或企业所处的位置；

2）可随环境变化做动态分析；

3）是一种定性分析工具，可操作性强；

4）可以针对机遇、威胁、优势、劣势为各战略决策打分。

SWOT 一般分为五步进行：

1）列出项目的优势和劣势，可能的机会与威胁，填入道斯矩阵的 Ⅰ、Ⅱ、Ⅲ 和 Ⅳ 区，如表 8-6 所示。

2）将内部优势与外部优势组合，形成 SO 策略，制定抓住机会、发挥优势的策略，填入道斯矩阵的 Ⅴ 区。

3）将内部劣势与外部优势组合，形成 WO 策略，制定利用机会、克服弱点的策略，填入道斯矩阵的 Ⅵ 区。

4）将内部优势与外部威胁相结合，形成 ST 策略，制定利用优势、减少威胁的策略，填入道斯矩阵的Ⅶ区。

　　5）将内部劣势与外部威胁相结合，形成 WT 策略，制定弥补缺点、规避威胁的策略，填入道斯矩阵的Ⅷ区。

表 8-6　　　　　　　　　　　　　　　　道斯矩阵

策略选择 优势与劣势 机会与威胁	Ⅲ 优势（S） （列出自身优势）	Ⅳ 劣势（W） （列出自身弱点）
Ⅰ 机会（O） （列出现有的机会）	Ⅴ （SO 策略） 抓住机会、发挥优势的战略	Ⅵ （WO 策略） 利用机会、克服弱点的战略
Ⅱ 威胁（T） （列出面临的威胁）	Ⅶ （ST 策略） 利用优势、减少威胁的战略	Ⅷ （WT 策略） 弥补缺点、规避威胁的战略

　　例：某公司 SWOT 分析要点，如表 8-7 所示。

表 8-7　　　　　　　　　　　　　某公司 SWOT 分析要点

分类 优势与劣势 机会与威胁		优势（S）	劣势（W）
		1. 资金 2. 进入中国市场较早 3. 有比较完善的销售网络 4. 统计技术比较先进 5. 居于市场领先地位，占有投资咨询业相当的份额 6. 知名度较高	1. 监控系统是模拟式 2. 成本较高 3. 一次性投资大
机会 （O）	1. 中国市场化进程向纵深发展 2. 电视台商业化进程不断提高 3. 其他市场需求也在扩大	SO 战略 应该以市场主导者的身份力争扩大市场供给，满足日益增大的市场需求	WO 战略 应该努力降低成本，以较低价格抢占市场
威胁 （T）	1. 由于地方保护使有些分市场难以进入 2. 竞争者的实力相对较强 3. 日记形式的监测系统因为成本低，将依然占有一定市场空间	ST 战略 1. 应该首先进入市场化程度较高的沿海大城市 2. 应该用较快的速度抢占市场，在竞争中处于有利位置	WT 战略 应该先用模拟式的监控设备抢占市场，然后再根据电视数字化的进程逐步更新设备

　　SWOT 分析的要点如下：

　　1）SWOT 分析重在比较，特别是项目（或企业）的优势、劣势要着重比较竞争对手的情况，另外与行业平均水平的比较也非常重要。

　　2）SWOT 分析形式上很简单，但实际上是一个长期积累的过程，只有准确地认识项目自身和所处行业才能对项目（或企业）的优劣势和外部环境的机会与威胁有一个准确的把握。

3）SWOT分析必须承认现实、尊重现实，特别是对项目（或企业）自身优势和劣势的分析，要基于实施，要量化，而不是靠个别人的主观臆断。

（7）财务报表法——以会计记录和财务报表为基础，并视每个会计科目为一风险单位加以分析，发现可能存在的风险，属于静态分析。

财务报表法有助于确定一个特定企业或特定的建设工程可能遭受哪些损失以及何种情况下遭受这些损失。通过分析资产负债表、现金流量表、营业报表及有关补充资料，可以识别企业当前的所有资产、责任及人身损失风险。将这些报表与财务预测、预算结合起来，可以发现企业或建设工程未来的风险。

采用该方法进行风险识别，要对财务报表中所列的各项会计科目作深入的分析研究，并提出分析研究报告，以确定可能产生的损失，还应通过一些实地调查以及其他信息资料来补充财务记录。由于工程财务报表与企业财务报表不尽相同，因而需要结合工程财务报表的特点来识别建设工程风险。

（8）风险核对表。风险核对表是基于以前类比项目信息及其他相关信息编制的风险识别核对图表。风险核对表一般按照风险来源排列。利用风险核对表进行风险识别的主要优点是快而简单，缺点是会受到项目可比性的限制。

人们考虑问题时有联想的习惯。在过去经验的启示下，思想常常变得很活跃，浮想联翩。风险识别实际是关于将来风险事件的设想，是一种预测。如果把人们经历过的风险事件及其来源罗列出来，写成一张风险核对表。那么，项目管理人员看了就容易开阔思路，容易想到本项目会有哪些潜在的风险。风险核对表可以包含多种内容，例如，以前项目成功或失败的原因，项目产品或服务的说明书，项目班子成员的技能，项目可用的资源，项目其他方面规划的结果，如范围、成本、质量、进度、采购与合同、人力资源与沟通等计划成果，等等。还可以到保险公司去索取资料，认真研究其中的保险及例外情况，这些东西能够提醒还有哪些风险尚未考虑到。

例如，近些年来项目融资作为建设基础产业基础设施项目筹集资金的方式越来越受到人们的重视。但是项目融资是风险很大的一种项目活动。因此，项目融资的风险管理也变得越来越重要。国际上一些有项目融资经历的专家和金融机构从以往这类业务活动中总结出了丰富的经验和教训。表8-8中列出的就是其中一部分。显然，这些经验和教训对于识别今后项目融资及其他活动中的风险将发挥重要作用，它们的价值是难以估量的。

表8-8 项目融资风险核对表

项目失败原因（潜在的威胁）
工期延误，因而利息增加，收益推迟
成本、费用超支
技术失败
承包商财务失败
政府过多干涉
未向保险公司投保人身伤害险
原材料涨价或供应短缺，供应不及时

项目失败原因（潜在的威胁）
项目技术陈旧
项目产品或服务在市场上没有竞争力
项目管理不善
对于担保物（如油、气储量和价值）的估计过于乐观
项目所在国政府无财务清偿力

项目成功的必要条件
项目融资只涉及信贷风险，不涉及资本金
切实地进行了可行性研究，编制了财务计划
项目要用的产品或材料的成本要有保障
价格合理的能源供应要有保障
项目产品或服务要有市场
能够以合理的运输成本将项目产品运往市场
要有便捷、通畅的通信手段
能够以预想的价格买到建筑材料
承包商富有经验，诚实可靠
项目管理人员富有经验，诚实可靠
不需要未经实际考验过的新技术
合营各方签有令各方都满意的协议书
稳定、友善的政治环境，已办妥有关的执照和许可证
不会有政府没收的风险
国家风险令人满意
主权风险令人满意
对于货币、外汇风险事先已有考虑
主要的项目发起者已投入足够的资本金
项目本身的价值足以充当担保物
对资源和资产已进行了满意的评估
已向保险公司缴纳了足够的保险费，取得了保险单
对不可抗力已采取了措施
成本超支的问题已经考虑过
投资者可以获得足够高的资金收益率、投资收益率和资产收益率
对通货膨胀已进行了预测
利率变化预测现实可靠

8.6.6　数据挖掘技术在风险识别中的应用

1. 数据挖掘的概念

数据挖掘（data mining），也叫数据开采、数据采掘等，是按照既定的业务目标从海量数据中提取出潜在、有效并能被人理解的模式的高级处理过程。在较浅的层次上，它利用现有数据库管理系统的查询、检索及报表功能，与多维分析、统计分析方法相结合，进行联机分析处理（OLAF），从而得出可供决策参考的统计分析数据。在深层次上，则从数据库中发现前所未有的、隐含的知识。OLAF 的出现早于数据挖掘，它们都是从数据库中抽取有用信息的方法，就决策支持的需要而言，两者是相辅相成的。

数据挖掘是一个多学科领域，它融合了数据库技术、人工智能、机器学习、模式识别、模糊数学和数理统计等最新技术的研究成果，可以用来支持商业智能应用和决策分析。例如顾客细分、交叉销售、欺诈检测、顾客流失分析、商品销量预测等，目前广泛应用于银行、金融、医疗、工业、零售和电信等行业。数据挖掘技术的发展对于各行各业来说，都具有重要的现实意义。

2. 常见的数据挖掘工具

数据挖掘分析阶段，主要是对非结构化数据进行分析，常用的数据挖掘方法包括关联性分析、聚类分析、异常发现和分类发现等。工程项目风险因素的筛选首要工作就是对风险进行归类，分类模型常用的算法有统计分析、决策树法、BP 神经网络等。而这些算法的实现可依靠以下数据挖掘工具，本节重点介绍 Scrapy 和 IBM SPSS Modeler 的操作过程，其他数据挖掘工具可适当了解。

（1）Scrapy。Scrapy 是 Python 开发的一个快速、高层次的屏幕抓取和 Web 抓取框架，用于抓取 Web 站点并从页面中提取结构化的数据。Scrapy 用途广泛，可以用于数据挖掘、监测和自动化测试。图 8-7 为 Scrapy 的架构图。

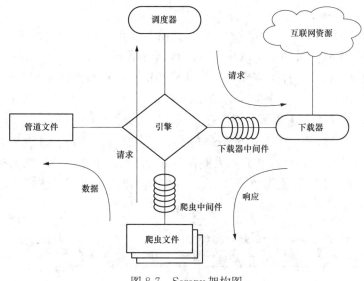

图 8-7　Scrapy 架构图

如图 8-7 所示，Scrapy 框架主要有五个模块以及中间件，各模块及中间件的作用如下：

1）Scrapy Engine（Scrapy 引擎）：用来控制整个爬虫系统的数据处理流程，并进行不同事物触发。

2）Scheduler（调度器）：Scheduler 维护着待爬取的统一资源定位系统（URL）队列，当调度器从 Scrapy Engine 接受到请求时，会从待爬取的 URL 队列中取出下一个 URL 返还给它们。

3）Downloader（下载器）：Downloader 从 Scrapy Engine 那里得到需要下载的 URL，并向该网址发送网络请求进行页面网页，最后再将网页内容传递到 Spiders 来处理。如果需要定制更复杂的网络请求，可以通过 Downloader 中间件来实现，比如 selenium 浏览器完成免登录操作。

4）Spider（蜘蛛）Spider 是用户需要编辑代码的部分，用户通过编写 spider. py 这个类实现指定要爬取的网站地址、定义网址过滤规则、解析目标数据等。Spider 发送请求，并处理 Scrapy Engine 从下载器那得到的数据，把解析的数据以 item 的形式传递给 Item

Pipeline，把解析到的链接传递给 Scheduler。

5）Item Pipeline（项目管道）：Item 定义了爬虫要爬取的数据字段，类似于关系型数据库中表的字段名，用户编写 item.py 文件来实现这一功能。Pipeline 主要负责处理 Spider 从网页中抽取的 item，对 item 进行清洗、验证，并且将数据持久化，如将数据存入数据库或者文件。用户可以在这里连接数据库并进行保存。

6）Downloader Middlewares（下载器中间件）：Downloader Middlewares 是位于 Scrapy Engine 和 Downloader 之间的钩子框架，主要是处理 Scrapy Engine 与 Downloader 之间的请求及响应。可以代替接受请求、处理数据的下载以及将结果响应给 Scrapy Engine。

7）Spider Middlewares（爬虫中间件）：Spider Middlewares 是介于 Scrapy Engine 和 Spider 之间的钩子框架，主要是处理 Spider 的响应输入和请求输出。可以插入自定义的代码来处理发送给 Spider 的请求和返回 Spider 获取的响应内容和项目。

Scrapy 的操作流程如下：

首先从初始 URL 开始，Scheduler 会将其交给 Downloader，Downloader 向网络服务器发送服务请求进行下载，得到响应后将下载的数据交给 Spider，Spider 会对网页进行分析，分析出来的结果有两种：一种是需要进一步抓取的链接，这些链接会被传回 Scheduler；另一种是需要保存的数据，它们则被送到 Item Pipeline，Item 会定义数据格式，最后由 Pipeline 对数据进行清洗、去重等处理后存储到文件或数据库。

（2）IBM SPSS Modeler。IBM SPSS Modeler 工具工作台最适合处理文本分析等大型项目，其可视化界面非常有价值。它允许人们在不编程的情况下生成各种数据挖掘算法。它也可以用于异常检测、贝叶斯网络、CARMA、Cox 回归以及使用多层感知器进行反向传播学习的基本神经网络。图 8-8 为 IBM SPSS Modeler 的操作界面。

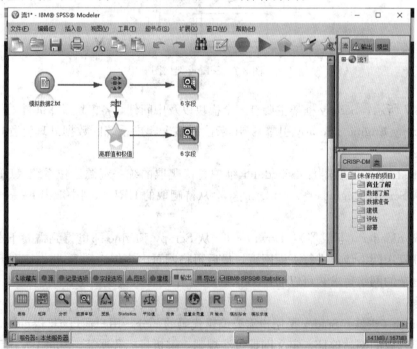

图 8-8　IBM SPSS Modeler 操作界面

使用 IBM SPSS Modeler 处理数据的三个步骤：

首先，将数据读入 SPSS Modeler；然后，通过一系列操纵运行数据；最后，将数据发送到目标位置。

这一操作序列称为数据流，因为数据以一条条记录的形式，从数据源开始，依次经过各种操纵，最终到达目标（模型或某种数据输出）。

基本工作原理：IBM SPSS Modeler 中的独特图形界面基于节点和流。节点是代表数据上单独操作的图标或形状。这些节点通过流链接在一起，流表示数据在各个操作之间的流动。算法通过称为建模节点的特殊类型节点来表示。IBM SPSS Modeler 提供的每种算法有不同的建模节点。建模节点以五边形显示。其他节点类型包括源节点、过程节点和输出节点。源节点将数据导入到流中，并且总是出现在流的开头。过程节点在单个数据记录和字段上执行操作，它通常出现在流的中部。输出节点可生成数据、图表和模型等多种输出结果，或者，它们允许人们将结果导出到其他应用程序，例如数据库或电子表格。输出节点通常是显示在流或流分支最后的一个节点。在运行包含建模节点的流时，结果模型将添加到流中，并通过称为模型块的特殊类型节点表示，其形状看起来像个金块，如图 8-9 所示。

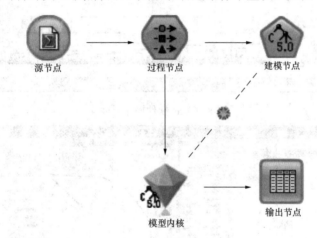

图 8-9　流中的节点

（3）R。R 是一套完整的数据处理、计算和制图软件系统。其功能包括：数据存储和处理系统；数组运算工具（其向量、矩阵运算方面功能尤其强大）；完整连贯的统计分析工具；优秀的统计制图功能；简便而强大的编程语言——可操纵数据的输入和输出，可实现分支、循环，用户可自定义功能。图 8-10 为 R 软件的操作界面。

（4）Oracle 数据挖掘（ODM）。Oracle Data Mining 是 Oracle 的一个数据挖掘软件。Oracle 数据挖掘是在 Oracle 数据库内核中实现的，挖掘模型是第一类数据库对象。Oracle 数据挖掘流程使用 Oracle 数据库的内置功能来最大限度地提高可伸缩性并有效利用系统资源。图 8-11 为 Oracle 的操作界面。

（5）Tableau。Tableau 提供了一系列专注于商业智能的交互式数据可视化产品。Tableau 允许通过将数据转化为视觉上吸引人的交互式可视化（称为仪表板）来实现数据的洞察与分析。这个过程只需要几秒或几分钟，并且通过使用易于使用的拖放界面来实现。图 8-12 为 Tableau 的操作界面。

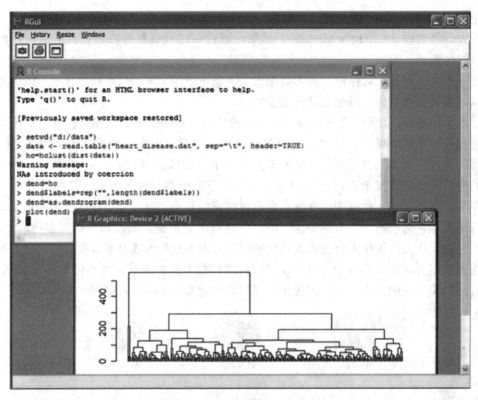

图 8-10 R 软件操作界面

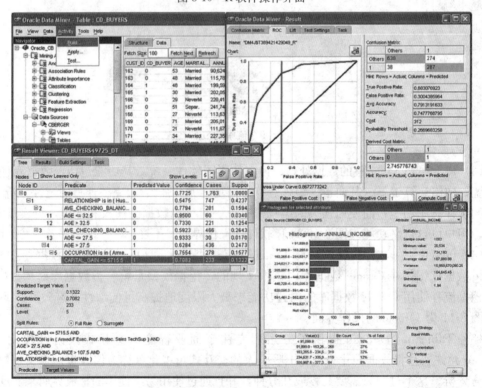

图 8-11 Oracle 操作界面

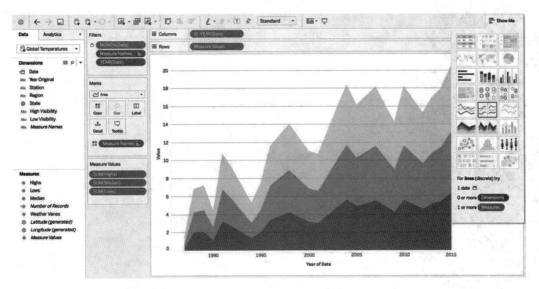

图 8-12　Tableau 操作界面

（6）Weka。Weka 作为一个公开的数据挖掘工作平台，集合了大量能承担数据挖掘任务的机器学习算法，包括对数据进行预处理、分类、回归、聚类、关联规则以及在新的交互式界面上的可视化。

Weka 高级用户可以通过 Java 编程和命令行来调用其分析组件。同时，Weka 也为普通用户提供了图形化界面，称为 Weka Knowledge Flow Environment 和 Weka Explorer。和 R 相比，Weka 在统计分析方面较弱，但在机器学习方面要强得多。图 8-13 为 Weka 的操作界面。

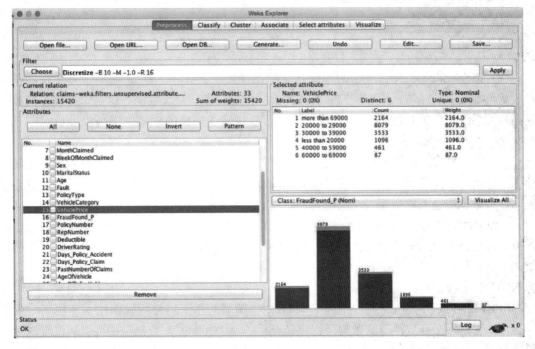

图 8-13　Weka 操作界面

（7）八爪鱼采集器。八爪鱼是一款通用网页数据采集器，使用简单，完全可视化操作；功能强大，任何网站均可采集，数据可导出为多种格式。图 8-14 为八爪鱼采集器软件的操作界面。

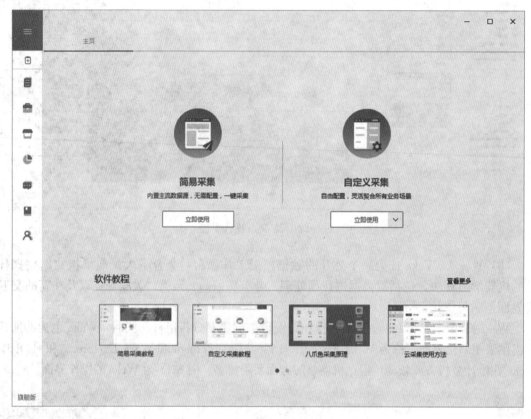

图 8-14　八爪鱼采集器软件操作界面

（8）RapidMiner。RapidMiner，原名 YALE（又一个学习环境），是一个用于机器学习和数据挖掘实验的环境，用于研究和实际的数据挖掘任务。毫无疑问，这是世界领先的数据挖掘开源系统。该工具以 Java 编程语言编写，通过基于模板的框架提供高级分析。图 8-15 为 RapidMiner 的操作界面。

（9）KNIME。KNIME 是一个基于 Eclipse 平台开发、模块化的数据挖掘系统。它能够让用户可视化创建数据流（也就是常说的 pipeline），选择性地执行部分或所有分解步骤，然后通过数据和模型上的交互式视图研究执行后的结果。

KNIME 中每个节点都带有交通信号灯，用于指示该节点的状态（未连接、未配置、缺乏输入数据时为红灯；准备执行为黄灯；执行完毕后为绿灯）。在 KNIME 中有个特色功能——HiLite，允许用户在节点结果中标记感兴趣的记录，并进一步展开后续探索。图 8-16 为 KNIME 的操作界面。

（10）Orange。Orange 是一个以 Python 语言编写的基于组件的数据挖掘和机器学习软件套件。它是一个开放源码的数据可视化和分析的新手和专家。数据挖掘可以通过可视化编程或 Python 脚本进行。它还包含了数据分析、不同的可视化，从散点图、条形图、树，到

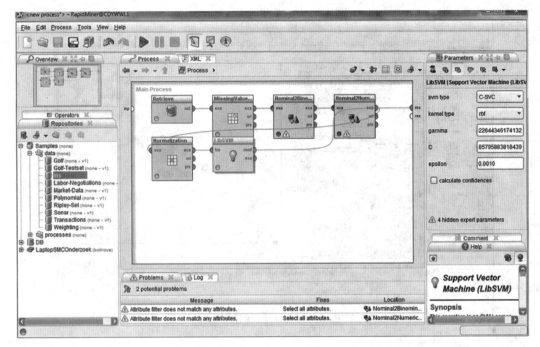

图 8-15　RapidMiner 操作界面

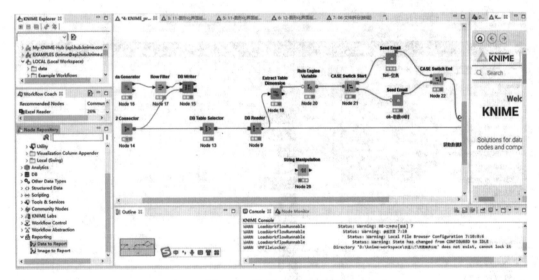

图 8-16　KNIME 操作界面

树图、网络和热图的特征。图 8-17 为 Orange 的操作界面。

（11）Pentaho。Pentaho 为数据集成、业务分析以及大数据处理提供一个全面的平台。使用这种商业工具，你可以轻松地混合各种来源的数据，通过对业务数据进行分析可以为未来的决策提供正确的信息引导。

Pentaho 整合了多个开源项目，目标是和商业智能（BI）相抗衡。它偏向于与业务流程相结合的 BI 解决方案，侧重于大中型企业应用。它允许商业分析人员或开发人员创建报表、

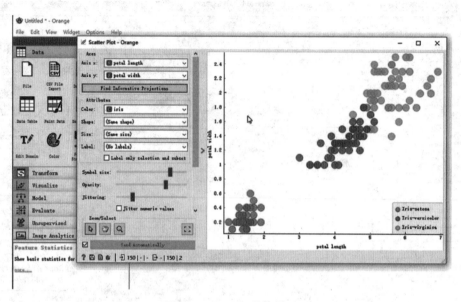

图 8-17　Orange 操作界面

仪表盘、分析模型、商业规则和 BI 流程。图 8-18 为 Pentaho 的操作界面。

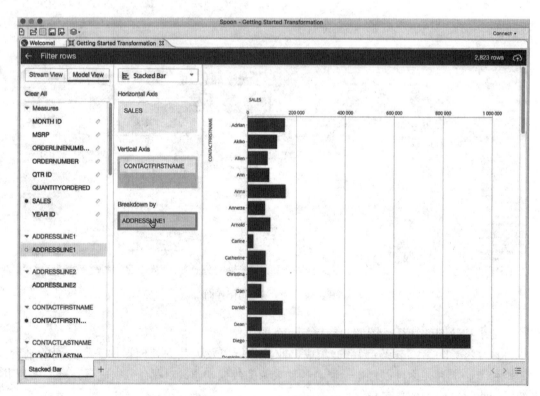

图 8-18　Pentaho 操作界面

（12）NLTK。NLTK 适用于语言处理任务，因为它可以提供一个语言处理工具，包括数据挖掘、机器学习、数据抓取、情感分析等各种语言处理任务。而人们需要做的只是安装 NLTK，然后将一个包拖拽到最喜爱的任务中，就可以去做其他事了。因为它是用 Python 语言编写的，你可以在上面建立应用，还可以自定义它的小任务。图 8-19 为 NLTK 的操作界面。

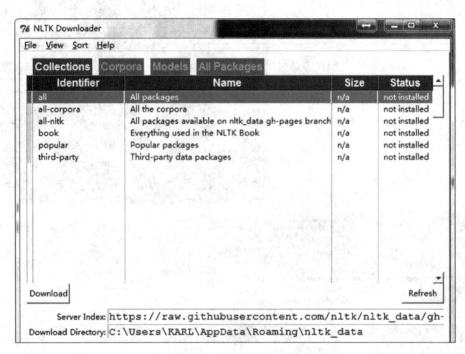

图 8-19　NLTK 操作界面

（13）Tanagra。使用图形界面的数据挖掘软件，采用了类似 Windows 资源管理器中的树状结构来组织分析组件。Tanagra 缺乏高级的可视化能力，但它的强项是统计分析，提供了众多的有参和无参检验方法。同时它的特征选取方法也很多。图 8-20 为 Tanagra 的操作界面。

（14）GGobi。数据可视化是数据挖掘的重要组成部分，GGobi 就是用于交互式可视化的开源软件，它使用 brushing 的方法。GGobi 可以用作 R 软件的插件，或者通过 Perl、Python 等脚本语言来调用。图 8-21 为 GGobi 的操作界面。

通过以上数据挖掘工具，运用大数据处理技术筛选出直观、有效的决策风险信息，可初步形成工程项目风险评价指标集，为风险识别提供良好的前提条件。

此外，在风险识别中，最好能结合运用各种方法，并且注意与有关部门及专家密切联系，注意外界所公布的有关损失的统计资料，注意国际性的动态变化资料。对于通过上述方法收集的资料，风险管理人员应予以适当地分类和保存，这样有助于风险管理的下一步工作。

8.6.7　风险识别的结果

一旦某项风险被识别和界定，它就不再是一种风险，而变成一个管理问题。风险识别之后要把结果整理出来，写成书面文件，为风险分析的其余步骤和风险管理做准备。风险识别

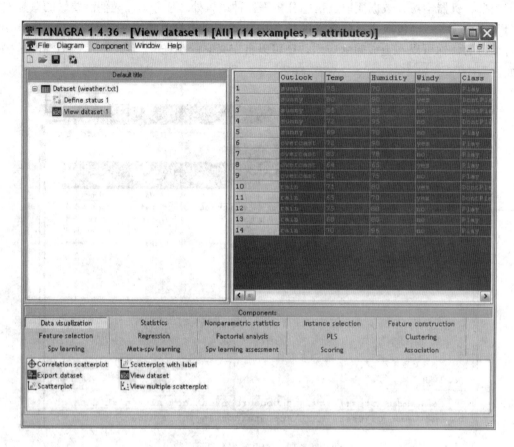

图 8-20　Tanagra 操作界面

的成果应包含下列内容。

1. 风险来源表

风险来源表中应列出所有的风险。罗列应尽可能全面，不管风险事件发生的频率和可能性、收益或损失、损害或伤害有多大，都要一一列出。对于每一种风险来源，都要有文字说明。说明中一般要包括如下内容：

（1）风险事件的可能后果；

（2）对预期发生时间的估计；

（3）对该来源产生的风险事件预期发生次数的估计。

2. 风险的分类或分组

例如业主风险、承包商风险、业主和承包商共担的风险、未来风险等。风险识别之后，应该将风险进行分组或分类。分类结果应便于进行风险分析的其余步骤和风险管理。例如，对于常见的建设项目可将风险按项目建议书、可行性研究、融资、设计、设备订货和施工以及运营阶段分组。

3. 风险症状

风险症状就是风险事件的各种外在表现，如苗头和前兆等。项目管理班子成员不及时交换彼此的不同看法，就是项目进度出现拖延的一种症状；施工现场混乱，材料、工具随便乱

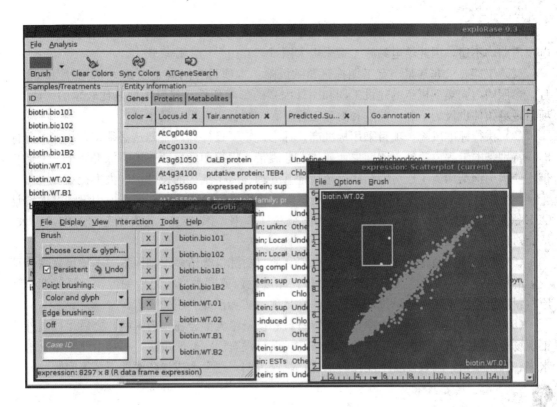

图 8-21　GGobi 操作界面

丢，无人及时回收整理，就是安全事故和项目质量、成本超支风险的症状。

4. 对项目管理其他方面的要求

在风险识别的过程中可能会发现项目管理其他方面的问题，需要完善和改进。例如，利用项目工作分解结构识别风险时，可能会发现工作分解结构做得不够详细。因此，应该要求负责工作分解结构的成员进一步完善。又如，当发现项目有超支的风险，但是又无人制定防止超支的措施时，就必须向有关人员提出要求，让他们采取措施防止项目超支。

8.7　案　例　分　析

印度尼西亚西苏门答腊电站案例

1. 项目背景

印度尼西亚西苏门答腊 2×112MW 燃煤电站项目是国家电力公司（PT. PLN）为满足苏门答腊岛首府巴东（PADANG）地区的电力需求而计划建造的。此电站项目是中技公司进入印度尼西亚电力市场的第二个大型电力 EPC（engineering procurement constrnction）工程总承包项目，整个项目由中技公司作为联合体领导方负责 EPC 项目总承包，根据印度尼西亚的劳工法律，土建、安装施工必须在印尼当地分包，印尼 REKEYASA INDUSTRI 公司作为项目总承包的联合体成员，承担了整个工程的土建施工和部分设计工作。

2. 风险分析

（1）施工条件差，工程难度较大。由于项目现场是临海边的一片原始森林和山地，水、电及道路均不通，因此给电站施工带来极大困难，开山平场工程量较大。

（2）工期要求非常紧，有工期拖延罚款风险。本项目合同规定工期为 30 个月和 33 个月。参照国内同类型机组的建设工期和国外因素的影响条件，建设工期是比较紧的。而且，项目现场条件也极为不利，前期和海洋工程量大，项目工期更显紧张。

（3）执行标准风险。项目采用标准高，标书规定了设计和设备制造必须符合相关国际标准。特别是本工程位置处于印度尼西亚构造地震带，根据印度尼西亚地震标准属于第六地震带，使锅炉钢结构、主厂房钢结构、全厂地基处理、海工结构的设计标准大大提高。

（4）设计院缺乏此类机组的现成设计资料，出图进度面临考验。浙江电力设计院无设计CFE锅炉机组的设计经验，缺乏现成的图纸和计算书，因此必须从头做起，工作量较大，从而对设计进度带来较大挑战。

（5）费用预算紧张，并且面临汇率升值、原材料涨价等诸多不利因素。本项目剔除代理费后的单位造价为 910 美元/千瓦，该造价在印度尼西亚同类型机组中偏低，而目前汇率和原材料涨价仍然走高，此单位造价已无法满足项目实际预算费用的要求。

（6）国际海运的风险。本项目的安装材料和设备绝大部分在国内采购，之后运往国外施工现场。苏门答腊岛的西苏省，地方较偏僻，而且没有固定航船班次，再加上北半球夏季雨水多、台风频繁，导致设备不能按时抵达，耽误工期，还会造成设备腐蚀损坏等问题。

 思考：

印度尼西亚西苏门答腊电站的建设存在哪些风险？

第 9 章　工程质量风险评估

知识要点：

(1) 了解工程质量风险估计的概念和过程。
(2) 掌握工程质量风险估计的方法。
(3) 了解工程质量风险评价的概念和过程。
(4) 掌握工程质量风险评价的方法。

9.1　工程质量风险估计

工程质量风险估计是在风险规划和识别之后，通过对项目所有不确定性和风险要素全面系统地分析，从而确定风险发生的概率和对项目的影响程度。风险估计的对象是项目的各项风险，而非项目的整体风险，以加深对风险以及风险后果的认识，进一步帮助人们管理不确定性因素。

9.1.1　工程质量风险估计的概念

工程质量风险估计又称风险测定、测试、衡量和估算等，因为在一个项目中存在着各种各样的风险，估计可以说明风险的实质，但这种估计是在有效辨识项目风险的基础上，根据项目风险的特点，对已确认的风险，通过定性和定量分析方法测量其发生的可能性和破坏程度的大小，对风险按潜在危险大小进行优先排序和评价，在制定风险对策和选择风险控制方案方面有重要的作用。工程质量风险估计较多采用统计、分析和推断法，一般需要一系列可信的历史统计资料和相关数据以及足以说明被估计对象特性和状态的资料做保证；当资料不全时往往依靠主观推断来弥补，此时项目管理人员掌握科学的项目风险估计方法、技巧和工具就显得格外重要。根据项目风险和项目风险估计的含义，风险估计的主要内容包括以下内容：

(1) 风险事件发生的可能性大小。
(2) 风险事件发生可能的结果范围和危害程度。
(3) 风险事件发生预期的时间。
(4) 风险事件发生的频率等。

9.1.2　工程质量风险估计的计量标度

计量是为了取得有关数值或排列顺序。目前计量一般使用标识、序数、基数和比率四种标度。

1. 标识标度

标识标度是标识对象或事件的，可以用来区分不同的风险，但不涉及数量。不同的颜色和符号都可以作为标识标度。在尚未充分掌握风险的所有方面或同其他已知风险的关系时，使用标识标度。例如，项目班子如果感到项目进度拖延的后果非常严重，可用紫色表示进度拖延风险；如果感到很严重，用红色表示；如果感到严重，则用橘红色表示。

2. 序数标度

事先确定一个基准，然后按照与这个基准的差距大小将风险排出先后顺序，使之彼此区别开来。利用序数标度还能判断一个风险是大于、等于还是小于另一个风险。但是，序数标度无法判断各风险之间的具体差别。这里所说的基准可以是主观的，也可以是客观的。例如将风险分为已知风险、可预测风险和不可预测风险用的就是序数标度。

3. 基数标度

使用基数标度不但可以把各个风险彼此区别开来，而且还可以表示它们彼此之间差别的大小。例如，项目进度拖延 20 天造成 800 万元损失，用的就是基数标度。

4. 比率标度

比率标度不但可以确定风险彼此之间差别的大小，还可以确定一个计量起点。风险发生的概率就是一种比率标度。

有些类型的风险，常常要用多种标度。正确地选用计量标度在风险估计中非常重要。此外，还需要知道对于已经收集在手的信息和资料应当选用哪一种标度。

定量估计风险时使用基数标度或比率标度。在这种情况下，用一个百分数或分数（即概率）表示风险发生的可能性。概率仍然只是一种信念，并不一定能提高风险估计的准确性。定量估计同定性估计相比，可以减少含糊不清，更客观地估计有关风险的信息资料。另外，风险有了数值之后，就可以参与各种运算，就可以确定两个风险之间到底相差多少。表 9-1 就是一个对风险进行定量比较的例子。

表 9-1　　　　　　　　　　　　　　风险定量评级

风险评级	失败概率	说　明
极高	0.81～0.99	超过目前水平，极有可能出技术问题
很高	0.61～0.80	超过目前水平，很有可能出技术问题
高	0.50～0.60	最新技术，但未充分考验，有可能出技术问题
一般	0.25～0.49	最好的技术，不会出大技术问题
低	0.10～0.24	实用技术，不会出技术问题
很低	0.01～0.09	正在使用的系统

9.1.3　工程质量风险估计与效用

有些风险事件的后果，收益或损失大小很难计算。即使能够计算出来，同一数额的损失在不同人心目中的地位也不一样。为了反映决策者价值观念方面的差异，需要考虑效用和效用函数。

1. 效用

所谓效用，是指人们对风险的满足或感受程度。个体不同，对风险的评价也不同。因此，效用是一个相对概念，其数值也是一个相对值。效用的度量一般有两种：序数效用和基数效用。序数效用只是给出效用的先后排列顺序，基数效用则给出效用的量化计量值。

2. 效用函数

人们的风险信念、对风险后果的承受力是随着风险后果的大小、环境的变化而有所变化的，这种变化关系可用效用函数 $u(x)$ 来表示。如不同数额的收益或损失在同一个人心中有不同的感受，描述收益或损失大小 x 的函数就是效用函数。效用函数在经济学、管理学中具有广泛的应用，可用于衡量人们对风险以及其他事物的主观评价和倾向等。在项目风险管理中，效用常被用来量化项目管理人员的风险观念。项目管理人员对待风险的态度或主观认识也可以用效用曲线来直观地描述。

3. 效用曲线

在直角坐标系里，以横坐标表示投资的大小，纵坐标表示希望成功的概率，将项目管理人员对风险所抱态度的变化关系用曲线来反映，这种曲线就是该项目管理人员的效用曲线。图 9-1 给出了三种常用的效用曲线，反映了人们对待风险的不同态度。

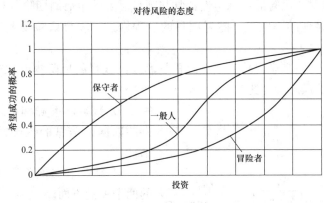

图 9-1　效用曲线

图中对待风险的态度包括保守型、中间型和冒险型。其中属于保守型效用曲线这种类型的项目管理人员一般为保守者，对收益的反映比较迟缓，而对损失比较敏感，这是一种小心谨慎、规避风险、不求大利的保守型决策者。属于中间型效用曲线这种类型的项目管理人员大多数为一般人，他们将能够取得收益期望值本身与效用大小看成是比例关系，这是一种愿意承担一定风险，完全按期望值大小选择行动方案的决策者。属于冒险型效用曲线这种类型的项目管理人员一般为冒险者，他们的风险观念与保守者相对立，他们对损失的反映比较迟缓，而对收益则比较敏感，这是一种不怕风险、谋求大利的进取型决策者。

9.1.4　工程质量风险估计过程

1. 工程项目风险估计过程目标

当风险估计过程满足下列目标时，就说明它是充分的：

（1）能用成本效益的方式估计项目中的各个风险；

（2）确定风险发生的可能性；

（3）确定风险的影响；

（4）确定风险的优先排列排序。

2. 风险估计过程的定义

根据 PMBOK（Project Management Body of Knowledge）项目管理知识体系风险处理框架，风险估计过程定义参见图 9-2 的 IDEFO 图。IDEFO 是美国空军在 20 世纪 70 年代末 80 年代初的 ICAM（Integrated Computer Aided Manufacturing）工程在结构化分析和设计方法基础上发展的一套系统分析和设计方法的一个内容。图 9-2 通过控制、输入、输出和机制描述了风险估计的顶级过程。风险估计概括了将输入转变为输出这一过程的所有活动。控制（位于顶部）调节过程，输入（位于左侧）进入过程，输出（位于右侧）退出过程，机制（位于底部）支持过程。

（1）过程控制。项目资源、项目需求和风险管理计划调节风险估计过程，其方式类似于控制风险规划过程。

（2）过程输入。风险估计是对项目中的风险进行定性或定量分析，并依据风险对项目目标的影响程度而对项目风险进行分级排序的过程。风险估计的依据主要有以下内容。

1）风险管理计划。

2）风险识别的成果。已识别的项目风险及风险对项目的潜在影响需进行估计。

3）项目进展状况。风险的不确定性常常与项目所处的生命周期阶段有关。在项目初期，项目风险症状往往表现的不明显，随着项目的进程推进，项目风险及发现风险的可能性会增加。

4）项目类型。一般来说，普通项目或重复率较高项目的风险程度比较低。技术含量高或复杂性强的项目的风险程度比较高。

图 9-2　项目风险估计过程

5）数据的准确和可靠性。用于风险识别的数据或信息的准确性和可靠性应进行估计。

6）概率和影响的程度。用于估计风险的两个关键方面。

（3）过程输出。按优先等级排列的风险列表及其趋势分析是风险估计过程的输出。一个按优先等级排列的风险列表是一个详细的项目风险目录，其中包含了所有已识别风险的相对排序及其影响分析。

（4）过程机制。估计方法、分析工具和风险数据库是风险估计过程的机制。机制可以是方法、技巧、工具或为过程活动提供结构的其他手段。风险发生的可能性、风险后果的危害程度和风险发生的概率均有助于衡量风险影响和进行风险排序。

3. 风险估计过程的活动

风险估计过程活动是将识别的项目风险转变为按优先顺序排列的风险列表所需的活动。风险估计过程活动主要包括以下内容：

（1）系统研究项目风险背景信息；

（2）详细研究已辨识项目中的关键风险；

（3）使用风险估计分析方法和工具；

（4）确定风险的发生概率及其后果；

（5）做出主观判断；

（6）排列风险优先顺序。

9.1.5　工程质量风险估计方法

风险可定义为不希望事件的发生概率以及发生后果的严重性，它与不确定性有区别，不确定性仅考虑事件发生的肯定程度，而从项目管理的角度来看，要真正判断一个项目是否

"危险"，就应全面了解事件发生或者不发生所包含的潜在影响。因此，项目风险估计至少要涉及以下三个方面。

（1）事件发生的概率。这个变量一般可以根据历史情况用统计参考数据进行估算。

（2）后果的严重性。这个变量要求项目管理人员明确有哪些后果及其影响程度。

（3）主观判断。这个变量是前两个方面的综合，综合反映了风险的主观色彩，即不同的人或组织对风险有不同的感受和承受能力。

风险估计应综合考虑上述三个方面的综合影响；同时，由于项目风险的独特性、变动性和复杂性，风险估计、评价的方法往往因项目的情况不同而不同，通常可分为定性估算法和定量估算法。根据项目风险管理人员掌握信息资料的不同，有确定型、随机型和不确定型三种不同类型的风险估计。这里重点讨论这三种类型项目风险的估计方法。

1. 确定型风险估计

确定型风险估计是指那些项目风险出现的概率为1，其后果是完全可以预测的，由精确、可靠的信息资料支持的风险估计问题。即当风险环境仅有一个数值且可以确切预测某种风险后果时，称为确定型风险估计。主要方法有盈亏平衡分析和敏感性分析等。

（1）盈亏平衡分析。

1）定义：侧重研究风险管理中的盈亏平衡点的分析，即对企业产品的产量、成本和利润三者之间的平衡关系进行研究分析；确定企业产品在产量、价格、成本等方面的盈亏界限；据此判断在各种不确定因素作用下企业的适应能力和对风险的承受能力。

2）假设条件：生产量等于销售量；生产量变化，单位可变成本不变，从而使总生产成本成为生产量的线性函数；生产量变化，销售单价不变，从而使销售收入成为销售量的线性函数；只生产单一产品，或者生产多种产品，但是可以换算为单一产品计算。

3）线性盈亏平衡分析：线性盈亏平衡分析是指项目的销售收入与销售量、销售成本与销售量之间的关系为线性关系，线性盈亏平衡分析分为图解法和解析法两种情况。

①线性盈亏平衡分析图解法：将项目销售收入函数和总成本函数在同一坐标图上表达出来，从而得到盈亏平衡图，图中销售收入和总成本两条直线的交点就是盈亏平衡点（Break-Even Point，BEP），如图9-3所示。

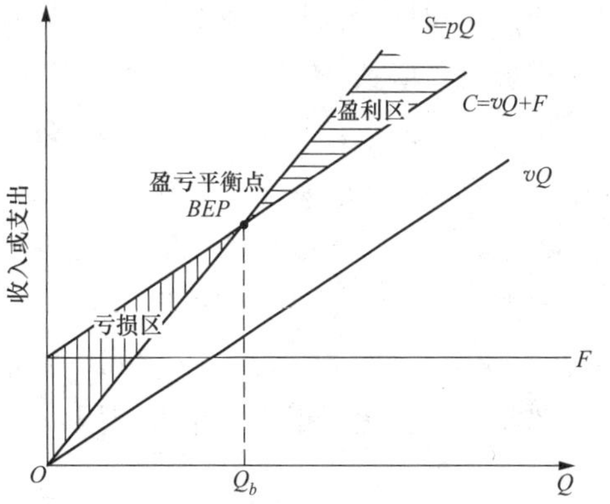

总收入：$S = pQ$；

总成本：$C = vQ + F$；

销售量：Q；

单价：p；

可变成本：v；

固定成本：F。

图9-3　盈亏平衡分析图

总利润：$R = S - C = pQ - (vQ + F)$。

②线性盈亏平衡分析解析法（无税金）：是指通过求解方程来确定盈亏平衡点。根据盈亏平衡原理，在盈亏平衡点上，销售收入与总成本相等。

假设 $pQ = vQ + F$

盈亏平衡产量或销售量：$Q_b = \dfrac{F}{p-v}$

盈亏平衡总收入：$S = \dfrac{pF}{p-v} = \dfrac{F}{1-\dfrac{v}{p}}$

生产负荷率：$BEPf(Q) = \dfrac{Q_b}{Q} = \dfrac{F}{(p-v)Q} \times 100\%$

盈亏平衡点价格：$p = v + \dfrac{F}{Q}$

③线性盈亏平衡分析解析法（含税金 r）：

假设 $(p-r)Q = vQ + F$

盈亏平衡产量或销售量：$Q_b = \dfrac{F}{p-r-v}$

盈亏平衡总收入：$S^* = \dfrac{pF}{p-r-v} = \dfrac{F}{p-\dfrac{r-v}{p}}$

生产负荷率：$BEPf(Q) = \dfrac{Q_b}{Q} = \dfrac{F}{(p-r-v)Q} \times 100\%$

盈亏平衡点价格：$p = v + \dfrac{F}{Q} + r$

4）非线性盈亏平衡分析：在实际的项目管理活动中，经常会受到诸如政策变化、使用需求等环境变化的影响，从而使销售收入、销售成本与销售量不呈线性关系。因此，在项目管理活动中利用非盈亏平衡分析来确定盈亏平衡点。非盈亏平衡分析一般使用解析法进行分析计算。

假设非线性销售收入函数与销售成本函数用一元二次函数表示：

销售收入函数：$\qquad\qquad R(Q) = aQ + bQ^2$ $\qquad\qquad$ (9-1)

销售成本函数：$\qquad\qquad C(Q) = c + dQ + eQ^2$ $\qquad\qquad$ (9-2)

式中　a、b、c、d、e——常数；

$\qquad\qquad Q$——产量。

根据盈亏平衡原理，在平衡点有 $R(Q) = C(Q)$，可以得出

$$aQ + bQ^2 = c + dQ + eQ^2 \qquad\qquad (9\text{-}3)$$

解此二次方程，得盈亏平衡界限

$$Q_b^* = -\frac{d-a}{2(e-b)} \pm \frac{\sqrt{(d-a)^2 - 4(e-b)c}}{2(e-b)} \qquad\qquad (9\text{-}4)$$

由式（9-4）可得，销售收入与销售成本曲线有两个交点，因此有两个盈亏平衡点 Q_{b1}^* 和 Q_{b2}^*。产量或销售量低于 Q_{b1}^* 或高于 Q_{b2}^*，项目都亏损，只有在 Q_{b1}^* 和 Q_{b2}^* 之间，项目才能盈利。当产品销售量在 Q_{b1}^* 和 Q_{b2}^* 之间时，项目的盈利 B 为

$$B = R(Q) - C(Q) = (b-e)Q^2 + (a-d)Q - c \qquad\qquad (9\text{-}5)$$

在最大利润点上，边际利润为零，因此，对式（9-5）进行求导，可求得最大利润点产

量 Q_{maxB}。

$$\frac{\mathrm{d}B}{\mathrm{d}Q} = 2(b-e)Q + (a-d) = 0 \qquad (9\text{-}6)$$

$$Q_{maxB} = \frac{d-a}{2(b-e)} \qquad (9\text{-}7)$$

在最大利润点左侧，利润率是上升的；在最大利润点右侧，利润率则是下降的。下面举例分析。

例题 9-1　有一工业产品项目，根据历史资料预测其单位产品价格为 $p = 21\,000Q^{-\frac{1}{2}}$，单位产品变动成本为 $v = 1000$ 元，固定成本为 $F = 10$ 万元，拟定生产规模为年产 130 件，试对该项目进行盈亏平衡分析。

解：

(1) 确定销售收入和销售成本函数：

$$R(Q) = pQ = 21\,000Q^{-\frac{1}{2}} \times Q = 21\,000Q^{\frac{1}{2}}$$
$$C(Q) = F + wQ = 100\,000 + 1000Q$$

(2) 根据盈亏平衡原理，列出平衡方程式，求解平衡点。由 $R(Q) = C(Q)$，得：

$$21\,000Q^{\frac{1}{2}} = 100\,000 + 1000Q$$

求解该方程得平衡点产量 Q_b^*

$$Q_{b1}^* = \frac{241 - \sqrt{241^2 - 4 \times 10^4}}{2} = 53(件)$$

$$Q_{b2}^* = \frac{241 + \sqrt{241^2 - 4 \times 10^4}}{2} = 188(件)$$

(3) 求解利润最大点的产量 Q_{maxB}

$$\frac{\mathrm{d}B}{\mathrm{d}Q} = \frac{\mathrm{d}(R-C)}{\mathrm{d}Q} = \frac{\mathrm{d}(210Q^{\frac{1}{2}} - 10Q - 1000)}{\mathrm{d}Q} = 0$$

解得 $Q = 110$(件)

则在该点上的利润为：

$$B_{max} = 21\,000 \times \sqrt{110} - 1000 \times 110 - 100\,000 = 10\,250(元)$$

根据上述的分析计算结果，该项目存在两个盈亏平衡点 53 和 188，如果销售量在 53 和 188 件之间，项目盈利，该项目最大利润的销售量为 110 件。根据项目的原设计产量为 130 件，其处在盈利区，但是处在利润率的下降区域，如果适当削减一些产量，可以获取更多的利润。综合来看，该项目的盈利前景光明，项目风险承受能力强。

(2) 敏感性分析。

1) 定义：敏感性分析是指通过分析、预算项目的主要制约因素发生变化时引起项目评价指标变化的幅度，以及各种因素变化对实现预期目标的影响程度，从而确认项目对各种风险的承受能力。

2) 目的：了解项目的风险水平；找到影响项目效果的主宰因素；揭示敏感性因素可承

受的变动幅度并比较分析各备选方案的风险水平，实现方案优选；预测项目变化的临界条件或临界数值，确定控制措施或寻求可替代方案。

3）步骤：确定用于敏感性分析的经济评价指标，通常采用的指标为内部收益率；确定不确定性因素可能的变动范围；计算不确定性因素变动时，评价指标的相应变动值；通过评价指标的变动情况，找出较为敏感的不确定性因素，做进一步的分析。

4）单因素敏感性分析：单因素敏感性分析是敏感性分析的最基本方法，进行分析时，首先假设各因素之间相互独立，然后每次只考察一项可变参数的变化而其他参数保持不变时，项目经济评价指标的变化情况。

5）单因素敏感性分析操作步骤：

①确定研究对象（选最有代表性的经济效果评价指标）。

②选取不确定性因素（关键因素）；设定因素的变动范围和变动幅度（如$-20\%\sim+20\%,10\%$变动）。

③计算某个因素变动时对经济效果评价指标的影响。

④计算敏感度系数并对敏感因素进行排序。敏感度系数的计算公式为：$\beta=\dfrac{\Delta A}{\Delta F}$。

式中，β为评价指标A对于不确定性因素F的敏感度系数；ΔA为不确定性因素F发生ΔF变化率时，评价指标A的相应变化率（%）；ΔF为不确定性因素F的变化率（%）。

⑤计算变动因素的临界点。临界点是指项目允许不确定性因素向不利方向变化的极限值。超过极限，项目的效益指标将不可行。

⑥绘制敏感性分析图，做出分析。

6）多因素敏感性分析：分析两个或两个以上的不确定性因素同时发生变化时，对项目经济评价指标的影响。由于多因素敏感性分析需要综合考虑多种敏感性因素可能的变化对项目活动的影响，分析起来比较复杂，分析的基本原理与单因素敏感性分析大体相同。

下面举例进行单因素敏感性分析。

例题 9-2　设某项目的基本方案的估算值如表 9-2 所示，试就年收入 S、年经营成本 C 和建设投资 I 对内部收益率进行单因素敏感性分析（基准收益率 $i_c=8\%$）。

表 9-2 项目方案估算值

因素	建设投资 I /万元	年销售收入 S /万元	年经营成本 C /万元	期末残值 L /万元	寿命 n /年
估算值	1500	600	250	200	6

解：

计算基本方案的内部收益率 IRR：

$$-I(1+IRR)^{-1}+(S-C)\sum_{t=2}^{5}(1+IRR)^{-t}+(S+L-C)(1+IRR)^{-6}=0$$

$$-1500(1+IRR)^{-1}+350\sum_{t=2}^{5}(1+IRR)^{-t}+550(1+IRR)^{-6}=0$$

计算销售收入、经营成本和建设投资变化对内部收益率的影响，结果见表 9-3：

表 9-3　　　　　　　　　　　　内部收益率

项目	−10%	−5%	基本方案	+5%	+10%
销售收入	3.01	5.94	8.79	11.58	14.30
经营成本	11.12	9.96	8.79	7.61	6.42
建设投资	12.70	10.67	8.79	7.06	5.45

计算方案对各因素的敏感度。

平均敏感度的计算公式：$\beta = \dfrac{\text{评价指标变化的幅度}（\%）}{\text{不确定性因素变化的幅度}（\%）}$

年销售收入平均敏感度：$\dfrac{14.30 - 3.01}{20} = 0.56$

年经营成本平均敏感度：$\dfrac{|6.42 - 11.12|}{20} = 0.24$

建设投资平均敏感度：$\dfrac{|5.45 - 12.70|}{20} = 0.36$

内部收益率的敏感性分析图如图 9-4 所示。

盈亏平衡分析、敏感性分析都没有考虑参数变化的概率。因此，这两种分析方法虽然可以回答哪些参数变化或假设对项目风险影响大，但不能回答哪些参数变化或假设最有可能发生变化以及这种变化的概率，这是它们在风险估计方面的不足。

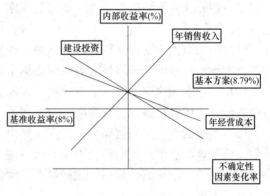

图 9-4　敏感性分析图

2. 随机型风险估计

随机型风险是指那些不但出现的各种状态已知，而且这些状态发生的概率（可能性大小）也已知的风险，这种情况下的项目风险估计被称为随机型风险估计。随机型风险估计一般按照期望收益值最大或期望效用值最大来估计。

下面举例说明期望收益估计方法在随机型项目风险估计中的应用。

例题 9-3　某工厂计划投产 A、B 两种产品，但受到资金和销路的限制，只能投产其中之一。若两种新产品销路好的概率均为 0.7，销路差的概率均为 0.3；两种产品的年收益值如表 9-4 所示。问：究竟投产哪种产品为宜？假定两者生产期为 10 年，A 需投资 30 万元，B 需投资 16 万元。

表 9-4　　　　　　　　　　　　产品年收益值

方案 \ 状态（收益值／概率）	销路好 0.7	销路差 0.3
A	10	−2
B	4	1

解：

根据已知信息，计算出两种产品在 10 年内的收益情况：

新产品 A：销路好 $S_{Ag} = 10 \times 10 - 30 = 70$（万元）

销路差 $S_{Ab} = -2 \times 10 - 30 = -50$（万元）

新产品 B：销路好 $S_{Bg} = 4 \times 10 - 16 = 24$（万元）

销路差 $S_{Bb} = 1 \times 10 - 16 = -6$（万元）

则新产品 A 的期望收益 $E_A = 70 \times 0.7 + (-50 \times 0.3) = 34$（万元）；

则新产品 B 的期望收益 $E_B = 24 \times 0.7 + (-6 \times 0.3) = 15$（万元）。

根据期望收益最大原则，选择新产品 A。

3. 不确定型风险估计

不确定型风险是指那些不但它们出现的各种状态发生的概率未知，而且究竟会出现哪些状态也不能完全确定的风险，这种情况下的项目风险估计被称为不确定型风险估计。在实际项目管理活动中，一般需要通过信息的获取把不确定型决策转化为风险性决策。由于掌握的有关项目风险的情况极少，可供借鉴参考的数据资料又少，人们在长期的管理实践中，总结归纳了一些公认的原则以供参考，如悲观原则、乐观原则、最小后悔值原则、最大数学期望原则等。

（1）小中取大原则：又称为悲观原则，该原则是先在各方案的损益中找出最小的，然后在各方案最小损益值中找出最大者对应的那个方案。

（2）大中取大原则：又称乐观原则，该原则先在各方案的损益值中找出最大者，然后在各最大损益值中找出最大者对应的那个方案。

（3）最小的最大后悔值原则：是先计算出各方案在不同自然状态下的后悔值（所选方案的收益值与该状态下真正的最优方案的收益值之差），然后分别找出各方案对应不同自然状态下的后悔值中最大值，最后从这些最大后悔值中找出最小的最大后悔值，将其对应的方案作为最优方案。

（4）最大数学期望原则：各状态发生的概率均取成等可能值，如 n 种状态，各个状态发生的概率为 $\dfrac{1}{n}$，然后计算各方案的收益期望值。

（5）折中原则：又称悲观/乐观混合原则，选择该原则的管理人员对项目前景的态度介于乐观（最大收益值）和悲观（最小收益值）之间，主张折中平衡，因此引入折中系数 a。

例题 9-4 某工厂项目建设问题有如下损益值表，如表 9-5 所示。

表 9-5　　　　　　　　　　　　　　项目建设问题损益值表

决策方案	自然状态	
	销路好 S_1	销路差 S_2
建设大型工厂	200	-20
建设中型工厂	150	20
建设小型工厂	100	60

用悲观原则、乐观原则、最大数学期望原则、折中原则和最小的最大后悔值选择最优方案，结果如表 9-6 所示。（折中系数 $a = 0.7$）

解：

表 9-6 　　　　　　　　　　　　　　　　　　　**最优方案选择结果**

状态　方案	销路好 S_1	销路差 S_2	悲观原则	乐观原则	最大数学期望原则	折中原则
建设大型工厂	200	−20	−20	200	90	134
建设中型工厂	150	20	20	150	85	111
建设小型工厂	100	60	60	100	80	88
最优方案			小型工厂	大型工厂	大型工厂	大型工厂

最小的最大后悔值，结果如表 9-7 所示。

（1）找出各个自然状态下的最大收益值，确定其为该状态下的理想目标；

（2）将该状态下的其他收益值与理想目标之差，作为该方案的后悔值，将它们排列成一个矩阵，成为后悔矩阵；

（3）找出每一个方案的最大后悔值；

（4）选取最大后悔值的最小方案作为最佳方案。

表 9-7 　　　　　　　　　　　　　　　　　　**最大最小后悔值法最优方案**

类型	自然状态		后悔值		最大后悔值
	销路好 S_1	销路差 S_2			
建设大型工厂	200	−20	0 (200−200)	80 (60+20)	80
建设中型工厂	150	20	50 (200−150)	40 (60−20)	50
建设小型工厂	100	60	100 (200−100)	0 (60−60)	100
理想目标	200	60			
最优方案	最小的最大后悔值为 50，即建设中型工厂				

　　上面讨论了不确定型项目风险估计的几种方法，这些方法的角度和侧重点各有不同，反映了项目管理人员的风险意识和对项目、项目风险的基本认识，"小中取大"表示项目管理人员保守的风险观，害怕承担较大风险；"大中取大"表示项目管理人员冒险的风险观，敢于承担较大风险，且决策环境十分有利；最小的最大后悔值原则，主要表示项目管理人员对风险后果看得比较重。

　　上面所讨论的虽然只是一种比较简单的不确定型项目风险估计准则和方法，但其方法也适用于多种后果、多种方案的复杂情况。在实际项目管理活动中，不确定型项目风险的估计方法，应以项目问题所处的客观条件为基础，可同时应用多种方法和决策准则，以保障估计的有效性。

9.1.6　工程质量风险估计技术和工具

1. 风险可能和危害分析

风险的大小是由两个方面决定的：一个是风险发生的可能性，另一个是风险发生后对项目目标所造成的危害程度。对这两方面，可以做一些定性的描述，如"非常高的""高的""适度的""低的"和"非常低的"等。表 9-8 就是对风险危害程度分级的一个例子。由此可以得到一个可能/危害等级矩阵，对发生可能性大且又危害程度大的风险要特别加以注意。

表 9-8　　　　　　　　　　　　　　　　　风险危害程度分级

项目目标	0.05（很低）	0.1（低）	0.2（适度）	0.4（高）	0.8（很高）
费用	不明显的费用增加	<5%的费用增加	5%～10%的费用增加	10%～20%的费用增加	>20%的费用增加
进度	不明显的进度推迟	进度推迟<5%	总项目进度推迟5%～10%	总项目进度推迟10%～20%	总项目进度推迟>20%
范围	不被察觉的范围减少	小区域的范围更改	大区域的范围更改	不能接受的范围更改	结束时项目范围已面目全非
质量	不被察觉的质量下降	不得不进行的质量下降	经客户同意的质量下降	客户不能接受的质量下降	结束时项目已不能使用

2. 项目假定测试及数据精度分级

风险估计中的项目假定测试（project assumptions testing）是一种模拟技术，它是分别对一系列的假定及其推论进行测试，进而发现风险的一些定性信息。

风险估计需要准确的、不带偏见的有益于管理的数据，数据精度分级（data precision ranking）就是应用于这方面的一种技术。它可以估计有关风险的数据对风险管理有用的程度，包括如下的检查：风险的了解范围、有关风险的数据、数据的质量、数据的可信度和真实度等。

9.2　工程质量风险评价

工程质量风险评价就是系统分析和权衡项目风险的各种因素，综合评估项目风险的整体水平。风险估计的重点是对项目各阶段的单个风险进行估计或量化，而没有从系统的角度来考虑项目风险影响，也没有系统考虑这些风险能否被项目主体所接受。

9.2.1　工程质量风险评价概念

1. 工程项目风险评价的含义

风险评价是对项目风险进行综合分析，并依据风险对项目目标的影响程度进行项目风险分级排序的过程。它是在项目风险规划、识别和估计的基础上，通过建立项目风险的系统评价模型，对项目风险因素影响进行综合分析，并估算出各风险发生的概率及其可能导致的损失大小，从而找到该项目的关键风险，确定项目的整体风险水平，为如何处置这些风险提供科学依据，以保障项目的顺利进行。

在风险评价过程中，项目管理人员应详细研究决策者决策的各种可能后果，并将决策者做出的决策同自己单独预测的后果相比较，进而判断这些预测能否被决策者所接受。由于各种风险的可接受或危害程度互不相同，因此就产生了哪些风险应该首先或者是否需要采取措施的问题。风险评价一般有定量和定性两种。进行风险评价时，还要提出预防、减少、转移或消除风险损失的初步方法，并将其列入风险管理阶段要进一步考虑的各种方法之中。

2. 工程项目风险评价的依据

（1）风险管理计划。

（2）风险识别的成果。已识别的项目风险及风险对项目的潜在影响需进行评估。

（3）项目进展状况。风险的不确定性常常与项目所处的生命周期阶段有关。在项目初期，项目风险症状往往表现得不明显，随着项目的实施，项目风险及发现风险的可能性会增加。

（4）项目类型。一般来说，普通项目或重复率较高项目的风险程度比较低；技术含量高或复杂性强的项目的风险程度比较高。

（5）数据的准确性和可靠性。用于风险识别的数据或信息的准确性和可靠性应进行评估。

（6）概率和影响程度。用于评估风险的两个关键方面。

3. 工程项目风险评价的目的

（1）对项目的诸多风险进行比较分析和综合评价，确定它们的先后顺序。

（2）挖掘项目风险间的相互联系。虽然项目风险因素众多，但这些因素之间往往存在着内在的联系，表面上看起来毫不相干的多个风险因素，有时是由一个共同的风险源所造成的。例如，若遇上未曾预料到的技术难题，则会造成费用超支、进度拖延、产品质量不合要求等多种后果。风险评价就是要从项目整体出发，挖掘项目各风险之间的因果关系，保障项目风险的科学管理。

（3）综合考虑各种不同风险之间相互转化的条件，研究如何才能化威胁为机会，明确项目风险的客观基础。

（4）进行项目风险量化研究，进一步量化已识别风险的发生概率和后果，减少风险发生概率和后果估计中的不确定性，为风险应对和监控提供依据和管理策略。

4. 工程项目风险评价准则

项目风险评价是评价风险存在的影响、意义以及应采取何种对策处理风险等问题。为了解决好上述问题，风险评价应遵循一些基本的准则。

（1）风险回避准则。风险回避是最基本的风险评价准则。根据该准则，项目管理人员应采取措施有效控制或完全回避项目中的各类风险，特别是对项目整体目标有重要影响的那些风险因素。

（2）风险权衡准则。风险权衡的前提是项目中存在着一些可接受的、不可避免的风险，风险权衡准则需要确定可接受风险的限度。

（3）风险处理成本最小准则。风险权衡准则的前提是假设项目中存在一些可接受的风险。这里有两种含义：其一是小概率或小损失风险，其二是付出较小的代价即可避免风险。对于第二类当然希望风险处理成本越小越好，并且希望找到风险处理的最小值。虽然风险处理的最小成本是理想状态，但同时也是难于计算的。因此，人们定性地归纳为：若此风险的处理成本足够小，人们是可以接受此风险的。

（4）风险成本/效益比准则。开展项目风险管理的基本动力是以最经济的资源消耗来高效地保障项目预定目标的达成。项目管理人员只有在收益大于支出的条件下，才愿意进行风险处置。在实际的项目活动中，项目风险水平一般与风险收益成正比，只有风险处理成本与风险收益相匹配，项目风险管理活动才是有效的。生活中有大量风险投资活动成功后获得过高回报的例子。

（5）社会费用最小准则。在进行风险评价时还应遵循社会费用最小准则。这一指标体现了一个组织对社会应负的道义责任。当一个组织实施某种项目活动，如企业的经营活动时，组织本身将承担一定的风险，并为此付出了一定的代价，同时企业也能从中获得风险经营回报。同样，社会在承担风险的同时也将获得回报。因此在考虑风险的社会费用时，也应与风险带来的社会效益一同考虑。

9.2.2　工程质量风险评价过程

可以从内部和外部两种视角来看待风险评价过程：外部视角详细说明过程控制、输入、输出和机制；内部视角详细说明用机制将输入转变为输出的过程活动。

1. 工程项目风险评价目标

当风险评价过程满足下列目标时，就说明它是充分的：

（1）能用有效的系统分析方法综合分析项目整体风险水平。

（2）确定项目风险的关键因素。

（3）确定项目风险管理的有效途径。

（4）确定项目风险的优先等级。

2. 工程项目风险评价定义

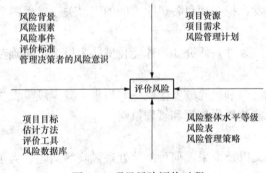

图 9-5　项目风险评价过程

根据 PMBOK 风险处理框架，风险评价过程定义参见图 9-5 的 IDEFO 图。图 9-5 概括了将输入转变为输出这一过程的所有风险评价活动。控制（位于顶部）调节过程，输入（位于左侧）进入过程，输出（位于右侧）退出过程，机制（位于底部）支持过程。

（1）过程控制。项目资源、项目需求和风险管理计划调节风险评价过程，其方式类似于控制风险规划过程。

（2）过程输入。风险评价是对项目中的风险进行定性或定量分析，并依据风险对项目目标的影响程度对项目整体风险水平和风险等级进行综合分析的过程。

（3）过程输出。项目风险的整体水平、风险表、风险管理策略等是风险评价过程的输出。

1）项目整体风险等级水平。通过比较项目风险间的风险等级，对该项目的整体风险程度做出评价。项目的整体风险等级将用于支持各项目资源的投入策略及项目继续进行或取消的决策。

2）风险表。风险表将按照高、中、低类别的方式对风险和风险状况做出详细的表示，风险表可以表述到工作分解结构的最底层。风险表还可以按照项目风险的紧迫程度、项目的费用风险、进度风险、功能风险和质量风险等类别单独做出风险排序和评估，对重要风险的发生概率和影响程度要有单独的评估结果并做出详细说明。

3）风险管理策略。对高或中等重要程度的风险应列为重点并做出更详尽的分析和评价，制定附加分析计划表，其中应包括下一步的风险定量评价和风险应对计划。

（4）过程机制。项目目标、评价方法、分析工具和风险数据库是风险评价过程的机制。

机制可以是方法、技巧、工具或为过程活动提供的其他手段。风险发生的可能性、风险后果的危害程度和风险发生的概率均有助于衡量风险整体影响。

3．工程项目风险评价过程活动

风险评价过程活动是依据项目目标和评价标准，将识别和估计的结果进行系统分析，明确项目风险之间的因果联系，确定项目风险整体水平和风险等级等。风险评价过程活动主要包括以下内容。

（1）系统研究项目风险背景信息。

（2）确定风险评价基准。风险评价基准是针对项目主体每一种风险后果确定的可接受水平。风险的可接受水平是绝对的，也是相对的。

（3）使用风险评价方法确定项目整体风险水平。项目风险整体水平是综合所有单个风险之后确定的。

（4）使用风险评价工具挖掘项目各风险因素之间的因果联系，确定关键因素。

（5）做出项目风险的综合评价，确定项目风险状态及风险管理策略。

9.2.3　工程质量风险评价方法

风险评价方法一般可分为定性、定量、定性与定量相结合三类，有效的项目风险评价方法一般采用定性与定量相结合的系统方法。对项目进行风险评价的方法很多，常用的有预测法、故障树法、外推法、主观评分法、决策树法、层次分析法、模糊综合评价法和蒙特卡罗模拟法等。

1．预测法

预测法亦称主观概率法，是市场趋势分析者对市场趋势分析事件发生的概率（即可能性大小）做出主观估计，或者说对事件变化动态的一种心理评价，然后计算它的平均值，以此作为市场趋势分析事件的结论的一种定性市场趋势分析方法。主观概率法一般和其他经验判断法结合运用。根据市场趋势分析者的主观判断而确定的事件的可能性的大小，反映个人对某件事的信念程度。所以，主观概率是对经验结果所做主观判断的度量，即可能性大小的确定，也是个人信念的度量。

2．故障树法（也可用于量化风险的处理）

（1）思路：从结果出发，通过演绎、推理查找原因的过程。

通过对可能造成项目失败的各种因素（环境、外部社会条件、人为因素等）进行分析→画出树状逻辑框图→确定可能导致失败的各种可能组合。

（2）方法：将项目系统目标和影响划分为三个基本层次（每一层中还可以按实际需要进一步划分层次）。

顶事件——项目实施中最不希望发生的事件或项目状态作为风险分析的目标；中间事件——导致事件或状态发生的所有可能的直接原因；底事件——导致中间事件发生的影响要素。

将中间事件和底事件进行合理分类。最小割集代表着系统的故障模式。对于发生概率大的最小割集，应该引起足够的重视。一旦某底事件发生就可以排除与该底事件无关的最小割集，把与该底事件相关的最小割集，按发生概率大小排序，就可以预测风险事件的发生规律，或调查某一风险事件的发生原因。

　　将三个层次事件按照逻辑关系建立联系。最小路集代表着系统的一种正常模式，只要有一个最小路集存在，系统就能正常工作。一旦某底事件发生，只要控制与该底事件无关的最小路集存在，就能保证风险事件不发生，从而为保证系统的安全提供依据。

　　从底事件层按照因果关系进行风险事件影响评价。

　　项目实施过程中注意对底事件的防范（任一底事件发生都可能最终引发顶事件出现）。

　　以隧洞失败项目为例，如图 9-6 所示：

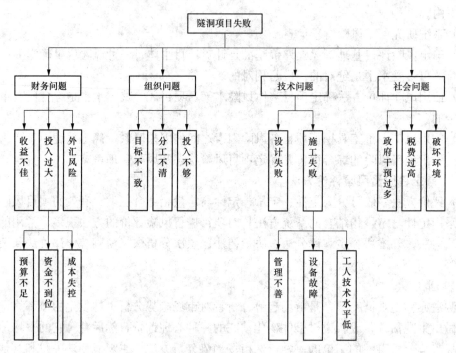

图 9-6　隧洞失败项目风险评价

3. 外推法

（1）前推法：根据历史数据和经验反映的周期性规律，认为未来的情况会简单重现。

　　依据历史数据推断——有项目的历史数据；历史数据完整且有规律性——认为在相同条件下会重现；历史数据没有明显的周期性或不能构成很好的序列——简单认为已获得数据是应数据系列的一部分，通过回归拟合找到分布曲线或函数，然后进行外推。

　　依据经验推断——根据逻辑和实践的可能性推断过去未发生过的事件，在未来可能发生。

（2）后推法：项目的历史资料不完整且无规律性。

　　将未来可能发生的风险事件与同类已知事件的后果相联系，依据事件的初始条件对风险做出评估的分析。如将发生水灾的风险与水文数据相联系，推断特大暴雨造成损害的后果。

（3）旁推法：没有本项目的历史数据可供使用，而去借用其他同类项目的历史记录对本项目的风险进行评估。如可行性研究估算经常采用类似项目的造价乘以相应系数后进行投资估算。

【案例分析】后推法

某工厂最近几年产量数据如表 9-9 所示，试预测该厂 2023 年的产量。

表 9-9　　　　　　　　　　　　　某工厂最近几年产量数据

年份	2017	2018	2019	2020	2021	2022
t 值	−5	−3	−1	1	3	5
产量 y_t（万吨）	8.7	10.6	13.3	16.5	20.6	26.0
环比	0	1.2	1.3	1.2	1.2	1.3

指数曲线趋势外推模型：$\hat{y}_t=14.8768e^{0.1098t}$

后推 2023 年的产量：$\hat{y}_{2023}=14.8768e^{0.1098*7}=32.1$

4. 主观评分法——专家主观评分

（1）编制风险预测表格，包括风险影响要素和相应权重；

（2）聘请 3～5 名专家根据自己的经验和主观认识，对每项要素给予相应的分值；

（3）计算调查表的权值和；

（4）综合各专家的评分结果——评定总体风险；

（5）考察最大风险是否在可接受范围。

例题 9-5　某项目要经过 4 个阶段，项目可接受的水平为 0.6，主观评分见表 9-10。

表 9-10　　　　　　　　　　　　　主观评分

所处阶段	费用	工期	质量	人员	技术	各阶段风险权值和	各阶段风险权重
概念阶段	5	6	3	4	4	22	0.22
开发阶段	3	7	5	5	6	26	0.26
实施阶段	4	9	5	8	6	32	0.32
收尾阶段	7	4	4	3	3	21	0.21
	19	26	19	18	19	101	

每项风险的权值为 0～10，由专家给出：

项目最大风险权重值和＝表行数×表列数×最大风险权重值＝4×5×9＝180

$$项目整体风险水平=\frac{项目风险总权值}{最大风险权值和}=\frac{101}{180}=0.56$$

因为 0.56＜0.6，所以项目可以接受。

各阶段的风险权重在实施阶段最大，应加强管理和防范。

例题 9-6　某施工招标项目，投标人的风险预测和评估见表 9-11。

表 9-11　　　　　　　　　　　施工招标项目风险指标评价表

判断指标	权数	等级					得分
		10 分	8 分	6 分	4 分	2 分	
技术水平	15		√				120
机械设备能力	15	√					150
对风险的控制能力	5					√	10
管理经验	10		√				80
对项目的熟悉程度	10			√			60

续表

判断指标	权数	等级					得分
		10分	8分	6分	4分	2分	
工期紧迫程度	8				√		32
业主信誉	7		√				56
竞争激烈程度	15					√	30
今后机会	15	√					150
合计	100						688
最低可接受分数							650

由于该投标人的风险指标评价分数大于最低可接受分数，所以该投标人在施工招标项目考虑范围内。

5. 决策树法

根据项目风险问题的基本特点，项目风险的评价既要能反映项目风险背景环境，又要能描述项目风险发生的概率、后果以及项目风险的发展动态。决策树这种结构模型既简明又符合上述两项要求。采用决策树法来评价项目风险，往往比其他评价方法更直观、清晰，便于项目管理人员思考和集体探讨，因而是一种形象化和有效的项目风险评价方法。

（1）树的结构。决策树，是图论中的一种图的形式，因而决策树又叫决策图。它是以方框和圆圈为节点，由直线连接而成的一种树枝形状的结构，图 9-7 是一个典型的决策树图。

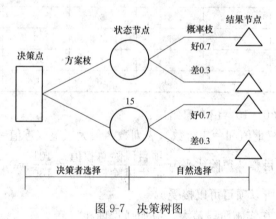

图 9-7　决策树图

决策树图一般包括以下几个部分：

□——决策节点，从这里引出的分枝叫方案分枝，分枝数量与方案数量相同。决策节点表明，从它引出的方案要进行分析和决策，在分枝上要注明方案名称。

○——状态节点，也称之为机会节点。从它引出的分枝叫状态分枝或概率分枝，在每一分枝上注明自然状态名称及其出现的主观概率。状态数量与自然状态数量相同。

△——结果节点，将不同方案在各种自然状态下所取得的结果（如收益值）标注在结果节点的右端。

（2）决策树的应用分析。决策树法是利用树枝形状的图像模型来表述项目风险评价问题，项目风险评价可直接在决策树上进行，其评价准则可以是收益期望值、效用期望值或其他指标值。

例题 9-7 某工厂生产产品，现有两种方案可供选择：一种方案是继续生产原有的全自动型老产品，另一种方案是生产一种新产品。据分析测算，如果市场需求量大，生产老产品可获利 30 万元，生产新产品可获利 50 万元。如果市场需求量小，生产老产品仍可获利 10 万元，生产新产品将亏损 5 万元（以上损益值均指一年的情况）。另据市场分析可知，市场需求量大的概率为 0.8，需求量小的概率为 0.2。试分析和确定哪一种生产方案可使企业年度获利最多？

解：

（1）绘制决策树，如图 9-8 所示。

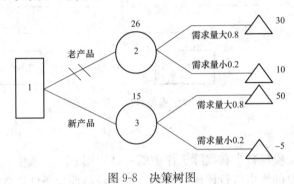

图 9-8 决策树图

（2）计算各结点的期望损益值，期望损益值的计算从右向左进行。

结点 2：30×0.8+10×0.2＝26（万元）。

结点 3：50×0.8+（-5）×0.2＝39（万元）。

决策点 1 的期望损益值为：max {26，39}＝39（万元）。

（3）剪枝。决策点的剪枝从左向右进行。因为决策点的期望损益值为 39 万元，为生产新产品方案的期望损益值，因此剪掉生产老产品这一方案分枝保留生产新产品这一方案分枝。根据年度获利最多这一评价准则，合理的生产方案应为生产新产品。

6. 层次分析法

层次分析法是将与决策有关的元素分解成目标、准则、方案等层次，在此基础上进行定性和定量分析的决策方法。该方法是美国匹兹堡大学运筹学家萨蒂教授于 20 世纪 70 年代初，在为美国国防部研究"根据各个工业部门对国家福利的贡献大小而进行电力分配"课题时，应用网络系统理论和多目标综合评价方法提出的一种层次权重决策分析方法。

具体来说，层次分析法是将一个复杂的多目标决策问题作为一个系统，将目标分解为多个目标或准则，进而分解为多指标（或准则、约束）的若干层次，通过定性指标模糊量化方法计算出层次单排序（权数）和总排序，以作为目标（多指标）、多方案优化决策的系统方法。层次分析法可以将无法量化的风险按照大小排出顺序，把它们彼此区分开来。

【**案例分析**】 市政工程项目进行决策：建立递阶层次结构

市政部门管理人员需要对修建一项市政工程项目进行决策，可选择的方案是修建通往旅游区的高速路（简称建高速路）或修建城区地铁（简称建地铁）。除了考虑经济效益外，还要考虑社会效益、环境效益等因素，即是多准则决策问题，考虑运用层次分析法解决，见图

9-9。

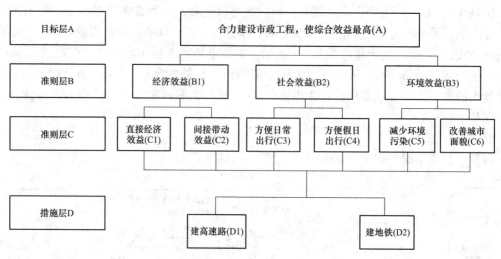

图 9-9　市政工程项目决策层次分析图

7. 模糊综合评价法

模糊综合评价法是模糊数学在实际工作中的一种应用方式。其中，评价就是指按照指定的评价条件对评价对象的优劣进行评比、判断，综合是指评价条件包含多个因素。综合评价就是对受到多个因素影响的评价对象做出全面的评价。采用模糊综合评价法进行风险评价的基本思路是：综合考虑所有风险因素的影响程度，并设置权重区别各因素的重要性，通过构建数学模型，推算出风险的各种可能性程度。其中，可能性程度值高的为风险水平的最终确定值。其具体步骤如下。

（1）选定评价因素，构成评价因素集；

（2）根据评价的目标要求，划分等级，建立备选集；

（3）对各风险要素进行独立评价，建立判断矩阵；

（4）根据各风险要素影响程度，确定其相应的权重；

（5）运用模糊数学运算方法，确定综合评价结果；

（6）根据计算分析结果，确定项目风险水平。

例题 9-8　某市兴建了一家服装厂，在研究产品发展方向方面有两个可供选择的方案：方案一是生产西服，方案二是生产牛仔服。其销售前景有四种情况：很好、好、不太好、不好。相应的年度收益情况如表 9-12 所示。该厂应选择哪种生产方案？

表 9-12　　　　　　　　　服装厂备选方案年度收益情况表

销售前景 / 备选方案	很好	好	不太好	不好
生产西服	800	700	200	−200
生产牛仔服	1000	800	300	−300

解：

（1）建立因素集。因素集是影响评价对象的各种因素所组成的一个普通集合。

$$U = \{U_1, U_2, \cdots, U_n\} \tag{9-8}$$

式中 U——因素集；

$U_i (i = 1, 2, \cdots, n)$——各影响因素。

上述这些因素一般具有不同程度的模糊性。在本例中，可以考虑从舒适性、耐磨性和美观性三个方面对这两种服装进行评价，从而构成项目风险评价因素集，即

$$U = \{舒适性，耐磨性，美观性\}$$

（2）建立备择集。备择集是专家利用自己的经验和知识对项目因素对象可能做出的各种总的评判结果所组成的集合，一般用大写字母 V 表示，即

$$V = \{V_1, V_2, \cdots, V_n\} \tag{9-9}$$

式中 $V_i (i = 1, 2, \cdots, n)$——各种可能的总评价结果。

模糊综合评价的最终结果就是要在综合考虑所有影响因素的基础上，从备择集中得出一相应的评价结果。在本例中，专家对每个单因素的评价可分为很好、好、不太好、不好，即 $V = \{很好、好、不太好、不好\}$。

（3）建立模糊关系矩阵。即建立从 U 到 V 的模糊关系 R，即对单因素进行评价。

采取专家评审打分的方法建立模糊关系矩阵 $R(r_{ij})$。由若干名专家对各因素 r_{ij} 进行评价：

$$r_{ij} = \frac{对于\,V\,中某一因素，专家划分为某一档次的人}{评审专家人数} \tag{9-10}$$

得模糊关系矩阵 R

$$R = \begin{bmatrix} r_{11} r_{12} r_{13} & \cdots & r_{1n} \\ r_{21} r_{22} r_{23} & \cdots & r_{2n} \\ \cdots & \ddots & \cdots \\ r_{m1} r_{m2} r_{m3} & \cdots & r_{mn} \end{bmatrix} \tag{9-11}$$

就牛仔服的舒适性而言，假设有 30% 的顾客认为很好，60% 的顾客认为好，10% 的顾客认为不太好，没有顾客认为不好。于是，对单因素"舒适性"的评价为：（0.3，0.6，0.1，0）。同样，对"耐磨性""舒适性""美观性"的评价分别为：（0.3，0.6，0.1，0）、（0.4，0.3，0.2，0.1），则评判矩阵为

$$R_2 = \begin{bmatrix} 0.3 & 0.3 & 0.4 \\ 0.6 & 0.6 & 0.3 \\ 0.1 & 0.1 & 0.2 \\ 0 & 0 & 0.1 \end{bmatrix}$$

同理，可得到西服的评判矩阵为

$$R_1 = \begin{bmatrix} 0.1 & 0.1 & 0.2 \\ 0.2 & 0.3 & 0.2 \\ 0.6 & 0.5 & 0.3 \\ 0.1 & 0.1 & 0.3 \end{bmatrix}$$

（4）建立权重集。权重集反映了因素集中各因素不同的重要程度，一般通过对各个因素 $u_i (i = 1, 2, \cdots, m)$ 赋予一相应的权数 $a_i (i = 1, 2, \cdots, m)$，这些权数所组成的集合：

$$A = \{a_1, a_2, \cdots, a_m\} \tag{9-12}$$

(5) 模糊综合评判。根据层次分析法，取查德算子为 $M(\wedge, \vee)$，则综合评价可表示为：

$$B = W \cdot R \tag{9-13}$$

权重集 W 可视为一行 m 列的模糊矩阵，上式按模糊矩阵乘法进行运算，即有

$$B = (w_1, w_2, \cdots, w_m) \cdot \begin{bmatrix} r_{11} r_{12} r_{13} & \cdots & r_{1n} \\ r_{21} r_{22} r_{23} & \cdots & r_{2n} \\ \cdots & \ddots & \\ r_{m1} r_{m2} r_{m3} & \cdots & r_{mn} \end{bmatrix} = (b_1, b_2, \cdots, b_n) \tag{9-14}$$

式中　　　　　　　　B——模糊综合评价集；

$b_j(j=1, 2, \cdots, n)$——模糊综合评判指标。

对 B 进行归一化处理，有

$$\overline{b_i} = \frac{b_i}{\sum\limits_{i=1}^{n} b_i} \tag{9-15}$$

$$B = (\overline{b_1}, \overline{b_2}, \cdots, \overline{b_n})$$

因此对西服有

$$B = A \cdot R_1 = \begin{bmatrix} 0.1 & 0.1 & 0.2 \\ 0.2 & 0.3 & 0.2 \\ 0.6 & 0.5 & 0.3 \\ 0.1 & 0.1 & 0.3 \end{bmatrix} \times \begin{bmatrix} 0.3 \\ 0.3 \\ 0.4 \end{bmatrix} = \begin{bmatrix} 0.2 \\ 0.3 \\ 0.3 \\ 0.3 \end{bmatrix}$$

归一化处理得 $B_1 = (0.19, 0.27, 0.27, 0.27)^T$。

同理，对牛仔服有

$$B = A \cdot R_2 = \begin{bmatrix} 0.3 & 0.3 & 0.4 \\ 0.6 & 0.6 & 0.3 \\ 0.1 & 0.1 & 0.2 \\ 0 & 0 & 0.1 \end{bmatrix} \times \begin{bmatrix} 0.3 \\ 0.3 \\ 0.4 \end{bmatrix} = \begin{bmatrix} 0.4 \\ 0.3 \\ 0.2 \\ 0.1 \end{bmatrix}$$

计算结果表明，西服隶属"很好""好""不太好""不好"的程度分别为 19%、27%、27%、27%；牛仔服隶属"很好""好""不太好""不好"的程度分别为 40%、30%、20%、10%。

(6) 综合决策。以评价对象综合评价结果作为方案的状态概率，计算各方案的期望收益值并据此决策。

$$E_1 = 19\% \times 800 + 27\% \times 700 + 27\% \times 200 + 27\% \times (-200) = 341(万元)$$

$$E_2 = 40\% \times 1000 + 30\% \times 800 + 20\% \times 300 + 10\% \times (-300) = 670(万元)$$

由于 $E_1 < E_2$，因此应选择方案 2，即生产牛仔服。

8. 蒙特卡罗模拟法

蒙特卡罗模拟法是随机地从每个不确定因素中抽取样本，进行一次整个项目计算，重复进行模拟各式各样的不确定性组合，获得各种组合下的成百上千个结果。通过统计和处理这些结果数据，找出项目变化的规律。例如，把这些结果值从大到小按序排列，统计各个值出现的次数，用这些次数值形成频数分布曲线，就能够知道每种结果出现的可能性。然后，根据统计学原理，对这些结果数据进行分析，确定最大值、最小值、平均值、标准差、方差、

偏度等，通过这些信息就可以更深入地定量分析项目，为决策提供依据。

项目中常用蒙特卡罗模拟法来模拟仿真项目的日程。这种技术往往被全局管理所采用，通过对项目的多次"预演"，得出项目进度日程的统计结果。蒙特卡罗模拟法也常被用来估算项目成本可能的变化范围。

9.3　案　例　分　析

呼和浩特金桥热电厂位于呼和浩特市东南部金桥经济技术开发区，规划建设规模为 4×30 万 kW 供热发电机组，项目由内蒙古北方联合电力有限责任公司投资建设，总投资 49 亿元，用地 1900 亩。一期建设规模为 2×30 万 kW 供热机组，一期投资为 25 亿元，年发电量达 33 亿 kW·h，热网供热面积为 980 万 m^2。计划 2006 年 6 月 1 日机组投产后提供不间断供电。2007 年 2 月，2 号机组投产发电。投产后提供不间断供电，二期、三期随后开工建设。本工程 2×30 万 kW 机组烟气脱硫采用石灰石-石膏湿法脱硫工艺，生产用水源采用呼和浩特辛辛板污水处理厂二级生物处理后的中水，这也是本工程的主要特点。

1. 项目所在地的社会经济环境

呼和浩特是内蒙古自治区首府，全市总面积 17 224km²，总人口 258 万人，是中国优秀旅游城市和北方沿边开放城市。伴随着国家西部大开发战略的实施，呼和浩特的经济取得了前所未有的成绩，呈现出五大特点：

(1) 发展速度逐步加快。2006 年全市生产总值达到 600 亿元，增速为 47.7%，连续四年增速在全国 27 个省会（首府）城市中位居第一。

(2) 特色产业优势正在形成。呼和浩特的工业经济以乳业、电子信息业、生物制药、冶金化工等具有地区特色和核心竞争优势的支柱产业组成。

(3) 对外开放程度明显提高。近年来，呼和浩特始终坚持实施外向带动战略。TCL、汉鼎光电、大唐托电、北方电力、乾坤冶炼、卷烟厂等一大批骨干企业迅速崛起。

(4) 农牧业产业化经营带动农村经济快速发展。

(5) 城市化进程明显加快。城区面积由 83km² 扩展为目前的 120km²。

2. 项目所在地发展电力资源的优势

呼和浩特是"西电东送"北通道重要地区，力求成为塞外的"电力之都"和保障首都供电的重要电源点。预计到 2008 年，呼和浩特市的电力总装机容量可达 1200 万 kW，成为全国发电量最大的城市。专家认为，呼和浩特建设大型煤电基地有煤炭、水和土地三大资源、地理位置、政策、电价竞争、外送电信誉和科技等六大优势。

(1) 煤炭、水和土地三大资源。

呼和浩特附近主要有两个大煤矿：准格尔大型煤田基地保有储量 253 亿 t，东胜大型煤田基地保有储量 733 亿 t。

实施农业节水灌溉工程。农业节约的黄河水主要用于工业项目，为沿黄河流域煤炭富集区布置大型坑口电站创造了条件。蒙西地区年淡水平均占有量为 113 亿 m^3，水资源相对丰富。

土地资源优势。全市耕地面积仅占土地总面积的 4.4%，靠近城镇建设坑口、路口大型火电厂不需占用耕地且地价低廉，建厂条件好。

（2）随着电力体制改革，呼和浩特相继制定了一系列优惠政策，吸引了国内五大发电公司和其他投资者纷纷前来建设火电厂。

（3）地理位置优势和送电通道优势。紧邻京津唐三角区，以 500kV 交流输电都在经济半径之内，不需要更高的电压等级送电。向京津唐送电的通道，沿途地势较好，路径开阔，电网具有较高的安全可靠性。

（4）电价优势。由于上述优势的综合效应及劳动力、建筑材料价格相对较低，工程投产运行后成本较低，电价极具优势。

（5）信誉优势。呼和浩特电力工业实施西电东送以来，始终以提供充足、稳定、经济的电能为首目标，能够严格按照送受双方的协议运行，尤其是在受电方发生电网事故时能够提供及时有力的支援，得到了好评，赢得了良好的信誉。

（6）科技优势。呼和浩特电力工业通过"西电东送"工程，已跨入大机组高电压、高自动化的新阶段，做好了技术储备。

煤电基地规划发展与市场导向结合起来。现在华北、东北地区具有很大潜力的、稳定的电力需求市场。呼和浩特电力发展的机遇还在于全国、自治区宏观经济形势持续好转以及举办 2008 年北京奥运会。

3. 项目的意义

呼和浩特市地处寒冷地带，年采暖期长，加之市区人口不断增加，各自独立的区域供热方式导致大气环境污染日趋严重。目前呼和浩特市的发电装机容量只有 574 万 kW，而该地区又处于蒙西电网的枢纽位置，随着呼和浩特市地区经济快速发展，缺电现象日益严重。

为改善呼和浩特市区空气严重污染的现状和改变呼和浩特市的缺电局面，决定建设呼和浩特发电厂 2×300MW 机组工程，在解决本地缺电的情况下，在特殊时期可以向北京输送电力。

4. 金桥电厂生产布局

金桥电厂位于呼和浩特市南郊金桥经济技术开发区，天平营村与茂盛营村之间。地势平坦开阔，场地自然标高在 1140～1145 之间，厂址东北高西南低，厂址所占大部分为耕地，经金桥开发区统一报批，已批准为建设用地。

根据厂址水源地、灰场、出线、铁路等外部条件提出厂区总平面规划布置方案。本期工程建设规模 2×300MW，采用湿冷方式，区总平面布置格局由东西依次为：煤场—主厂房—冷却塔—升压结四列式布置，主厂房布置在厂区中部，汽机房采用纵向布置，固定端朝北，扩建端向南。烟囱东侧布置了石灰-石膏湿式烟气脱硫装置。煤场及输煤系统布置在脱硫装置东面，燃煤通过汽车卸煤沟，经转运站及输煤栈桥送入主厂房，煤及卸煤设施布置在厂区东侧，既便于电厂规划铁路用线与园区铁路专用线的接轨，又便于电气在运煤通过园区规划道路进入电厂。220kV 升压站布置在冷却塔西侧，进出采用架空，向西出线，其余生活辅助设施布置在厂区北部。铁路专用线由厂区北侧进厂。

化学水车间及厂区供水设施布置在主厂房固定端北侧，除灰采用干除灰方式，控制室布置在炉后电除尘器之间，灰库布置在电除尘及引风机室的南侧，渣库布置在锅炉房两侧，便于灰渣的排出，点火油泵房及贮油罐布置在厂区北部。制氢站及污水处理站布置在主厂房西侧。

主厂房布置采用汽机房—除氧间—煤仓间—锅炉房—布袋除尘器—引风机室—烟囱—炉

后烟气脱硫岛的型式。汽轮发电机组按纵向顺列布置，汽机机头朝向固定端：煤仓间炉前布置；锅炉岛式布置；紧身封闭；固定端上煤；两机一控。

电厂总体布局较合理，充分考虑了生产和安全需要，按项目危险等级和使用功能进行了分区处理，从整体上对危险源进行了有效控制，使事故发生的几率、影响范围和损失程度得以降低。

 思考：

通过以上案例，对金桥电厂主要风险进行评估。

第 10 章 工程风险问题的对策与决策

知识要点：

(1) 风险对策的概念。

(2) 风险对策的种类以及具体方法。

(3) 风险决策的概念。

(4) 风险对策的决策过程。

10.1 风险对策的概念

风险对策又称为风险防范手段、风险管理技术或风险应对，就是对项目风险提出处理意见和办法。风险应对是在对项目进行风险识别、定性定量估计和评价之后，得到项目风险发生的概率、损失严重程度的过程。为提高实现项目工程目标的机会，降低风险的负面影响，再根据项目的要求，决定应采取什么样的措施，以达到减少风险事件发生的概率和降低损失程度的目的。

风险无处不在，风险会带来灾难，风险也会带来利润。风险并不可怕，可怕的是对风险一无所知，或毫无准备。

风险应对的主要依据如下。

(1) 风险管理计划。

(2) 风险排序。运用本书前面介绍的风险定性、定量分析方法，将风险按其发生的可能性、风险发生后造成的后果严重程度、缓急程度进行排序，明确各种风险的相对重要程度。

(3) 风险认知。对可放弃的机会和可接受的风险的认知。组织的认知程度会影响风险应对计划。

(4) 风险主体。项目利益相关者中可以作为风险应对主体的名单。风险主体应参与制订风险应对计划。

(5) 一般风险应对。许多风险可能是由某一个共同的原因造成的，这种情况下为利用一种应对方案缓和两个或更多项目风险提供了机会。

10.2 风险对策的种类

10.2.1 风险减轻

减轻风险措施是一种积极的风险处理方法策略，它通过各种技术和方法降低损失发生的可能性，缩小其后果的不利影响程度。例如，若某项目的实施需跨越一个雨季，而雨季又无法施工，这时在签订合同时一定要将雨季不能施工的因素考虑进去，据此制定项目完成的时间，从而减少进度风险。

在实施项目风险减轻策略时，最好将项目每一个具体"风险"都减轻到可接受的水平。项目中各个风险水平降低了，项目的整体风险水平在一定程度上也就降低了，项目成功的概率就会增加。项目失败概率减少和成功概率增加的关系如图 10-1 所示。

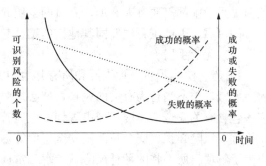

图 10-1　项目风险成功与失败概率的关系

按照减轻风险措施执行时间可分为风险发生前、风险发生中和风险发生后三种不同阶段的风险控制方法，应用在风险发生前的方法基本上相当于风险预防，而应用在风险发生中和风险发生后的控制实际上就是损失抑制。

1. 风险预防

风险预防是指在风险发生前消除或减少风险因素，降低损失发生的概率。从化解项目风险产生的原因出发，去控制和应对项目活动中的风险事件。通过风险识别、估计和评价，可得到项目风险源、各种风险发生的概率和后果严重性等级排序，与预先给定的风险严重程度等级要求相比较，对超过要求的风险，要采取技术措施消除风险或降低严重度等级使其满足要求。

比如业主要求承包商出具各种保函，就是为了防止承包商不履约或履约不力。再比如，对飞机研制项目来说，一旦飞机的发动机发生故障，将导致机毁人亡的事故发生。为了降低这种风险，通常民航飞机设计为双发动机，当一台发动机发生故障时，另一台发动机仍可正常工作，使飞机正常飞行。只有当两台发动机同时故障时飞机才不能正常飞行，导致飞行事故发生。两台发动机同时发生故障的概率小于一台发动机发生故障的概率，飞机发生事故的概率降低了，从而风险等级降低。

风险预防是一种主动的风险管理策略，通常采取有形和无形的手段。

(1) 有形手段。工程法是一种有形的手段，这种方法以工程技术为手段，消除物质性风险威胁。例如，为了防止山区区段山体滑坡危害高速公路过往车辆和公路自身，可采用岩锚技术锚住松动的山体，增加山体稳定性。采用工程法预防风险有多种措施。

1) 防止风险因素出现。在项目活动开始之前，采取一定措施，减少风险因素。例如，在山地、海岛或岸边建设时，为了减少滑坡威胁，可在建筑物周围大范围内植树栽草，同排水渠网、挡土墙和护坡等措施结合起来，防止雨水破坏建筑物主体的稳定性，这样就能根除滑坡这一风险因素。

2) 减少已存在的风险因素。施工现场若发现各种用电机械和设备日益增多，及时果断地换用大容量变压器就可以减少其烧毁的风险。

3) 将风险因素同人、财、物在时间和空间上隔离。风险事件发生时，造成财产损毁和人员伤亡是因为人、财、物在同一时间处于破坏力作用范围之内。因此，可以把人、财、物与风险源在空间上实行隔离，在时间上错开，以达到减少损失和伤亡的目的。

工程法的特点是，每一种措施都与具体的工程技术设施相联系，但是不能过分地依赖工程法。首先，采取工程措施需要很大的投入。因此，决策时必须进行成本效益分析；其次，任何工程设施都需要有人参加，人员的素质起决定性作用；另外，任何工程设施都不会百分之百的可靠，因此工程法要同其他措施结合起来使用。

（2）无形手段。

1）教育法。项目管理人员和所有其他相关各方的行为不当可构成项目的风险因素。因此，要减轻与不当行为有关的风险，就必须对有关人员进行风险和风险管理教育。教育内容应该包含有关安全、投资、城市规划、土地管理及其他方面的法规、规章、规范、标准和操作规程、风险知识、安全技能及安全态度等。风险和风险管理教育的目的，是要让有关人员充分了解项目所面临的种种风险，了解和掌握控制这些风险的方法，使他们深深地认识到个人的任何疏忽或错误行为，都可能给项目造成巨大损失。

2）程序法。项目活动的客观规律性若被破坏也会给项目造成损失。程序法指以制度化的方式从事项目活动，减少不必要损失。项目管理组织制定的各种管理计划、方针和监督检查制度一般都能反映项目活动的客观规律性。因此，项目管理人员一定要认真执行。我国长期坚持的基本建设程序反映了固定资产投资活动的基本规律。实践表明，不按此程序办事，就会犯错误，造成浪费和损失。所以要从战略上减轻项目风险，就必须遵循基本程序，那种图省事、走捷径、抱侥幸心理甚至弄虚作假的想法和做法都是项目风险的根源。

3）合理地设计项目组织形式也能有效地预防风险。项目发起单位如果在财力、经验、技术、管理、人力或其他资源方面无力完成项目，可以同其他单位组成合营体，预防自身不能克服的风险发生。

使用预防策略时，需要注意的是在项目的组成结构或组织中加入了多余的部分，同时也增加了项目或项目组织的复杂性，提高了项目成本，进而增加了风险。

2. 损失抑制

损失抑制是指在风险发生时或风险发生后，为了遏制风险继续恶化或限制其继续蔓延，采取措施减少损失发生范围或损失程度的行为。比如业主通过加强内部核算，控制投资，从而达到减少风险和损失发生的目的。

事故发生中或事故发生后的损失抑制措施主要集中在紧急情况的处理即急救措施、恢复计划和合法的保护，以此来阻止损失范围的扩大。例如，飞机飞行中一旦发生事故而无法控制时，飞行员可被弹射出飞机以保证飞行员的安全。又如，森林起火时，设置防火隔离带阻止火势的蔓延，就是一种限制火灾损失范围的事故后发生作用的措施。

正确认识风险预防和损失抑制的区别有助于提高项目风险管理的效果。风险预防的目的在于消除或减少风险发生的概率，损失抑制的目的在于减少项目风险发生后不利后果的损失程度。事实上，这两方面在风险管理中往往同时使用，综合考虑。一个好的项目风险减轻方案往往具有风险预防功能，也有损失抑制功能。

10.2.2 风险回避

风险回避是指在完成项目风险分析与评价后，如果发现项目风险发生的概率很高，而且可能的损失也很大，又没有其他有效的对策来降低风险时，应采取主动放弃项目、放弃原有计划或改变目标等方法，使其不发生或不再发展，从而避免可能产生的潜在损失。

采取这种策略前，必须对风险有充分的认识，对风险出现的可能性和后果的严重性有足够的把握。一般通过风险评价发现项目的实施将面临巨大的威胁，项目管理体系又没有别的办法控制风险，甚至保险公司亦认为风险太大，拒绝承保，这时就应当考虑放弃项目的实施，避免巨大的人员伤亡和财产损失。对于城市和工程建设项目，如水利枢纽工程、核电站、化工项目等，以及一些一旦造成损失，项目执行组织无力承担后果的项目，都必须采用风险回避策略，避免巨大的人员伤亡和财产损失。

这种策略是从根本上放弃使用有风险的项目资源、项目技术、项目设计方案等，从而避开项目风险的一类项目风险应对措施。风险回避其实就是以一定的方式中断风险源，使其不发生或不再发展。比如中止合同就是一种风险回避策略。

应用风险回避策略时应考虑以下几方面的因素。

（1）对项目而言，某些风险也许不可能回避。例如，项目实施过程中的某些关键技术突破、地震、水灾、人的疫病、能源危机等风险可能难以避免。

（2）对某些风险采用放弃项目的方法来进行规避。项目决策者可以选择无风险或风险性小的项目来回避风险大的项目。规避风险一般是需要增加成本的，项目班子在成本和效益的比较分析下，当回避风险所花的成本高于回避风险所产生的社会、政治、经济效益时，如果仍采取回避风险的方法，则是得不偿失的。

（3）回避了某一风险有可能产生其他新的风险。例如，放弃某一项目设计方案，达到了回避某风险的目的，但选用另一替代的设计方案则可能带来新的风险，这时要对新的风险进行分析，通过新旧风险的对比决定采用哪种设计方案。

综合考虑以上因素，风险回避策略适合以下两种情况：

（1）某种特定风险发生概率和损失程度相当大；

（2）应用其他风险处理技术的成本超过其产生的经济效益，采用风险回避措施可使项目受损失的可能性最小。

回避风险包括完全放弃和主动预防风险两种。

1. 完全放弃

完全放弃就是拒绝承担风险。拒绝承担风险意味着放弃该项目带来的利润，是最彻底的回避风险的办法。但也会带来其他问题：放弃意味着失去了发展和机遇。例如核电站建设，工程项目庞大，风险高，1985 年以前的中国又没有建设核电站的经验，如果因为担心损失而放弃该项目，就要失去培养和锻炼我们核电建设队伍的机会，丢掉发展核电有关产业的机会，丢掉许多就业机会，丢掉促进核电技术科学研究和教育发展的机会，等等。

采取这种方法，有时可能不得不做出一些必要的牺牲，比如放弃工程的前期工作，放弃整个项目成功带来的利润等。但与承担较大的风险相比，这些牺牲比风险真正发生时可能造成的损失要小得多，甚至微不足道。

2. 主动预防风险

主动预防风险是指从风险源入手，将风险的来源彻底消除，放弃已承担的风险。在工程项目风险识别和评价中，若已预测到未来可能存在更大的风险，从而给项目带来巨大的损失，这时可以考虑主动放弃该项目的继续实施，避免遭受更大的损失。例如，在修建公路时，在一些交通拥挤或事故易发地段，为了彻底消除交通事故风险，可采取扩建路面、改建人行天桥或禁止行人通行等措施。

项目的复杂性、一次性和高风险等特点，要求充分发挥项目管理人员的主观能动性，创造条件促进风险因素转化，有效控制或消除项目风险，而简单的放弃，意味着不提倡创造性，意味着消极的工作观，不利于组织今后的发展。因此，在采取回避策略之前，必须对风险有充分的认识，对威胁出现的可能性和后果的严重性有足够的把握。采取回避策略，最好在项目活动尚未实施时，放弃或改变正在进行的项目，一般都要付出一定的代价。

10.2.3 风险转移

风险转移是指风险管理人员为避免承担风险损失，有意识地将损失或与损失有关的财务后果移至参与该项目的其他个人或其他组织上，所以又被称为合伙分担风险。其目的不是降低风险发生的概率和减轻不利后果，而是借用合同或协议，在风险事故一旦发生时将损失的一部分转移到有能力承受或控制项目风险的个人或组织身上。实行这种策略要遵循两个原则：第一，必须让承担风险者得到相应的回报；第二，对于各种具体风险，谁最有能力管理就让谁分担。

风险转移并非损失转嫁，因为不同的承受者对风险的承受能力不同，因此风险对于一些主体可能造成损失，但转移后并不一定给其他主体造成损失。采用这种策略所付出的代价大小取决于风险大小。当项目的资源有限不能实行减轻和预防策略，或风险发生频率不高，但潜在的损失或损害很大时可采用此策略。

风险转移可以分为财务性风险转移和非财务性风险转移。

1. 财务性风险转移

财务性风险转移可以分为保险类风险转移和非保险类风险转移两种。

（1）财务性保险类风险转移。财务性保险类风险转移是转移风险最常用的一种方法，是指项目组向保险公司交纳一定数额的保险费，通过签订保险合约来对冲风险，以投保的形式将风险转移到其他人身上。根据保险合约，项目风险事故一旦发生，保险公司将承担投保人由于风险所造成的损失，从而将风险转移给保险公司（实际上是所有向保险公司投保的人）。在国际上，建设项目的业主不但自己为建设项目施工中的风险向保险公司投保，同时还要求承包商也向保险公司投保。可对于工程项目风险进行工程投保，比如建筑工程一切险、安装工程一切险等。

（2）财务性非保险类风险转移。财务性非保险类风险转移是指通过不同的中介，以不同的形式和方法，将风险转移至商业上的合作伙伴。例如通过银行以贸易信贷的形式或其他的方法将风险转移至商业上的伙伴。

担保也是一种常用的财务性非保险类风险转移方式。所谓担保，是为他人的债务、违约或失误承担间接责任的一种承诺。在项目管理上是指银行、保险公司或其他非银行金融机构为项目风险承担间接责任的一种承诺。例如，建设项目施工承包商请银行、保险公司或其他非银行金融机构向项目业主承诺为承包商在投标、履行合同、归还预付款、工程维修中的债务、违约或失误承担间接责任。当然，为了取得这种承诺，承包商也要付出一定的代价，但是这种代价最终要由项目业主承担。在得到这种承诺之后，项目业主就把由于承包商行为方面的不确定性带来的风险转移到了出具保证书或保证函的银行、保险公司或其他非银行金融机构身上。

在进行货物或服务交易时，卖家可能会面对买家拒绝付款的风险，为了保障双方的利益，出现了信用证、银行承兑的远期信用证、汇票等以银行为担保人的贸易信贷。贸易信贷是卖家通过信贷保证将项目风险一部分转移至银行身上。这种方式也属于财务性非保险类风险转移。

2. 非财务性风险转移

非财务性风险转移是指将项目有关的物业或项目转移到第三方，或者以合同的形式把风险转移到其他人身上，同时还能够保留会产生风险的物业或项目。这里的第一种情况，实际上和回避风险策略有一定的关系，两者都是试图减轻项目风险及其可能造成的损失，但回避风险是不需要任何人承担风险后果的，而风险转移是将项目风险转移到第三方。外包是一种很好的非财务性风险转移策略。在信息技术领域，外包日益流行，外包可使工程师根据外包合同的规定享受不同的工资和福利待遇，同时还可以转移高昂的高技术员工管理费风险。

10.2.4　风险自留

风险自留，就是将风险留给自己承担，是从企业内部财务的角度应对风险。也被称为接受风险，主要是指选择承担风险后果。

例如，经理们期望员工自愿流动的百分比较低，更换一个入门级工程师的费用，可能与为留住此人而提升他的福利所花的费用一样，这时的策略是接受经过培训的人员调离项目的风险，付出的代价便是雇用顶替他们的人员所需的费用。

风险自留可以是主动的，也可以是被动的。由于在风险规划阶段已对一些风险有了准备，所以当风险事件发生时马上执行应急计划，便是主动接受风险。被动接受风险是指在风险事件造成的损失数额不大，不影响项目大局时，项目管理组将损失列为项目的一种费用，具体措施有将损失摊入经营成本；建立风险基金；借款用以补偿风险损失。费用增加了，项目的收益自然要受影响。

风险自留是最省事的风险规避方法，在许多情况下也最省费用。当采取其他风险规避方法的费用超过风险事件造成的损失数额时，可采取风险自留的方法。风险自留与其他风险对策的根本区别在于：它不改变工程项目风险的客观性质，不改变工程风险的发生概率，也不改变工程风险潜在损失的严重性。

风险自留是处理残余风险的一种技术措施。例如，当对某风险采取减轻风险的措施后，该风险发生概率减少，后果减轻，但风险仍然存在，而项目组织认为此风险水平可接受时则可采用接受风险的措施。有时风险转移不出去，没有别的选择只能接受风险。例如，项目组织采用保险的方式把风险转移给保险公司，但保险合同常常有一些除外责任，因此，实际上保险公司只承担了部分潜在损失。另一部分潜在损失，若不能控制或无法转移给别人，项目组织只能接受。

10.2.5　风险储备

对于一些大型的工程项目，由于项目的复杂性，项目风险是客观存在的，因此，为了保证项目预定目标的实现，有必要制定一些项目风险应急措施即储备风险。所谓储备风险，是指根据项目风险规律事先制定应急措施和制订一个科学高效的项目风险计划，一旦项目实际进展情况与计划不同，就动用后备应急措施。项目风险后备应急措施主要有费用、进度和技术三种。

1. 预算应急费

预算应急费是一笔事先准备好的资金，用于补偿差错、疏漏及其他不确定性对项目费用估计精确性的影响。预算应急费在项目进行过程中一定会花出去，但用在何处、何时以及多少在编制项目预算时并不确定。

预算应急费在项目预算中要单独列出，不能分散到具体费用项目下，否则，项目管理组就会失去对支出的控制。另外，预算人员由于心中无数而在各个具体费用项目下盲目地预留余地，是不能允许的。

预算应急费一般分为实施应急费和经济应急费两类。实施应急费用于补偿估价和实施过程中的不确定性；经济应急费用于对付通货膨胀和价格波动。实施应急费又可分为估价质量应急费和调整应急费；而经济应急费则可进一步分为价格保护应急费和涨价应急费。

(1) 估价质量应急费。用于弥补以下原因造成的影响：项目目标不明确；项目定义不确切、不完整；项目采用的策略模糊、不明确；工作分解结构不完全、不确切；估算时间短；估算人员缺乏经验和知识、过分乐观；估算和计算有误差。如果能够认真地了解、分析以往实施过的项目，就有可能确定以上原因对项目估算偏离项目的真正费用产生多大程度的影响。必要时，分不同的费用项目估算出应急费用占直接费（人工、材料）、分包、其他直接费和间接费之和的百分比。

(2) 调整应急费。项目很少一次试运行成功，常常需要多次调整才能达到设计要求。调整应急费用于支付调整期间的各种开支。例如，系统调试，更换零部件，零部件和组装的返工，重写技术说明、操作手册和其他文件，编制竣工图等。

(3) 价格保护应急费。用于补偿估算项目费用期间询价中隐含的通货膨胀因素。当报价有效期届满时，供应单位就有可能提高价格。费用估算人员应该预测涨价幅度，把可能增加的部分作为价格保护应急费。供应单位报价的增长幅度可以根据其有效期至实际订货日的时间长短，以及这段时间内通货膨胀率逐项分别预测，不可按一笔总金额来计算，因为各种不同费用项目的价格变化规律不同。价格保护应急费只对一部分费用项目是必要的。价格保护的第二种办法是让供应单位按延长的有效期报价，这种办法适用于购买少量的货物。

(4) 涨价应急费。在通货膨胀严重或价格波动厉害时期，供应单位无法或不愿意为未来的订货报固定价，遇到这种情况，就要考虑涨价应急费。与价格保护应急费一样，涨价应急费也要一项一项地分别计算，不能作为一笔总金额加在项目费用估算上，因为各种不同货物的价格变化规律不同，也并非所有的货物都会涨价。

2. 进度后备措施

对于项目进度方面的不确定因素，项目各有关方一般不希望以延长时间的方式来解决。因此，项目管理班子就要设法制订一个较紧凑的进度计划，争取在各有关方要求完成的日期前完成。从计划的观点来看，进度后备措施就是在关键路线上设置一段时差或浮动时间。

压缩关键路线各工序时间有两种办法：减少工序（活动时间）或改变工序间逻辑关系。一般来说，这两种办法都要增加资源的投入，甚至带来新的风险。

3. 技术后备措施

技术后备措施专门用于应付项目的技术风险，它是一段预先准备好了的时间或一笔资金。当预想的情况出现，并需要采取补救行动时才动用这笔资金或这段时间。预算和进度后备措施很可能用上，而技术后备措施很可能用不上。只有当不大可能发生的事件发生，需要采取补救行动时，才动用技术后备措施。技术后备措施分两种情况：技术应急费和技术应急时间。

(1) 技术应急费。单从项目经理的立场来看，最好在项目预算中打入足够的资金以备不时之需。但是，项目执行组织高层领导却不愿意为不大可能用得上的措施投入资金。由于采取补救行动的可能性不大，所以技术应急费应当以预计的补救行动费用与它发生的概率之积来计算。

技术应急费不列入项目预算而单独提出来，放到公司管理备用金账上，由项目执行组织高层领导掌握。公司管理备用金账上还有从其他项目提取来的各种风险基金，就好像是各个项目向公司交纳的保险费。

由高层领导统一掌握技术应急费还有下述好处：

1）公司高层领导可以由此全面了解全公司各项目班子总共承担了多大风险；

2）一旦真的出现了技术风险，公司高层领导容易批准动用这笔从各项目集中上来的资金；

3）可以避免技术应急费被挪作他用。

（2）技术应急时间。为了应对技术风险造成的进度拖延，应该事先准备好一段备用时间。不过，确定备用时间要比确定技术应急费复杂。一般可以在进度计划中专设一个里程碑，提醒项目管理组：此处应当留神技术风险。

在设计和制定风险处置策略时一定要针对项目中不同风险的转折点分别采用这几种风险处置方式，而且应尽可能准确而合理地采用。在实施风险策略和计划时应随时将变化了的情况反馈给风险管理人员，以便能及时地结合新的情况对项目风险处理策略进行调整，使之能适应新的情况，尽量减少风险导致的损失。

10.3　工程项目保险

保险公司是建设项目中需要关注的一个主要相关方。建筑业使用各种保险产品作为主要的风险转移工具。

参与建设项目的各方，包括业主、设计方、承包商、施工管理机构、公共管理机构和金融机构等，都面临可能对相关人员和机构以及第三方造成经济损失的风险。面对这种情况，如果法律法规或项目合同并未要求购买保险，施工企业可以选择建立风险储备金，以承担施工过程中可能发生的多种风险，这种方法被称为自我保险。有时，这意味着用高昂的额外成本去应对所有不可预见的风险。为避免建立风险储备金，施工企业可以与保险公司签订保险合同。

通过保险合同与其他方共同承担风险，就需要支付保险费，保险费会作为建设成本的一部分，达到给受益方提供财务保护的目的。

有一些风险是可以并且必须投保的风险，如图 10-2 所示。比如法律法规规定或者合同要求的必须投保的风险，如雇主责任险、人身意外伤害保险等。

有一些保险是可供项目管理者进行选择投保的保险。这种保险是管理者在需要的情况下进行投保，并不做强制的要求。

但有一些风险是保险公司不愿意承保的，或者为这些风险所承担的保险费，是客户所无法接受的。这种风险通常出现在以下情况中：

（1）损失发生的概率很大，换句话说，这种风险是确定要发生的，而不仅是可能发生。

（2）保险公司无法将风险拆解为数个类似的风险。

（3）保险公司无法获得足够的历史数据，用以量化将来可能出现的风险。

（4）投保人希望能从保险赔付中获利。除某些个人保险外，保险业的准则是试图恢复投保人在损失之前的状况。投保人不能期望在接受赔付之后，还获取本不属于自己的财产（他们并没有为这些财产支付保险金）。

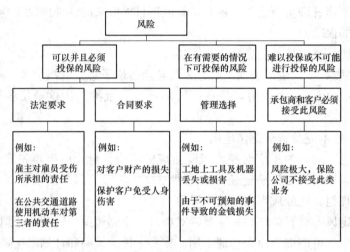

图 10-2　项目管理中的风险与保险

10.3.1　工程项目保险的概念

工程项目保险是通过保险公司以收取保费的方式建立保险基金，一旦发生自然灾害或意外事故，造成参加保险者的财产损失或人身伤亡时，即用保险金给予补偿的一种制度。它的好处是投保人通过付出一定数目的小量保险费，换来遭受重大损失时得到补偿保障，从而增强项目抵抗风险的能力。

工程项目可以投哪几种保险，需要根据标书中合同条件的规定以及该项目所处的外部条件、工程性质和业主与承包商对风险的评价和分析来决定。其中合同条件的规定是决定的主要因素，凡是合同条件要求保险的项目，一般都是强制性的。

10.3.2　工程保险的种类和内容

1. 建筑工程一切险（包括第三者责任险）

建筑工程一切险是以建筑工程中的材料、装饰物料、设备等为保险标的的保险。建筑工程一切险对各种建筑工程项目提供全面保障，既对在施工期间工程本身、施工机具或工地设备所遭受的损失予以赔偿，也对因施工给第三者造成的物资损伤或人员伤亡承担赔偿责任。

建筑工程一切险多数由承包商负责投保，如果承包商因故未办理或拒不办理投保，业主可代为投保，费用由承包商负担。如果总承包商未曾就分包工程购买保险，负责该项分包工程的分包商也应办理其承担的分包任务的保险。

建筑工程一切险的保险契约生效后，投保人就成为被投保人，而保险的受益人同样也是被保险人。被保险人必须在工程进行期间承担风险责任或具有利害关系，即具有可保险利益的人，包括：业主、总承包商、分包商、监理工程师、与工程有密切关系的单位和个人。

建筑工程一切险适用于房屋工程和公共工程，其承保的内容大致包括：工程本身；施工设备和设施；场地清理费；第三者责任；工地内现有的建筑物；由被保险人看管或监护的停放于工地的财产。

建筑工程一切险承保的危险与损害涉及面很广，即保险单中列举的"除情况之外"的一切事故损失全在保险范围内，尤其是下述原因造成的损失：

（1）火灾、爆炸、雷击、飞机或航空器坠毁及灭火或其他救助所造成的损失。

（2）海啸、洪水、潮水、水灾、地震、暴雨、风暴、雪崩、地崩、陨石、山崩、冻灾、冰雹及其他自然灾害。

（3）一般性盗窃和抢劫。

（4）由于工人、技术人员缺乏经验、疏忽、过失、恶意行为或无能力等导致的施工拙劣而造成的损失。

（5）如战争、政变等大规模突发性事件造成的损失。

（6）其他意外事件。

建筑工程一切险的保险金额按照不同的保险标的确定，保险费率通常要根据风险的大小确定，保险期限根据合同要求确定。

2. 安装工程一切险

安装工程一切险属于技术险种，这种保险的目的在于为各种机器的安装及钢结构工程的实施提供尽可能全面的专门保险。安装工程一切险适用于安装工厂用的机器、设备、储油罐、钢结构、起重机、吊车，以及包含机械工程因素的各种建造工程。主要保险责任为自然灾害及意外事故。

安装工程一切险与建筑工程一切险有着重要的区别。

（1）建筑工程一切险的标的从开工以后逐步增加，保险额也逐步提高，而安装工程一切险的保险标的一开始就存放于工地，保险公司一开始就承担着全部货价的风险，风险比较集中。在机器安装好之后，试车、考核所带来的风险以及在试车过程中发生机器损坏的风险是相当大的，这些风险在建筑工程一切险中是没有的。

（2）在一般情况下，自然灾害造成建筑工程一切险的保险标的损失的可能性较大，而安装工程一切险的保险标的多数是建筑物内安装及设备（石化、桥梁、钢结构建筑物等除外），受自然灾害（洪水、台风、暴雨等）损失的可能性较小，受人为事故损失的可能性较大，这就要督促被保险人加强现场安全操作管理，严格执行安全操作规程。

（3）安装工程在交接前必须经过试车考核，而在试车期内，任何潜在的因素都可能造成损失，损失率要占安装工期内总损失的 1/2 以上。由于风险集中，试车期的安装工程一切险的保险费率通常占整个工期保费的 1/3 左右，而且对旧机器设备不承担赔付责任。

安装工程一切险的投保人与被保险人同建筑工程一切险一样，安装工程一切险应由承包商投保，业主只是在承包商未投保的情况下代其投保，费用由承包商承担。承包商办理投保的手续并交纳保费后成为被保险人。安装工程一切险的被保险人除承包商外，还包括业主、制造商（供应商）、咨询监理公司、安装工程的信贷机构和待安装构件的买主等。

安装工程一切险的保险金额包括物质损失和第三者责任两大部分。如果投保的安装工程包括土建部分，其保额应为安装完成时的总价值（包括运费、安装费、关税等）；若不包括土建部分，则设备购货合同价和安装合同价加各种费用之和为保额。第三者责任的赔偿限额按危险程度由保险双方商定。通常对物质标的部分的保额，先按安装工程完成时的估定总价值暂定，工程完工时再根据最后建成价格调整。

安装工程一切险在保险单列明的安装期限内自投保工程的动工日或第一批被保险项目被卸到施工地点时起生效，直到安装工程完毕且验收时终止。如果合同中有试车、考核规定，则试车、考核阶段应以保单中规定的期限为限。但如果被保险项目本身是旧产品，则试车开始时，责任即告终止。

保险期限的延长需要征得保险人的同意，并在保单上加批单和增收保费。

3. 雇主责任险

雇主责任险是指被保险人所雇用的员工在受雇过程中从事与保险单所载明的与被保险人业务有关的工作而遭受意外或患与业务有关的国家规定的职业性疾病，所致伤、残或死亡，被保险人根据《中华人民共和国劳动法》及劳动合同应承担的医药费用及经济赔偿责任，包括应支出的诉讼费用，由保险人在规定的赔偿限额内负责赔偿的一种保险。

简单来说，雇主责任险是雇主为其雇员办理的保险，用以保障雇员在受雇期间因工作而遭受意外或患与业务有关的职业性疾病的情况下获取赔偿金、医疗费、工伤休假期间的工资，并负责支付必要的诉讼费等。需要注意的是，构成雇主责任的前提条件是雇主与雇员之间存在着直接的雇用合同关系。

4. 人身意外伤害险

人身意外伤害险是人身保险的一种，简称意外伤害保险，指在保险有效期内，如果被保险人遭受意外伤害而因此在责任期限内不幸残疾或身故，由保险公司给付身故保险金或残疾保险金。"意外伤害"是指在被保险人没有预见到或违背被保险人意愿的情况下，突然发生的外来致害物对被保险人的身体明显、剧烈地侵害的客观事实。

人身意外伤害险和雇主责任险的标的都是保证人身遭受意外伤害时担负赔偿责任，但二者有明显区别。

（1）保险标的不同。人身意外伤害险的保险标的是被保险人的人身，当被保险人因意外而受伤害时，保险人应当按照保险合同约定赔偿。雇主责任险的保险标的是雇主承担的赔偿责任，雇主只有对雇员履行了赔偿义务后，保险才对雇主赔偿。

（2）保障范围不同。

1）对职业病的保障不同。人身意外伤害险对职业病是不予承保也不予赔偿的；雇主责任险对雇员在受雇用期间，因职业病导致的损害给予承保和赔偿。

2）对第三人侵权的保障不同。人身意外伤害险仅对被保险人的损害进行补偿，如果被保险人对第三人侵权致有损害需要赔偿时，由被保险人自己承担民事责任，雇主、保险人均不承担赔偿责任。而雇主责任险则不同，当雇员在完成雇主交付的工作或任务时，侵犯了第三人的合法权益，导致第三人损害的，雇主和雇员承担连带赔偿责任，雇主赔偿给第三人的损失，可向保险公司索赔。

（3）保障期限不同。雇主责任险只保障雇员在受雇并且执行任务期间。而人身意外伤害险只要是在保单有效期内，被保险人由于意外事故受到伤害，都能得到保险人赔偿。

5. 货物运输险

货物运输险是指承包商通过水运、空运、陆运的手段，将工程所需材料运至工地的过程中，为实施工程可能发生的风险负损失赔偿责任。货物运输险按货物运输方式可分为海上货物运输、陆上货物运输保险、航空运输货物保险、邮包保险以及联运保险。保险条款大致相同，保险费率根据不同的运输方式、货物性质、运输距离、险别等不同因素设定。

货物运输保险的期限多以一次航程或运程计算。凡在货物运输中具有保险利益的人均可投保，如货主、发货人、托运人、承运人等。货物运输保险承保的危险事故包括雷电、海啸、地震等自然灾害，船舶搁浅、触礁、沉没、失踪、碰撞等意外事故，火灾、偷窃、短量、破碎、船长船员恶意行为等外来风险等。

承保的运输货物在运送保险期限内可能会经过多次转卖，因此最终保险合同保障受益人不是保险单注明的被保险人，而是保单持有人。

10.4　工程项目担保

10.4.1　工程担保制度

工程担保制度起源于美国公共投资建设领域，至今已有 100 多年的历史，这项制度的推行，保证了建筑业快速健康地发展。国际咨询工程师联合会（FIDIC）将其列入施工合同条件，国际贸易组织及许多国家政府文件都对工程担保做出了具体的规定。工程担保已经成为世界建筑行业普遍接受和应用的一种国际惯例。

我国的工程担保起步较晚，20 世纪 80 年代改革开放初期，由于利用世界银行贷款进行经济建设，作为工程建设项目管理国际惯例的工程担保也被随之引入。主要应用于外资或一些合资的工程建设项目，担保的类别也十分有限，并缺乏专门的法律制约。1995 年 6 月 30 日，我国颁布实施了《中华人民共和国担保法》（以下简称《担保法》）。根据《担保法》的规定，担保方式一共有五种：保证、抵押、质押、留置和定金。这五种方式尽管都属于债权的担保，但它们的性质、特点、适用范围等各有不同。

工程项目风险中采用保证担保方式是国际工程风险管理长期实践的结果，不采用抵押、质押、留置、定金等方式。所谓保证，是指保证人和债权人约定，当债务人不履行债务时，保证人按照约定履行债务或者承担责任的行为。具有代为清偿债务能力的法人、其他组织或者公民，可以做保证人。但在建设工程活动中，由于担保的标的额较大，保证人往往是银行，也有信用较高的其他担保人，如担保公司。银行出具的保证通常称为保函，其他保证人出具的书面保证一般称为保证书。

工程担保作为降低工程合同履行风险的一种重要手段，利用建设市场主体及保证人之间的责任关系，通过增加合同履行的责任主体、加大违约成本的约束和惩罚机制，能够有效地预防、控制建设合同履约风险，维护合同当事人的合法权益，保障工程建设的顺利完成，达到规范建筑市场经济秩序的目的。

工程担保制度已在我国初步建立，许多国家重点工程如国家大剧院、广州新白云国际机场、首都博物馆新馆、奥运会主场馆和各个比赛项目场馆，以及一些城市的房地产建设项目和市政工程建设项目等都实行了工程担保，取得了良好的效果。工程担保制度的建立和推行与政府行政管理手段相互补充，共同促进建筑市场有序、健康地发展。

10.4.2　国际常见的工程担保种类

1. 投标保证担保

投标保证担保或投标保证金，属于投标文件的重要组成部分。所谓投标保证金，是指投标人向招标人出具的以一定金额表示的投标责任担保。也就是说，投标人保证其投标被接受后，对其投标书中规定的责任不得撤销或反悔，否则招标人将对投标保证金予以没收。

实行投标担保后，投标人一旦撤回投标或中标后不与业主签约，须承担业主的经济损失，因而可促使投标人认真对待投标报价，防止轻率投标。同时，担保人为投标人提供担保前，会严格审查其承包能力、资信状况等，这就限制了不合格的承包商参加投标活动的行为。

投标保证金的形式有很多种，常见的有以下几种。

（1）支付现金。

（2）支票。这是由银行签章保证付款的支票。其过程为：投标人开出支票，向付款银行申请保证付款，由银行在票面盖"保付"字样后，将支付票面所载金额从出票人（投标人）的存款账上划出，另行设立专户储存，以备随时支付。经银行保付的支票，可以保证持票人一定能够收到款项。

（3）银行汇票。银行汇票是一种汇款凭证，由银行开出，交汇款人寄给异地收款人，异地收款人再凭银行汇票可以在当地银行兑取汇款。

（4）不可撤销信用证。不可撤销信用证是付款人申请由银行出具的保证付款的凭证。由付款人银行向收款人银行发出函件，在符合规定的条件下，把一定款项付给函中指定的人。需要说明的是，该信用证开出后，在有效期限内不得随意撤销。

（5）银行保函。银行保函是由投标人申请、银行开立的保函，保证投标人在中标之前不撤销投标，中标后应当履行招标文件和中标文件规定的义务。如果投标人违反规定，开立保证函的银行将担保赔偿招标人的损失。

（6）由保险公司或担保公司出具的投标保证书。投标保证书是由投标人单独签署或由投标人和担保人共同签署的承担支付一定金额的书面保证。

在这六种形式的投标保证金中，银行保函和投标保证书是最常用的。

2. 履约保证担保

履约保证担保是指工程发包人为防止承包人在合同执行过程中违反合同规定或违约，为弥补给发包人造成的经济损失而存在的担保。其形式有银行履约保函、履约担保书和履约担保金（又叫履约保证金）三种。

（1）银行履约保函。银行履约保函是由商业银行开具的担保证明，通常为合同金额的10%左右。银行保函分为有条件的银行保函和无条件的银行保函。

1）有条件的保函。在承包人没有实施合同或者未履行合同义务时，由发包人或监理工程师出具证明说明情况，并由担保人对已执行合同部分和未执行部分加以鉴定，确认后才能收兑银行保函，由招标人得到保函中的款项。建筑行业通常倾向于采用这种形式的保函。

2）无条件的保函。在承包人没有实施合同或者未履行合同义务时，发包人不需要出具任何证明和理由，只要看到承包人违约，就可对银行保函进行收兑。

（2）履约担保书。履约担保书的担保方式是：当承包人在履行合同中违约时，开出担保书的担保公司或者保险公司用该项担保金去完成施工任务或者向发包人支付该项保证金。工程采购项目以保证金提供担保形式的，其金额一般为合同价的30%～50%。

承包商违约时，由工程担保人代为完成工程建设的担保方式，有利于工程建设的顺利进行，因此是我国工程担保制度探索和实践的重点。

（3）履约担保金。要求中标人提交一定金额的履约保证金，是招标人的一项权利。该保证金应按照招标人、在招标文件中的规定，或者根据招标人在评标后做出的决定，以适当的格式和金额采用现金、支票、履约担保书或银行保函的形式提供，其金额应足以督促中标人履行合同，之后应予返还。但在工程合同中，招标人可将一部分保证金展期至工程完工后，即直到工程最后验收为止。担保金的总额一般控制在工程总价的 5%。

3. 预付款保证担保

预付款保证担保是指承包人与发包人签订合同后，承包人正确、合理使用发包人支付的预付款的担保。业主（发包人）往往预先支付一定数量的工程款，以供承包商周转使用。为保证承包商将这些款项用于工程项目建设，防止承包商挪作他用、携款潜逃或宣布破产，需要保证人为承包商提供等同数额的预付款保证，或者提交预付款银行保函。预付款保证金额一般为工程合同价的 10%～30%。

4. 付款保证担保

付款保证担保是保证人为承包商提供的、保证承包商按照工程进度按时支付工人工资、分包商及材料设备供应商费用的担保形式。如果缺少付款保证，一旦承包商没有正常付款，债权人有权进行诉讼，致使业主的工程及其财产受到法院的扣押。通过实行付款保证可以使业主避免不必要的法律纠纷和管理负担。

5. 维修保证担保

维修保证担保也称质量保证担保，是保证人为承包商提供的保证工程维修期（国际上称为缺陷责任期）内出现质量缺陷时，承包商应当负责维修的担保形式。维修保证担保的保证金额一般为合同价的 1%～5%。

6. 分包保证担保

当存在总分包关系时，总承包商要为各分包商的工作承担完全责任。总承包商为了保护自己的权益不受损害，往往要求分包商通过保证人为其提供保证担保，以保障分包商将充分履行自己的义务。

7. 完工保证担保

为了切实保障按照合同完成工程建设，业主可要求承包商通过保证人提供完工保证。正常完工是指承包商要在合同规定的建设工期内完成项目建设，达到预期的质量要求并控制在合同造价之内。如果由于承包商的原因出现工期延误，则保证人要承担相应的损失赔偿。

8. 其他担保形式

除上述工程保证担保形式之外，要求承包商提供的还有免税进口材料设备保证、差额保证担保、机具使用保证、税务保证等工程担保形式。

10.4.3　工程担保制度与监理、保险的区别

1. 工程担保制度与监理的区别

两者有着本质上的区别，工程监理侧重建筑产品技术标准的检验、监督和控制；工程担保主要在经济责任的制约机制上用力，调动工程行为主体的内在因素，加大违约成本，促其自觉履约，避免赔偿。保证担保与监理的关系不是相互排斥、相互取代，而是相互补充、相得益彰。

2. 工程保证担保制度与保险的区别

（1）风险对象不同。保证担保面对的是人为的违约责任；保险面对的是意外事件、自然灾害。

（2）风险方式不同。保险合同是在投保人和保险人之间签订的，风险转移给了保险人。保证担保的当事人有三方委托人、权利人和保证担保人。权利人是享受合同保障的人，是受益方。

（3）风险责任不同。依据担保法律，委托人对保证人为其向权利人支付的任何赔偿有返还给保证人的义务，而依据保险法律，保险人赔付后是不能向投保人追偿的。

（4）风险选择不同。作为投保人，只要愿意，大多标的都可以被保险。保证担保则不同，它必须通过资信审查评估等手段选择有资格的委托人。

（5）风险预期不同。保险业对于风险损失是有预期的，而保证担保在理论上却不希望发生风险损失。

10.5　风险对策的决策过程

项目风险应对过程一般表现为根据风险识别和评价的结果，分析项目所处的外部和内部的政策、时间、资金、技术、人员、自然环境等各种条件，研究项目可利用的资源和能力，分析风险处理后应达到的目标，提出风险应对策略。该过程的主要环节如下：

（1）进一步理解确认风险识别和评价的结果；

（2）分析项目所处的外部和内部的各种条件；

（3）研究项目可用于处理各种风险的资源和能力；

（4）分析项目目标和风险处理后应达到的目标；

（5）针对不同风险，研究提出相应的风险应对策略备选方案；

（6）分析每种风险应对策略方案的必要性和可行性；

（7）分析预测风险应对策略方案的效果，判断是否达到风险处理要求；

（8）权衡各方面的因素，优化选择确定应对方案；

（9）执行风险应对方案。

风险应对过程应该对项目风险背景进一步提炼，能够为预见到的风险做好准备，同时确定风险管理的成本效益，并制定风险应对的有效策略，达到系统地管理项目风险的目的。满足上述条件时，就说明该风险应对过程是充分的。

根据 PMBOK 风险处理框架，风险应对过程如图 10-3 所示。风险应对过程封装了将输入转变为输出的过程活动。控制（位于顶部）调节过程，输入（位于左侧）进入过程，输出（位于右侧）退出过程，机制（位于底部）支持过程。

1. 过程控制

和风险规划过程一样，项目资源、项目需求和风险管理计划同样约束着风险应对过程。

2. 过程输入

风险行动计划是风险应对过程的输入。它包括风险应对的目标、约束和决策，记录了选择的途径、需要的资源和批准权限。计划提供了高层次的指导并允许达到目标过程中的灵活性。

3. 过程输出

风险状态、可接受的风险、风险预警与防范、风险行动是风险应对过程的主要输出。

（1）制订风险应对计划。风险应对计划应详细到可操作层次，它一般应包括下面一些或全部内容：

1）风险识别，风险特征描述，风险来源及对项目目标的影响。

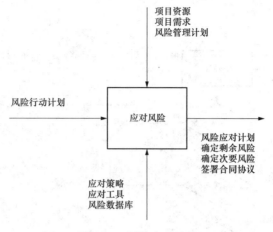

图 10-3　风险应对过程

2）风险主体和责任分配。

3）风险评估及风险量化结果。

4）单一风险的应对措施，包括回避、转移、缓和或接受。

5）战略实施后，预期的风险自留（风险概率和风险影响程度）。

6）具体应对措施。

7）应对措施的预算和时间。

8）应急计划和反馈计划。

（2）确定剩余风险。剩余风险是指在采取了回避、转移或缓和措施后仍保留的风险，也包括被接受的小风险。

（3）确定次要风险。由于实施风险应对措施而直接导致的风险称作次要风险。它们应同主要风险一样来被识别，并制定应对措施。

（4）签署合同协议。为了避免或减轻风险，可以针对具体风险或项目签订保险、服务或其他必要的合同协议，确定各方的责任。

（5）为其他过程提供依据。选定的或提出的各种替代策略、应急计划、预期的合同协议、需额外投入的时间及费用或资源以及其他有关的结论都必须反馈到相关领域，成为其过程计划、变更和实施的依据。

4. 过程机制

机制可以是方法、技巧、工具或其他为过程活动提供的手段。风险应对技巧、风险应对工具和风险数据库都是风险应对过程的机制。

具体的风险对策的决策过程如图 10-4 所示。

风险管理人员在选择风险对策时，要根据工程项目的自身特点，从系统的观念出发，从整体上考虑风险管理的思路和步骤，从而制定一个与工程项目总体目标相一致的风险管理原则。这种原则需要指出风险管理各基本对策之间的联系，为风险管理人员进行风险对策的决策提供参考。

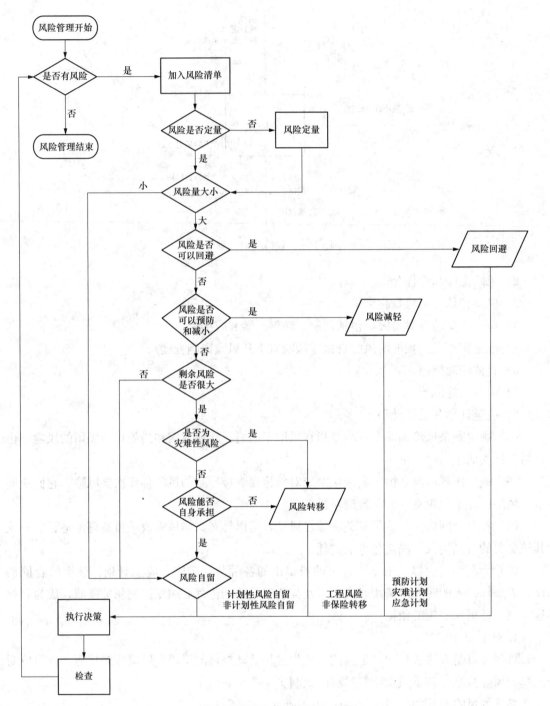

图 10-4　风险对策的决策过程

10.6　案　例　分　析

印度大博电厂（Dabhol Power Company，DPC）是以美国安然（Enron）公司为主投资近 30 亿美元建成的，是当时印度最大的外商投资项目和融资项目，也是印度最大的独立发电厂项目。

大博电厂建设工程开始于 20 世纪 90 年代初。当时亚洲各国兴起了利用项目融资、吸取民间资金开办基础设施项目的浪潮。中国深圳沙角 B 电厂、中国广西来宾电厂、马来西亚 1991 年大停电事故后兴建的五个大型独立发电厂和菲律宾的发电项目等均得益于当地经济的快速发展，并取得成功。

受这些外部成功案例的影响，为提高电力系统效率、满足电力需求、吸引外资，印度政府批准了一系列利用外资的重大能源项目，印度大博电厂正是在这样的背景下开始运作的。项目分为两期，一期为总容量为 740 兆瓦（MW）的联合循环电厂，项目建成后将拥有 2184 兆瓦的发电能力。燃料为一种石化副产品或液化天然气。预计电厂建成后将运行 20 年。

大博电厂项目由安然公司安排筹划，由全球著名的工程承包商柏克德（Bechtel）承建，并由通用电气公司（GE）提供设备。当时这几乎是世界上最强的组合。项目所在地是拥有印度最大城市孟买的马哈拉斯特拉邦，是印度经济最发达的地区。投资者、承包商以及项目所在地的经济实力均是最强的，当时该项目的前景让不少人看好。

同任何一个标准的项目融资工程一样，安然为印度大博电厂项目设立了独立的项目公司；通过该公司与国营的马邦电力局（MSEB）签立了售电协议（power purchase agreement，PPA），安排相应的融资、担保、工程承包合同和建立相应的资金回收系统。

由于印度政府提供的优惠和安然公司及其合伙人丰富的市场经验，从已公开的资料看，合同条件对大博电厂是十分优厚的。其合同条件主要有以下特点。

1. 完备的法律条文

在该项目最关键的政府特许合同售电协议中，大博电厂运用丰富的经验，与马邦电力局签立了完备的法律条文。其中最有特色的地方是，大博电厂建成后发出的电将由马邦电力局收购，最低的购电量将保证设定的投资人最低投资收益和电厂的正常运行。该售电协议的履行，除常规的电费收支财务安排和保证外，还由马邦政府对售电协议提供担保，并由印度政府对马邦政府提供的担保进行反担保。

在一定情况下，大博电厂不必在售电协议中止的情况下就可以启动这些担保程序。印度政府为一期工程提供的反担保曾经成为争论的焦点，因为印度国内的同类项目投资者没有得到这样的保证，而且印度政府通常也不提供类似担保。这一担保似乎成了照顾外商的措施。印度政府最后仍然同意为一期项目提供这种担保，因为看上去项目的前景不存在问题。在电厂二期的相关合同中，已没有由印度政府提供的反担保。即使如此，售电协议仍然是一份对大博电厂十分优惠的政府特许合同。

2. 有利的电价条件

在售电协议中，电价按美元计价；对电价计算公式有一个基本原则，即成本电价。所谓成本电价，指的是在一定条件下，电价将按照发电成本进行调整，并确保投资商的利润。表面上看这一原则是公平的，因为电价将按成本进行上下调整。但是，如果考虑到近年来发展中国家的汇率和物价变动趋势，这一定价原则就只能理解为印度政府对安然的优惠政策了。事实上，这个定价原则在后来的危机中极大地保护了安然公司的利益，并使购电方马邦电力局几乎破产。

3. 仲裁地的选择

选择伦敦为合同争议的仲裁地，对双方都是有利的。在英国，著名的高伟绅律师事务所对项目融资有深厚的研究和丰富的实践经验，可以为该项目提供咨询。印度熟悉英国的法律制度，没有语言障碍。美国同英国的传统关系也使仲裁工作易于开展，一旦项目出现问题，在这种环境中双方寻求解决方案较为容易。

不幸的是，项目开工后不久，1997 年的东南亚金融危机也波及印度，卢比对美元汇率迅速贬值 40％以上。该危机对印度经济造成严重冲击，使经济无法按预期发展。金融危机同时大大影响了该项目的推进，印度国内的政策变动也拖延了工程进度。工程的拖期大大增加了电厂建设方的费用，各方都苦不堪言。一直到 1999 年，一期工程才得以投入发电，而二期工程于 2001 年才刚刚接近完成。

对印度经济发展的乐观预期使马邦电力局签立了大博电厂的售电协议，但金融危机造成的汇率变动使马邦电力局发现它将不得不用接近两倍于其他来源的电价来购买大博电厂发出的电。而且，按照合同规定，如果不按协议购电，马邦电力局仍需要把按一固定费率的费用支付给大博电厂。2000 年世界能源价格上涨时，这一价格差别进一步上升到近 4 倍。到 11 月份，这个印度最大的邦电力局已面临破产危险，因此不得不拒付大博电厂当月的电费。从此进入了另一个混乱期，先是马邦政府继而是印度联邦政府临时拨给大博电厂部分资金以兑现担保承诺，然而它们无法承担继续兑现其承诺所需的巨额资金，因此不得不拒绝继续拨款。

在这期间，工程承包商柏克德、供货商通用电气也被迫陆续停止了二期工程最后阶段的工作。印度政府曾尝试解决该问题，打算为大博电厂发出的电寻找马邦以外的用户。但是，就连时任印度总理的瓦杰帕伊在孟买谈到该项目时也说：谁又会购买如此昂贵的电？

从 2000 年底开始，不断出现该电厂电费支付纠纷的报道。到 2001 年初，大博电厂与马哈拉斯特拉邦的电费纠纷进一步升级，电厂无奈中只好停止发电。项目纠纷引起的直接效应就是几乎所有的印度境内的独立发电厂都因为该项目的失败而陷于停顿，印度吸引外资的努力也受到沉重打击。

大博电厂的失败和其他一系列经营失误，使安然的股票价格由 2000 年的 90 美元下跌到 2001 年的不足 1 美元。随着经营的恶化，2001 年 12 月 2 日，安然公司突然向纽约破产法院申请破产保护，成为美国历史上第二大破产公司。

案例思考：

1. 印度大博电厂失败的根本原因是什么？
2. 大博电厂的政府特许售电协议对风险是如何进行分配的？
3. 案例中印度政府失信的原因是什么？

第 11 章　国际工程质量与风险管理案例分析

知识要点：

（1）了解国际工程的基本概念和特点。

（2）理解国际工程项目质量管理和风险控制上的差异性。

（3）理解和掌握国际工程质量和风险控制中的难点、特点和风险点，以及如何处理和应对这些风险。

11.1　国际工程的基本概念和特点

国际工程项目一般是指某种特定的建设工程，或指某一项具体的建设工作，如建设项目的前期研究、规划和咨询设计或施工安装等工作；它是跨国的，就某一国家而言可分为海外工程（overseas projects）和国内涉外工程，前者指的是某一个国家的企业主体在该国之外的国家或地区参加建设、咨询或 EPC（设计采购施工）承包的工程项目，后者指的是某一个国家建设的工程项目，其业主、咨询、融资、设计、施工、采购、监理等各阶段或环节的主要参与者中部分或全部来自该国之外的企业主体；国际工程项目的项目管理模式或合同模式一般按照国际惯例进行，比如招标通常采用国际公开招标的方式进行，合同条款一般参照 FIDIC 或世界银行等国际通用的合同模板，项目承包多采用 EPC 承包模式，业主聘用独立的业主工程师或第三方监理对项目进行监督管理。

国际工程项目除了具备一般工程项目的一次性、唯一性、整体性、实施时间长、不可逆转性、产品地点的固定性等特征之外，还具有以下特点。

（1）国际工程项目涉及多个专业和多个学科，从工程项目准备到项目实施，整个项目管理过程十分复杂，对项目管理人员尤其是项目经理的素质要求较高。国际工程的项目经理既要掌握某一个专业领域的工程技术知识（比如电气、土建、铁路、桥梁、水利水电等），又需要掌握项目管理、法律、金融、财务、税务、外贸、保险等其他方面的专业知识。

（2）国际工程项目是跨国的经济活动。由于国际工程涉及不同的国家、不同的民族、不同的社会文化习俗和宗教信仰、不同的语言、不同的经济环境、不同利害关系者的利益，因此项目相关各方之间的沟通协调非常重要，沟通不好容易产生矛盾和纠纷。

（3）国际工程项目需要采取国际通用的项目管理方法。由于不止一个国家的企业和人员参与，国际工程管理往往采用国际上多年来业已形成惯例的、行之有效的并由权威机构颁布的文件范本规定的一整套项目管理办法。

（4）国际工程项目的风险与利润并存，对风险的控制要求很高。

11.2   案例分析的背景和方法

在我国"走出去"和"一带一路"倡议的指导下，以及国内产能过剩、市场饱和的现实环境下，近年来中国企业加大了海外项目的投资和建设步伐，或以特许权竞标（主要是BOT）形式参加海外项目的投资、建设和运营，或以EPC形式参加海外项目的工程总承包，还有的中国企业以设计、施工或设备分包商的身份参与项目设计、工程实施或设备供货，通过这些方式，中国企业成功走出了一条投资带动装备和技术全产业链"走出去"之路，实现了中国企业抱团出海。

中国的施工企业通过多年的国内基础设施建设积累了丰富的施工技术和经验，中国制造的设备质量和水平也具有较高的竞争力，一些大型企业在国际工程项目市场竞争中具有较强的优势。然而，由于国际工程的复杂性和特殊性，其质量管理和风险控制更加复杂，难度更高，项目实施过程中的风险点也更多，中国企业"走出去"的过程也不可避免地出现了一些质量和风险问题。本章主要从国际工程与国内工程项目的差异性出发，通过具体案例来阐述国际工程项目质量管理和风险控制上的差异性和要点。

本章案例分析将结合作者所参加的一些国际输电工程项目在实施过程中的真实事例，采用项目管理理论和方法结合个别案例抽象总结出共性部分和一般规律，分析原因，并从业主或承包商角度提出对策建议，采取理论方法与实际应用相结合的方式，帮助读者理解和掌握国际工程质量和风险控制中的难点、特点和风险点，以及如何处理和应对这些风险。

11.3   案 例 分 析

11.3.1   案例背景

2010年，中国某电力企业（以下简称A企业）中标南美某国（以下简称B国）输电特许权项目（以下简称T项目），该项目位于B国中西部，是B国电力南北通道的重要组成部分，项目包括500kV新建输电线路3000km、500kV新建及扩建变电站6座。项目总投资超过10亿美元，特许经营权期限为30年。

T项目是A企业在海外投资的首个大型绿地项目，考虑到项目建设和经营过程中面临着一定的风险，为了降低自身投资风险同时逐步积累海外特许权项目建设管理经验，A企业采取与B国当地企业（以下简称C企业）合资的方式开发该特许权项目。

项目特许权中标成功后，A企业和C企业按照B国当地的法律规定成立合资项目公司（以下简称T项目公司），与B国政府有关部门签订项目特许权协议。A企业和C企业商定股东协议、制定项目公司章程并派驻各自的高管，通过股东会、董事会和监事会对项目公司重大事项进行决策、审批和监督，项目公司作为项目业主负责项目资金筹措和建设管理工作。

　　项目公司按照股东的决策目标，负责项目建设的投资、进度、质量、安全和环保等目标控制，包括制定项目进度计划并监督落实，开展项目融资和项目资金支付审批，组织环保征地并取得政府相关许可，组织承包商选聘、执行合同并管理和监督承包商工作，管理协调现场施工和安装调试，组织项目竣工验收、竣工决算并交付运行。

　　为了节省项目融资成本，项目资金筹措采取股东注资、发行债券和 B 国开发银行贷款的融资模式，具体由 T 项目公司在双方股东的支持下开展债券发行和贷款申请。

　　由于项目体量大，T 项目公司按照一般惯例将项目变电和线路分为若干标段，各标段采取辅材加施工的承包方式选择 EPC 承包商，线路工程的铁塔和导线，变电工程的变压器、电抗器、控保等主要电气一次和二次设备采取甲供主材模式，同时聘请业主工程师开展图纸审查和现场监理等工作。为了带动中国施工企业和设备制造业走出去，在项目承包商和设备供应商选择时，T 项目公司通过招标方式择优选择了部分有竞争力的中国施工企业作为EPC 承包商，对于技术和价格方面有竞争优势的国产设备也选择中国供应商供货，整个项目投资中从中国进口的设备和服务大约占 30%，其他设备和服务大部分均由项目所在地 B国本地企业提供。

　　T 项目在实施过程中，经历了 B 国政府总统任期内被罢免、本币大幅贬值、反腐运动等多项不可预见的政治、经济和市场风险，个别承包商在合同执行期间破产并退出项目施工，T 项目公司不得不中途更换承包商。此外，B 国开发银行贷款审批速度较计划慢了不少，这些对项目进度和投资造成了一定的不利影响。面对这些风险挑战，为了确保项目顺利投运，T 项目公司的中方股东 A 企业及时与 C 企业协商，双方股东齐心协力，正确、及时、果断地做出决策，在资金、技术和人力方面全力支持项目公司，T 项目最终在预定时间内成功投运。T 项目的成功投运，树立了 A 企业在 B 国电力市场中的负责任外资企业形象，为该企业在 B 国后续赢得更多特许权项目、大市场份额奠定了坚实基础。

　　T 项目主要参与各方的关系示意图，如图 11-1 所示；T 项目中正在施工的例图如 11-2～图 11-4 所示。

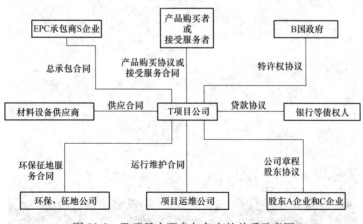

图 11-1　T 项目主要参与各方的关系示意图

图 11-2　T 项目中正在施工的 C 变电站

图 11-3　T 项目中正在施工的 P 变电站

图 11-4　T 项目中某段输电线路

11.3.2　质量管理案例部分

案例 1：验收标准不一致引发的验收不通过

标准认证是产品和设备进入国际市场的一个重要基础工作，很多中国企业对国家标准、国际标准很重视，但往往忽视了项目所在国的标准与企业现在使用标准的差异性，进而导致了验收过程中由于标准的不一致而不能通过的质量问题。

（1）质量问题：在 T 项目设备采购过程中，经过前期调研发现，B 国输变电项目市场中主要的电气设备都被 ABB、西门子、ALSTOM、东芝等知名品牌垄断，中国的电气设备厂家竞争优势不明显。进一步细致分析产品后，发现中国设备厂家在变电站的二次设备价格方面有一定的竞争优势。为带动中国设备出口并进入 B 国市场，在项目招标分包阶段，将变电站一次设备和二次设备分成两个包进行招标，最终中国某电气设备企业（以下简称 N企业）获得该项目的控制保护设备供货合同。

N 企业的控制保护产品具有完全自主知识产权，作为成熟的产品在国内市场占据较大的份额，该企业通过 ISO 9001 质量管理体系认证、ISO/IEC 20000-1 信息技术服务管理体系认证，参与编制了中国国内控保设备技术标准以及 IEC、IEEE、CIGRE 等国际技术标准，产品质量满足国内外主流的技术标准，产品在进入 B 国市场前已经在东南亚、非洲等海外市场中成功应用。

N 企业生产的控制保护和串联补修设备，在设计生产过程中基本上是按照中国的标准生产的，后在出厂验收时，在中国国内开展的型式试验中，出厂前的测试和仿真实验都满足要求。由于 N 企业的产品此前并未在 B 国电力行业中得到应用，为了保证电力系统安全，B国电力监管机构要求对 N 企业的产品进一步做技术认证以确保其能安全入网，并且在其指定的 B 国试验单位开展测试和仿真实验。由于 B 国和中国在试验项目、标准上并不完全一致，导致 N 企业的控保设备的入网试验和测试多次不能通过 B 国监管机构的认证，后不得不派遣工程师在 B 国按照监管机构的要求对控保设备的后台程序进行修改，直至满足有关试验要求并通过入网认证。由此，N 企业由于返工增加了大量的成本，并且影响了该设备的现场安装和调试工期。

（2）原因分析：N 企业在执行合同时，对 B 国电力产品的验收标准和认证要求了解不充分、重视程度不够，认为产品符合中国 GB 以及 IEC 要求且在国内电力行业已经成熟应用，是能够满足 B 国电力行业要求的。因此，N 企业对于产品设计制造及检验、试验的过程基本上是沿用国内的思路和标准，并没有完全按照 B 国的标准开展，导致设备在交付 B国后开展验收时出现验收不通过而返工的问题。

（3）对策建议：参与国际工程项目供货的中国设备企业，对内需要在设备研发、设计、生产制造等过程中提升技术和管理水平，提高产品的质量和竞争力；对外需要参加国际标准认证，保证产品满足项目所在国对产品质量的标准；在执行项目合同时，一定要提前了解项目所在国对产品质量的验收要求，尤其是与中国的区别，根据相关要求准备对应的质量测试、试验或认证，从而确保设备能够顺利交付和验收投入使用，减少不必要的质量验收返工和风险。

案例 2：设计图纸审查——控制工程质量的关键，磨刀不误砍柴工

在 EPC 承包模式下，业主通过设计图纸的审批来控制工程设计环节的质量。EPC 承包商负责按照招标的初设文件进行施工设计和优化设计，业主负责图纸的审查和批准，EPC

承包商对设计和施工的质量负责。EPC 承包商具有设计优化的动力，其设计工作需要达到三个方面的要求：一是设计方案满足工程质量的要求；二是设计方案具有可施工性，即设计图纸符合施工现场的地质、地理、水文、气象等自然地理条件；三是优化某些设计方案，能够节省施工成本或加快施工速度。

（1）质量问题：在 T 项目施工过程中，承包商 S 企业负责线路的 EPC 工程，其在铁塔基础施工过程中多次出现业主批准的图纸不能施工导致现场窝工问题，该承包商还以此为由要求业主赔偿相应的损失。后业主根据合同相关条款，驳回了该承包商的要求，并指出了其设计质量管理存在的问题。

（2）原因分析：S 企业作为 EPC 承包商，首先应对其分包商设计院的设计方案进行审查，以确保设计方案满足业主的质量要求、具有可施工性，同时能够节省其施工成本或加快施工进度。T 项目公司作为业主，主要是对其提交的图纸中的设计质量和相关技术参数是否满足规定的技术要求进行审查，同时负责协调不同标段之间设计、施工的衔接配套问题，而对设计方案能否施工、设计方案优化基本不作分析，也不承担相应的责任。但实际上，在合同执行期间，S 企业对设计的质量控制管理较弱，设计院设计完成后其内部很少组织施工、勘测、设计等对图纸进行会审，而是直接提交给业主图纸审查单位审查，再根据业主的审查意见进行修改或在业主审批后即交给施工单位。导致出现有的基础图纸虽经批准但不能施工而窝工，有的基础安全性裕度过大而增加施工成本等问题。

（3）对策建议：EPC 承包商在参加国际工程承包时一定要抓好设计这个龙头，这既是控制工程质量的关键，也是节省施工成本、加快工程进度并赚取更多利润的关键环节。国际工程 EPC 通常采用总价承包方式，EPC 承包商通过优化设计方案能够赚取更多的利润或者与业主分享节省的成本，比如输变电线路工程 EPC 承包商在规定的线路走廊内通过优化设计，减少线路长度，自立塔改拉线塔，降低塔高，改变优化基础形式等，以降低施工成本、加快施工进度。

案例 3：境外供货的设备监造——这个环节不容忽视

在国际工程项目实践中，很多业主在工程施工现场雇用了业主工程师监理、安排业主现场工程师检查，但是在设备制造过程中尤其是境外供货的设备制造，由于种种原因往往没有安排全过程监造，导致工程现场的施工质量控制得较好，而境外供货设备到现场后出现一些质量隐患。

（1）质量问题：T 项目公司对境外采购的设备质量控制，主要采用图纸审查、型式试验或型式试验报告审查，出厂验收，现场测试和带负荷试验验收等程序，考虑到人力和成本的限制，没有派遣工程师或雇用第三方技术力量对境外采购的设备制造进行全过程监理，导致一些设备到现场后出现一些质量问题。N 企业为了节省成本和加快进度，其生产的二次屏柜都是在国内组屏和接线，到了 B 国后发现与实际情况差异较大，后不得不在项目现场更改组屏和接线，导致耽误了工期并增加了成本。

（2）原因分析：对于业主来说，没有对境外设备制造全过程进行质量监理，造成质量管理环节缺失，是产生设备质量问题的一个原因。对于供应商来说，在设备制造过程中忽略了项目在质量方面的一些特殊需求，导致设备到现场后产生一些质量问题。

（3）对策建议：在工程项目实施过程中，从设计、施工（生产、制造）到安装、调试以及试运行验收，必须各个环节都进行质量控制，忽视某一个环节就可能会产生某方面的质量问题，进而影响整个工程的质量。因此，业主应尽可能对工程建设进行全过程监理和质量检查，确保工程的质量满足要求。

案例 4：项目交付验收，项目相关方的意见很重要

某承包商 E 公司承担了 T 项目变电站 EPC 施工总承包，其中包含新建一座 500kV 变电站 M，以及该变电站与当地电力企业 F 企业之间已有资产的线路连接及二次保护和通信系统的改造，工期为 2 年。

由于 B 国的电力市场完全私有化，市场主体包括发电、输电和配电企业达数千个，该国电力监管机构规定当一个新建项目需要连接到已有项目时，该连接部分及与之相关的二次保护及通信系统等需要由原有项目公司审查技术方案并负责验收，但该部分资产的投资和建设仍由新建项目业主负责。

（1）质量问题：E 公司在该项目验收交付时，发生了两个质量方面的问题。一是变电站现场铺石的质量。E 公司在施工时将变电站地面以卵石铺设，验收时项目运行方以卵石不能满足抢修和检修车辆行驶为由要求整改，否则不接收。最终，经 E 公司与业主建设方反复协商，由业主出材料成本，E 公司重新安排施工单位进场将涉及抢修和检修车辆行驶路面的卵石全部更换为碎石。二是变电站调试通过后，与 F 企业的连接资产迟迟不能通过验收，导致项目运行后不能获得监管机构批准并取得全部特许权收入。F 企业提出的理由是，与其连接资产的项目前期设计文件未按其审查意见修改，技术要求不符合 F 企业的规定。最终，E 公司不得不对与 F 企业连接资产的二次保护和通信系统按照其要求进行修改。E 公司因此增加了工程成本，且延误了项目工期。

（2）原因分析：在工程质量验收时，通常 EPC 承包商对业主、政府监管机构的要求很重视，但是往往忽视了项目相关方的意见，比如说项目最终用户、项目运行关联方，导致项目验收、交付使用时或使用期间，相关方又提出整改意见，承包商不得不返工修改。由于国际工程项目普遍采取的是小业主聘用 EPC 承包商模式，工程的设计、施工、采购、验收和交付，以及上述工作需要与相关方的协调都由 EPC 承包商负责，因此 EPC 承包商一定要了解清楚工程相关方对项目的需求和验收的要求，否则就可能产生项目建设相关方不同意的情况。

（3）对策建议：海外工程 EPC 承包商在工程项目实施过程中承担了更多的协调工作，在合同签订后需要做好项目相关方的协调和管理。EPC 承包商需要按照相关方对项目的影响程度识别项目相关方，在不同环节邀请业主建设方、最终用户、项目运行关联方、政府监管机构等参与项目工作范围的澄清讨论、设计方案讨论或审查、项目技术参数和验收标准的确定、确定采购设备的技术参数、设备出厂验收、工程施工阶段性验收、项目调试及竣工验收等，确保相关方的意见得到执行，最终使得项目顺利通过验收。

案例 5：工程质量保修——工程质量控制的最后一个环节

工程质量保修是质量管理的最后一个环节，也是发现和补救工程潜在质量缺陷的一个关键环节。很多工程在验收阶段仍然可能存在一些不能发现的质量问题，这些问题在工程投入运行以后才能发现并解决。因此，一般电气安装工程的保修期最低为 2 年，从工程通过竣工验收之日算起，期间发生的质量问题仍然由承包商和设备供应商负责维修或更换。因此，在选择设备供应商时不能仅考虑设备本身的价格，还应综合考虑该设备供应商在项目投运后是

否具有售后服务和保修能力。特别是输变电工程的一些重要电气设备，如变压器、开关、无功补偿和控制设备，其价值高，使用年限长，对输电工程的稳定运行影响大，产品的售后服务和保修的及时性、响应速度、服务质量等直接影响了工程的稳定和经济性。

（1）质量问题：在 T 项目实施过程中，某中国企业 P 企业中标了无功补偿设备供货服务，在合同签订时，P 企业计划在 B 国设立分支机构以进一步扩大产品销售和服务，后期由于内部战略变化加之该合同出现亏损，P 企业最终放弃了在 B 国进一步发展的想法。这也导致 T 项目投运后，P 企业的售后服务和保修能力无法满足项目业主的要求，T 项目业主由于设备运行不稳定而被政府机构罚款。由于 P 企业在项目投运后没有在 B 国建立分支机构并提供稳定的售后服务，一旦 P 企业的设备出现故障，就需要从中国运送备品备件、零部件并派遣工程师去项目现场，期间还涉及人员办理签证、设备运输和清关等复杂手续，响应时间短则一个月，多则数月，既满足不了设备保修的时限要求，也违反了双方的合同规定，最终业主因此没收了其质保金未返还。而且，P 企业已经进入了 B 国电力监管机构的黑名单，今后也无法在 B 国市场进一步发展。

（2）原因分析：从承包商的角度来看，是设备供应商违背了当时的承诺，未在 B 国进一步发展，导致其售后服务能力不能跟上，不能满足市场要求。这反映了部分中国设备企业的市场战略不清晰，参与工程项目时简单定位于设备买卖，忽视了设备售后服务这一重要的质量控制环节，导致其海外市场发展受到限制。从业主的角度来看，当时选择该设备企业时也有价格低的原因，为了控制工程造价而忽视了项目运行期间可能出现的质量故障风险，没有运用全寿命周期的质量管理思想考虑设备采购的问题。

（3）对策建议：从承包商的角度来看，企业要树立"质量第一、质量终生负责"的思想，只有这样才能在市场竞争中取胜。尤其是参加海外项目的中国企业，思想认识一定要从卖产品转变为卖服务。进入新的市场不能简单地看一个项目的亏损，而要有长期的战略眼光，通过参与一个新项目，进而赢得一个新的市场。通过与当地企业合资或合作的方式，建立企业在当地市场的售后服务体系和能力，进而参与更多的项目。从业主的角度来看，选择设备供应企业时一定要运用全寿命周期的理念，不能只简单地看设备价格，设备质量、运行故障率、设备维修维护等售后服务的及时性等也要综合考虑。特别是对于专用产品，其技术要求高，有的还有专利限制，如果从境外采购设备，可能导致项目所在国无法找到企业提供设备售后服务，而只能依赖于境外设备供应商提供运行期间的售后服务，其风险很大。如果项目所在国有该产品的供应商，建议业主不应选择境外供应商。

11.3.3　风险管理案例部分

案例 6：履约风险——合理选择承包商是工程质量、进度和投资的保障

在项目管理实践中，业主对承包商（含供应商）的选择结果直接关系到工程建设的质量、进度和投资等目标的实施结果，承包商的履约能力以及提供设备、服务的质量直接关系到项目的成败。

T 项目由于工程体量大，工程标段划分得较多，在 B 国本地承包商选择时听取了合作方 C 企业的意见，选择了一些报价较低的中小型 EPC 承包商。在 T 项目实施过程中，某 EPC 承包商 M 在合同执行期间由于现金流困难而破产并退出项目施工，T 项目公司不得不

中途更换承包商，这对项目质量、进度和投资造成了一定的不利影响。而同期 A 企业在 B 国投资的其他项目，由于选择的承包商都是大型的、有竞争力的 EPC 承包商，工程建设过程中基本上没有出现因承包商破产而停工的问题。

（1）风险分析：本案例是典型的承包商履约风险问题。承包商履约风险的发生有主观原因，也有客观原因。主观方面，可能存在个别承包商采取低价中标，在项目实施过程中采取索赔的方式赚取利润的情况，一旦索赔不能成功，承包商就可能亏损，为了减少损失承包商就可能申请破产进而退出施工。客观方面，由于合同执行时间长达 3 年多，期间 B 国市场动荡、银行贷款利率提高、原材料和人力成本增加导致履约合同成本增加，而 EPC 承包商 M 在资金、人力和物资等资源方面控制能力有限，导致在现金流上出现断流，无法继续履约合同。具体在本案例中 T 项目的 M 企业，分析其报价及在合同执行过程中的表现，可以说其履约风险在主观和客观方面的原因都存在。

（2）对策建议：首先，对于业主来说，防范承包商履约风险最根本的还是在选择承包商时，应选择有竞争力、有丰富经验的大型 EPC 承包商，不能简单地选择报价低的承包商。大型承包商由于经验丰富、管理能力强，其报价虽然高但更加合理（报价中往往已经包含了合理利润和风险金），对于风险的控制能力也更强，在合同执行期间一般不会发生履约风险。其次，在合同执行期间业主和承包商是合作共赢的关系，承包商对合同执行的好坏直接影响到项目的质量、进度和投资。业主对于承包商履约过程中的管理、组织能力以及工程建设的质量和进度实施进行监测，必要时要及时告知和提示承包商可能存在的风险，帮助承包商解决一些技术风险、质量风险和经济风险。比如说，告知承包商组织施工时应在雨季之前尽可能完成基础和土建施工，否则在雨季施工不但质量得不到保证，而且效率低、成本高；在承包商的现金流比较紧张时，采取加快支付进度款等方式帮助承包商渡过困难，确保施工不停止；还有，就是及时解决承包商的合理索赔，防止承包商因此资金链条出现问题。最后，就是在合同条款中要规定一旦承包商发生履约风险，中止合同时，业主有权没收承包商的履约保函，并保留进一步向承包商索赔工程损失的权利。

案例 7：汇率风险——某承包商因合同结算货币选择不当而亏损

在 T 项目供货服务中，某中国企业 P 中标了一项设备供货合同，合同金额超过 2 亿元人民币，在合同报价时利润超过 10%。按照 T 项目业主对该设备的招标要求，合同报价和结算货币均是以 B 国货币计价的，该合同预计执行周期为 2 年。合同签订时，B 国政治和市场均比较稳定，B 国货币对美元汇率比较平稳。为了拿到该合同，P 企业在评估了合同的供货期和可能的汇率风险后，接受了业主的报价条件，最后以 B 国货币为结算货币签订了该供货合同。在合同执行期间，B 国货币对美元逐步贬值，第一年贬值 10%，第二年又贬值 10%，最后 P 企业执行完合同后不但没有赚到 10% 的利润，还出现了亏损。

合同执行期间美元对 B 国货币的走势图，如图 11-5 所示。

（1）风险分析：本案例是典型的市场和汇率风险应对问题，是国际工程项目中非常常见的一种风险。一般来说，国际工程合同计价和结算采用美元、欧元或英镑等比较稳定的货币对业主和承包商来说风险都比较小，也比较公平。但是，本案例中 T 项目公司与 P 企业签订的合同计价和结算采取 B 国货币，承包商 P 企业就全部承担了本地货币贬值的风险。

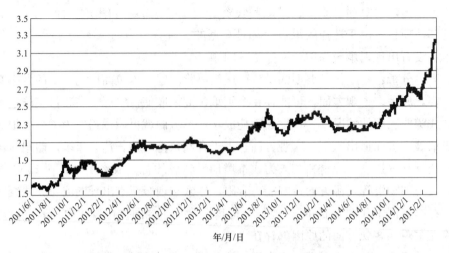

年/月/日

图 11-5　合同执行期间美元对 B 国货币的走势图

（2）对策建议：一是中国企业在参与国际工程项目时，若合同的大部分设备、材料或服务都是来自项目所在国之外的国家或地区，建议合同计价和结算尽可能选择美元、欧元或英镑等比较稳定的货币；若合同的大部分设备、材料或服务都是来自项目国内，则合同计价和结算可以用该国本地货币。二是在项目业主比较强势，要求合同必须采取项目所在国本地货币计价和结算时，则应该做好市场和汇率分析和预测，适当在投标报价时考虑一定量的汇率贬值风险计入报价中；同时，在合同中明确，如果合同执行过程中本地货币贬值超过 10%，则业主应补偿一定量的贬值损失；此外，承包商还可以进行汇率投保，以减少合同执行过程中的汇率损失。

参 考 文 献

［1］全国建筑业企业项目经理培训教材编写委员会．施工项目质量与安全管理（修订版）［M］．北京：中国建筑工业出版社，2001．

［2］沈建明．项目风险管理［M］．北京：机械工业出版社，2003．

［3］刘伟．工程质量与系统控制［M］．武汉：武汉大学出版社，2004．

［4］胡杰武．工程项目风险管理［M］．北京：北京交通大学出版社，清华大学出版社，2015．

［5］马海英．项目风险管理［M］．上海：华东理工大学出版社，2017．

［6］上海市建设工程安全质量监督总站，刘军．建筑工程勘察设计质量通病控制手册［M］．上海：同济大学出版社，2007．

［7］《中华人民共和国建筑法（2019 年第二次修正）》http：//www. moj. gov. cn/Department/content/2019-06/11/592＿236649. html

［8］《建设工程质量管理条例（2019 年修订）》http：//www. gov. cn/zhengce/2020-12/26/content＿5574380. htm